食品安全治理丛书

Collected Essays on Food Safety Governance (2015)

食品安全治理文集

2015年卷

中国人民大学食品安全治理协同创新中心/组织编写

主　编：朱信凯　胡锦光
副主编：石佳友

图书在版编目（CIP）数据

食品安全治理文集. 2015年卷 / 朱信凯，胡锦光主编．—北京：知识产权出版社，2017.5

ISBN 978－7－5130－4609－1

Ⅰ.①食… Ⅱ.①朱…②胡… Ⅲ.①食品安全—安全管理—中国—文集 Ⅳ.①TS201.6－53

中国版本图书馆CIP数据核字（2016）第282735号

责任编辑：齐梓伊　　**责任校对：**谷　洋

封面设计：SUN工作室　韩建文　　**责任出版：**刘译文

食品安全治理文集（2015年卷）

主　编　朱信凯　胡锦光

副主编　石佳友

出版发行：知识产权出版社有限责任公司　　**网　址：**http：//www. ipph. cn

社　址：北京市海淀区西外太平庄55号　　**邮　编：**100081

责编电话：010－82000860转8176　　**责编邮箱：**qiziyi2004@ qq. com

发行电话：010－82000860转8101/8102　　**发行传真：**010－82000893/82005070/82000270

印　刷：北京嘉恒彩色印刷有限责任公司　　**经　销：**各大网上书店、新华书店及相关专业书店

开　本：720mm×1000mm　1/16　　**印　张：**19.5

版　次：2017年5月第1版　　**印　次：**2017年5月第1次印刷

字　数：270千字　　**定　价：**58.00元

ISBN 978－7－5130－4609－1

食品安全治理丛书编委会

编写说明

食品安全关系人民群众的生命健康，事关经济发展、社会和谐、政府公信力、执政能力及国际形象，在国家治理和社会发展中具有重要的战略意义。为了健全现代化的食品安全治理体系、提升食品安全治理能力、实现食品安全治理法治化、培育传承食品安全文化，中国人民大学、清华大学、华南理工大学等高校，国家食品安全风险评估中心、中国农业科学院质标所、中国科学院地理所、中国法学会法律信息部、环保部南京研究所等科研机构以及国家食品药品监督管理总局等实务部门，于2013年8月联合成立食品安全治理协同创新中心。自2014年起，中心推出年度“食品安全治理蓝皮书”“食品安全治理文集”和“食品安全典型案例”，以及“食品安全治理丛书”“食品安全治理译丛”等丛书，以系统反映国内外食品安全治理的现状及发展趋势，强化协同创新的成果转化。本书即为该系列成果之一。

《食品安全治理文集》(2015年卷）系“中国人文社会科学论坛2015”部分研究成果汇编而成。“中国人文社会科学论坛2015”由中国人民大学主办，中国人民大学苏州校区、食品安全治理协同创新中心承办。论坛以“食品安全治理：政策与法律框架”为主题，对我国食品安全治理领域的热点难点问题展开学术交流研讨。会后，为进一步推动思想传播、深化学术研究，中国人民大学食品安全治理协同创新中心将会议优秀研究成果汇编结集。

本文集主要汇聚了 2015 年及近些年我国学者撰写的食品安全治理最新研究成果，共计 18 篇，分为食品安全治理理念、食品安全法律体系、食品安全政府监管、食品安全风险治理、食品安全社会参与五大板块，基本涵盖了我国食品安全治理制度设计和现实实践的主要议题。为保证作品的现实意义，文中所引法条及相关阐述均已由作者予以更新修正。

感谢各位作者的热情帮助和慨然授权，同时也要感谢中国人民大学苏州校区朱信凯教授、石佳友教授、夏薇老师等鼎力协助。在编写过程中，中心办公室路磊、宫世霞、孟珊、杨娇等付出了辛勤的劳动，对他们的贡献表示衷心的感谢。

食品安全治理协同创新中心

2016 年 11 月

通过法治推进食品安全国家战略（代序）

韩大元

中国人民大学法学院院长、

食品安全治理协同创新中心常务副主任

在经济社会快速发展、科学技术日新月异的今天，如果要确定一个能够跨越性别、年龄、职业、民族、国家而成为人人息息相关、国际社会共同面临的重大问题的话，或许所有人都会选择食品安全。“民以食为天、食以安为先”，食品安全关系人民群众生命健康、执政党执政能力、政府公信力、社会和谐、经济发展和国际形象，其重要性如何强调都不为过。

在2013年12月召开的中央农村工作会议上，习近平总书记明确提出：“能不能在食品安全问题上给老百姓一个满意的交代，是对我们执政能力的重大考验。”近年来我国始终将食品安全作为国家治理和社会发展的重大问题，其战略地位和重要意义不断重申和提升。特别是，继党的十八大强调食品安全“关系群众的切身利益、问题较多”“改革和完善食品安全监管体制机制”以来，党的三中全会将食品安全纳入“公共安全体系”并作为国家治理体系的重要组成部分，党的四中全会从食品安全法律法规完善、综合执法、综合治理等多角度强调食品安全治理的法治化，党的五中全会更是明确提出“实施食品安全战略，形成严密高效、社会共治的食品安全治理体系，让人民群众吃得放心”。

一、食品安全工作必须贯彻治理的基本理念

首先，必须贯穿治理理念是由食品安全本身的特点所决定的。食品安全问题复杂多样，有些通过已经发生特定的危害后果表现，有些则通过特定的风险可能性来表现。认识这些问题需要法学、食品科学、环境科学、农业科学、新闻传播学、管理学等文理多个学科的支撑，解决这些问题则需要法律、技术、标准、舆论等多种调控机制的综合作用。这就要求，必须贯穿治理的理念，打破学科壁垒和知识界限，深化理论界与实务界的合作。

其次，必须贯穿治理的理念，也是我国食品安全工作实践得出的经验教训。应当说，党和国家历来高度重视食品安全，近年来采取了一系列重大举措，但目前总体形势依然非常严峻，关键问题在于没有贯穿治理的理念，未形成各类主体、机制和环节的有效整合。

最后，通过治理解决食品安全问题是世界各国各地区的共同选择。英、美、加、日、澳以及欧盟等国家和地区纷纷践行并完善“共同治理”“综合治理”“个人—公共部门—国家—超国家”多层级治理模式，取得了积极成效。

二、食品安全是国家治理体系和能力现代化的关键领域

党的十八届三中全会提出“全面深化改革的总目标是完善和发展中国特色社会主义制度，推进国家治理体系和治理能力现代化”，这意味着我们要经历一场从政府一元单向治理向党和政府领导下多元社会主体共同治理的结构性转变。在这场深刻变革中，食品安全应当成为改革的优先领域。

一是因为食品安全是一种“底线安全”。食品是人类生存必需品，食品安全关乎每个人的生命健康和人格尊严。如果食品安全得不到基本保障，改革、发展与创新也就无从谈及。只有强化食品安全治理，才有可能将其他领域的改革风险最小化，实现改革绩效的最大化。

二是因为食品安全是一种“枢纽安全”。食品安全不仅关系到公众的生命健康，在当代社会中已经广泛涉及经济建设、政治建设、文明建设、社会建设、生态建设等各领域。可以说，食品安全事关“五位一体”的社会主义现代化建设的全局，是落实全面建成小康社会、全面深化改革、全面依法治国、全面从严治党的“四个全面”战略布局的关键问题。

三是因为食品安全治理是探索国家治理体系和治理能力现代化的“最佳试验田”。这不仅因为食品安全涉及多个环节、多个社会主体、多种调整手段，这些环节、主体和方式相互关联，每个要素都对食品安全产生直接影响，必须进行宏观设计和整体布局，采用治理的视角来审视食品安全问题及其改革路径。

三、法治是食品安全治理的前提和基础

党的十八大报告明确指出，依法治国是治国理政的基本方式。党的十八届四中全会强调：“依法治国……是实现国家治理体系和治理能力现代化的必然要求。”尽管人们对于法治和治理的含义有着不同的看法，但已有的讨论和实践表明，法治与治理相互促进、互为条件。尤其是在食品安全治理中，法治的重要性至少表现在以下几个方面：

其一，法治是凝聚食品安全治理共识的基本方式。食品安全治理始终存在着各种不同的利益及利益主体，法治的稳定性、平等性和程序性，决定了法治是各种利益冲突有效化解和凝聚不同利益主体共识的基本方式。

其二，法治奠定了食品安全治理各要素协调运作的基本框架。法治具有可预期性、可操作性、可救济性、可持续性、正当性赋予等优势，其作用不仅在于食品安全事故处理和纠纷解决，更关键的是通过法律明确设定的权利、义务、职责和责任，为不同主体、机制和环节的协同作用提供基本框架。

其三，法治是容纳不同学科的知识、经验和技术，预防和降低治理风险的基本途径。食品安全治理还必须运用各种学科、各个领域的知识，需要将知识转化为不同的技术和制度。在这个过程中，科学技术知识着眼于风险判断、标准制定，社会科学知识服务于风险管理、制度设计等，这些复杂的知识本身具有差异性，只有统一转化为透明、明确、可操作的法律规则才能成为指引人行为的依据，才能实现对不同食品安全治理行为的理性调控。

其四，法治是确保食品安全治理价值导向和实际效果的基本保障。食品安全治理不仅涉及各种利益的博弈，同时也牵涉各种价值观的冲突。法治崇尚正义、自由、平等、安全、秩序等基本价值，在食品安全治理中始终坚持对人的尊严的尊重、对生命健康的守护以及对社会诚信和规则意识的弘扬。法治所具有的刚性、强度与威慑力，是其他社会调整方式无法替代的，能够在最基本的意义上促进社会正义，预防和解决各种纠纷，确保食品安全治理取得实效。

目　录

食品安全治理理念

食品安全法律体系

食品安全政府监管

食品安全风险治理

食品安全社会参与

- 食缘关系构建：食品安全保障的社会机理分析
- 健康中国视野下的公众参与食品安全治理
- 坚持“物美价廉”的消费观念会诱发食品安全隐患吗？

食缘关系构建：食品安全保障的社会机理分析*

张明华**

摘要： 面对食品安全监管的严峻压力，学界充分借鉴国际经验，在理念制度方面，对食品安全社会共治做了充分的研究论证。食品安全社会共治的制度核心在于“食品安全共同体”内各社会行动主体之间的协同合作。但实践证明，由于食品安全供给责任意识的严重缺失，食品安全社会共治过程中，普遍存在“食品安全共同体”情感认同缺乏、相关行动主体协作困难的问题，致使社会共治难以发挥应有的功效。基于此，本文重点提出食缘关系的概念，明确食品安全保障应建立在参与者的内在需求之上，确定其为社会共治体系、社会整合系统和社会理性表达的内涵属性，建议从政府主导、市场参与和社会参与三个维度进行构建，并明确各主体的定位角色，共同维护食品安全公共福利。

关键词： 食缘　内涵　机理分析　理论基础　构建

随着人民生活水平的提高，对安全清洁的美食的追求已成为幸福生活的一部分，食品安全保障遂成为社会高度关注的话题。由于食品

---

* 基金项目：江苏省社科基金省市协作研究项目“人源性食品安全社会共治研究”(16XZB009)；本文已发表于《学海》2015 年第 6 期，已征得同意结集出版。

** 作者简介：张明华，南京市鼓楼区人民政府办公室副主任，博士研究生。主要研究方向：食品安全治理及安全法制。

是外生的，与其有关的诸方社会主体之间是种陌生体，缺乏人际交流和往来的实践机缘。而建立在这种实践机缘上的食缘关系，能唤醒各方主体的安全自觉意识和责任担当，充分彰显了“食品安全网络”成员之间的社会关联和外部影响，认知并充分尊重其他相关者的关切、诉求和风险，最终通过食缘关系的社会情感认同和良性运作，形成一个让食品稳步走向安全的联动网络。

一、食缘关系的由来及其内涵分析

（一）食缘关系的由来：食品消费从私域走向公域

在传统社会里，人们日常生活范围局限于家庭、家族和村落间，日常生活伦理关系也仅限于“血缘”“亲缘”与“邻缘”的较小范畴，这种私人化、家庭性的日常伦理关系只需私德调整即可满足要求。但随着社会经济条件的变迁和公共元素的导入，人们日常生活的私人性逐渐被打破，日益发展成为内涵更为丰富、社会空间更为广泛的“业缘”“地缘”和“国缘”关系，其交往行为和社会活动不仅仅是个人的或仅对交往对象所产生的，还将波及所有利益相关方乃至全社会，因此，对日常伦理关系的调整也逐渐由私德拓展至公德。这种转变具体到食品安全领域，表现得尤为突出。

笔者认为，在传统社会，食品消费一般基于“亲缘”与“邻缘”，在私人空间中运行，这种自给自足的交往行为，往往通过家庭私德调整基本可实现安全运行。但随着社会变迁带来的市场发展，食品消费行为已逐步跳出私人交际领域，拓展至一个更为广泛的公共市场运行空间，仅仅依靠家庭私德难以实现安全的基本需求。由于食品消费行为模式是在公共市场交易运行中确定的，仅通过强制性的法律法规或政策规定难以激发其内在动力，如生产商没能力生产食品、潜在消费者不想购买食品或者食品检验机构的监测技术条件不具备等，如果彼此间缺乏有机互动来构建良好的社会关系，极易引发冲突和矛盾。

因此，现代社会亟须一种公共之道运行于人们的日常消费领域，通过构建一个平等互利的协商平台，供与食品生产、销售、消费有关的各方社会主体，基于“业缘”“地缘”协商制定具有可实施性的权利和义务。这里的平台构建就是笔者所倡导的食缘关系构建。从字义理解，食缘关系，也谓因食而缘，即让与食品有关的各方主体因食品而链接在一起，这种链接实属一种缘分。从本质来看，这种缘分理应衍生出一种社会关系，其超越时空的限制，需要关心公益的组织和个人去激发和促进。食缘关系的提出和建设旨在明确源于民众日常消费过程中的食品安全边界，通过政府、社会、市场各方的协同运作，激发其对食品安全保障责任的认同和坚守，进而构筑起持续稳定的“食品安全供给网络体系”。

（二）食缘关系的内涵：情感需求与社会理性的综合表达

笔者认为，基于食品安全与社会建设有机互动联系的食缘关系，能将悬之于理想追求的抽象安全理念，通过具体的政府推动和伦理调整，形成具体而可操作的实施方案，使得政府、市场与社会对食品安全保障的外在需求逐步拓展至食缘各方的情感需求和自觉追求。

1. 食缘关系是种社会共治体系

如何构建科学合理的食缘关系是一项系统复杂的工程，它主要依靠参与食品安全治理的主体来运作。借鉴国外经验，食缘关系作为一个新事物，其共治体系主要由六个方面的主体组成：一是政府部门及其机构，其有责任规范引导鼓励其他主体参与社会共治，是食品安全社会共治的主导者；二是生产经营者，其是食品安全供给问题的缘起者，也是第一责任人；三是消费者，其通过市场自主选择直接影响企业的生产经营行为，是保障食品安全的中坚力量；四是第三方认证检测机构及科研组织，其为社会共治提供技术支撑，并保证食品安全检测认证的独立性和真实性；五是行业协会，其在治理体系中发挥着行业自律和协调监督功能；六是媒体，其通过发挥舆论监督作用，实现食品安全社会共治。如上所述，食缘关系仅靠社会组织和个体行动者不能独自构建，需要通过政府、市场组织或社会机构，以共治的名义开展食品安全保障并分享共治成果。

2. 食缘关系是种社会整合系统

现实运行状况表明，由于食品没有感知，无法与外界直接进行交流，导致各方处于相互隔离的“冷淡”状态。这就势必需要提供一个综合经济、社会、道德、法律及心理等诸要素的平台，供相关主体以食为媒介，进行沟通交流，避免因角色分工、时空隔离产生的信息不对称，使得共治各方基于缘分，在充分整合各方利益或诉求的基础上，实现居民在更高层次上对食品安全的愿景。食缘关系的构建可以将食品安全共治各方演化成以食品为媒介的人际关系，通过人际责任和权利的设定和各方资源的有机重组，实现彼此对等的制约平衡。

3. 食缘关系是种社会理性表达

安全清洁的食品是现代社会的必需品，没有食缘关系的有效整合、协调，食品安全危机将成为社会风险源。一个只注重经济效益的功利生产者为了一点经济收益而可能作出的不道德行为，轻者将导致政府、消费者或其他缘分共享者花费无法想象的代价去处理善后，重者将可能引发无法救济的灾难事件。而通过构建良好的食缘关系，让生产者和消费者在政府、媒体及第三方机构等各方认识到大家同属一个“生命共同体”，相关彼此沟通协作，解决食品安全保障过程中的各利益相关者之间的信息矛盾与利益矛盾。一方面，食品生产者需正视消费者对安全的渴求，主动从源头保障好食品安全供应，而消费者等他方主体也应正视生产者为保障安全供应所付出的努力和贡献，主动给予生产者以回报，如政府通过设立食品行业诚信与信用制度，通过第三方认证和检测机构的科学公正评估，给予高度正向评价；同时，消费者更是以舌尖予以直接点赞，实现情感和理性的双重统一。

二、食缘关系构建的理论基础

（一）社会责任走向互惠化：构建食缘关系的伦理学基础

社会责任伦理是建立在对个体和群体之间对话关系基础上多重价值的市场伦理，它表现于人们的交换实践及其所创造的社会意义中。若人们普遍遵守“互惠化”原则，他们会公平诚实地对待他人，会更具包容性而与他人更易形成合作性的交易关系。[①] 美国著名学者金迪斯、鲍尔斯认为，“群体中的个人能从相互遵守社会文化规范中获益，强互惠主义者遵守社会文化规范，惩罚那些不遵守规范的人，这也是人类特有的正义感”。[②] 笔者认为，食品安全社会共治是食缘关系的框架基础，但其更多地强调法律和政策的刚性约束，而在“互惠化”等社会责任伦理的内在约束方面凸显不够。为弥补这一不足，金迪斯、鲍尔斯所倡导的人们基于对社会公平正义的追求，对亲社会性的行为予以正互惠、对负社会性的行为予以负互惠，这里的惩恶扬善就是社会责任走向互惠化的具体体现，也为食缘关系充分实现互惠化构筑了持续且有力的动力机制。

1. A 与 B 互为友善关系

通俗讲，若你对我好，我就对你好；倘若你对我不好，我就对你不好。对应于食缘关系中，食品生产经营者与消费者的关系即为 A 与 B 的关系，若食品生产经营者履行了提供安全清洁食品的法定义务，作为受惠方的消费者也会对履行了社会责任的生产经营者理予以积极回应。而且食品生产经营者对其社会责任的履行程度也直接影响了消费者购买意愿的强烈程度，如企业为提供符合安全标准的食品，投入用于技术研发和设备更新的人力、财力越多，消费者对其品牌的认同

---

① ［美］罗宾·保罗·马洛伊：《法律和市场经济——法律经济学价值的重新诠释》，钱弘道、朱素梅译，法律出版社 2006 年版，第 130 页。

② ［美］金迪斯、鲍尔斯：《走向统一的社会科学》，上海世纪出版集团 2005 年版。

指数和情感归属就越强烈。①

2. A与B友善，C与A则友善；A与B不友善，C与A则不友善

通俗讲，若你对他人好，我就对你好；倘若你对他人不好，虽然与我没直接关系，但我仍要惩戒你。对应于食缘关系中，食品生产经营者与消费者的关系即为A与B的关系，政府承担的即为C角色。当食品生产经营者与消费者处于和谐稳定的互惠状态时，政府理应予以尊重和维护，而且对于超标准履行好安全责任义务的食品生产经营者，政府还会予以奖励和支持。反之，若食品生产经营者未能履行法定义务或履行不符合义务标准要求时，作为社会公共利益代表的政府，理应按照食品安全法律法规要求，对其予以严厉惩戒。通过严格执法，倒逼食品生产经营者努力恢复至与消费者应有的和谐互惠关系。

3. A或B或C出现“损他”倾向，独立方D基于“利他”的正义观，即使需付出成本，也要对其进行惩戒

通俗讲，只要某方对他人造成伤害，某一主体作为独立方，会基于安全正义的内心追求，对其作出应有的惩戒，当然这也是这一主体作为独立方存在的价值所在。对应于食缘关系中，食品生产经营者、消费者、政府分别承担A、B、C角色，第三方认证检测机构、媒体、行业协会及专家科研机构同属于独立一方主体，扮演的即为D角色。如食品生产经营者、消费者、政府未能履行各自法定义务，第三方认证检测机构、媒体、行业协会及专家科研机构都会采取各自能行使的手段方式，对其予以披露和曝光，通过降低其社会评价、使其陷入道德谴责或法律责难等路径，逼迫他们对其损他行为予以及时矫正。尤其是当政府面对食品安全事件出现不作为或乱作为之时，对其有直接利害关系的食品生产经营者、消费者或无

---

① Gibaja J J, Mujika A, Garcia I. Adverse Effects of Cause-related Marketing on Brand Image Proceedings of the 31eConférence Européenne de l ´European Marketing Academy. University of Minho-School of Economics & Management, Bra-ga, Portugal, 2002, pp. 1 – 56.

直接利害关系的独立方（第三方认证检测机构、媒体、行业协会及专家科研机构），均可对政府提起食品安全行政公益诉讼，通过司法判决让政府承担应有的法律责任。

（二）行动组织走向社群化：构建食缘关系的社会学基础

社群主义理想以普善和公益为追求，强调个人的自主选择能力以及建立在此基础上的个体权益都离不开其所依附的社群组织。正如美国学者丹尼尔·贝尔所言："具有构成特征的社群，为有意义的思考、行动和判断提供一种大体上是背景式的方式，它比任何可能的对它的解释都更深刻。深刻到你不能像舍弃一个志愿组成的联合体那样随意摆脱自己的社群。如果你的生活远远没有与那个社群的利益联系在一起，觉得与该社群格格不入，而且尽力逃避这个社群的掌控，那你一定是精神上遭受了严重的困扰，而且也许正是这种情况会促使你转而珍视你所置身其中的社群。"① 正是基于对"生命共同体"的构建及对普善公益的追求，使得人们在群体行动和公共事务处理中，普遍建立起互惠共享、彼此信任的默契合作关系。

笔者认为，由政府、生产者、消费者、第三方机构等诸多主体各方，都因食结缘，这个缘的载体（食缘关系）就是深刻到各方都不能随意摆脱的社群，而共同维护食品安全就是这个社群的构成特征。如果任何一方主体没能做到与食品安全息息相关，视安全保障为"命运共同体"，想摆脱自己的食品安全责任社群特征，那就是一种自欺欺人；结果自然会受到残酷的道义谴责及严厉的法律制裁，转而遵守自己的社群职责。因此，注重公共精神、强调公民资格、倡导公民参与的社群主义思想，为食缘关系的构建提供了理论支撑。

1. 注重公共精神：食缘关系是实现安全正义价值追求的重要保障

社群主义认为公共利益是人类最高的价值追求，致力于实现食品

① ［美］丹尼尔·贝尔：《社群主义及其批评者》，李琨译，生活·读书·新知三联书店 2002 年版，第 84～86 页。

公共安全，必须反对政府懒政惰政和公民热衷搭便车的消极心态。尽管公民的美德善举是增进社会公益的基础，如食品生产者视安全清洁供给为天职、销售者以诚实守信交易为遵循、媒体以客观精准披露为本分，但其都不是自动形成的，而需在食品消费过程中通过教育引导逐步形成。因此，食缘关系的构建就是政府对公民施德行善进行教育引导的过程，也是政府作为公益代表的应尽职责。如果政府在这方面未能有所作为，而让公民个人完全自发作为，结果只能是导致社会公益受损，食品安全只能成为一句空话。

2. 强调公民资格：食缘关系是强化危机治理公众参与意识的重要路径

作为社群参与者基本条件的公民资格，不仅仅是一种实体基础上的拥有，是公民实现自己权利的重要手段，更是种代表更高公益理想追求的信仰和行动。当食品安全事故发生时，通过公民资格的行使和发挥，将食缘关系各方积极整合起来，相互支持、协同配合，在形成有效的群体合作基础上，在更高价值层面，以对安全共享为追求的信仰实践践行，加速构筑起稳固的食品安全监管网络。

3. 倡导公众参与：食缘关系是实现互惠合作关系网络的重要手段

社群主义认为，公民要主动融入并积极参与社群命运共同体，方能摆脱或减轻风险社会可能带来的恐惧和伤害。社会经验表明，在灾难面前，公民个人往往会因生命或财产遭受威胁，陷入恐惧和慌乱。为了寻求安全的精神家园，社会个体亟须一种能激发众志成城、同舟共济的互助合作网络，为其提供庇佑和关怀，这也是未来危机治理的民众所需和大势所趋。因此，政府作为顶层设计者，理应通过合作协商的民主精神，规范引导公民个人积极融入社群并广泛参与社群行动，从而使流离于社会的个人重新进入充满社会关怀的公共安全网络。

三、食缘关系构建：基于政府、市场、社会的运作逻辑

（一）改革创新：食缘关系运行中的政府之责

1. 加快审批制度改革，引入社会评估

为构建完善的食缘关系，发挥其社会整合功能和理性表达，作为食缘关系的倡导者和主导者，政府应简政放权，积极培育独立于政府的第三方检测机构，独立开展并承担检验检测任务。同时，在食品质量安全监管中，政府应充分尊重行业协会的社会正义感和职业操守，在对食品进行认证时采取强制性认证与自主性认证相结合，在农产品生产、加工和流通领域实施强制性认证，在官方认证之外，行业协会也可以制定行业规则，对本行业内的农产品进行自主认证，从而增加食品竞争力，给消费者带来更多选择。

2. 积极创新执法方式，强化网格化管理

网格化管理是社会管理创新的有效方式，也是增强食缘关系合作黏性的重要手段。借鉴美国派驻万名联邦检查员进企业负责安全监督检查的成功经验，由政府对食品安全监管领域进行网格划分，派驻执法人员到企业，赋予其检验证书签发和现场执法的公权，进行常态化安全生产检查，并可借力媒体曝光和公众监督，激励并引导食品生产企业或公民主动融入安全共治网格，进一步增强食品安全网格化管理的成效。

3. 建立行政指导制度，强化政社互动

为引导企业、消费者实施科学合理的食品安全行为，充分增强食缘关系运行中的合作黏性，政府应建立科学有效的行政指导制度。具体包括：一是行政警示，即通过提示、咨询等方式，引导经营者有序进入或退出市场，帮助其形成科学合理的消费习惯或行为。二是行政告诫，即通过解释、说服等方式，劝导行政相对人自行纠正或杜绝违法行为。三是行政建议，即通过教育、沟通等方式，指导经营者建立健全管理制度、规范经营行为。

（二）取信于民：食缘关系运行中的市场之需

食品安全首先是生产出来的，必须从源头上加以控制，这也是食缘关系实现各方合作的起点和基础。而食缘关系对其社会理性的表达，与企业自律道德的践行和消费者责任意识的觉醒密不可分。

1. 完善立法，严格落实企业自检制度

目前，我国的食品安全检测体系主要以政府为主导，企业自检能力较低，检测设备和检测技术落后。为了提高食品质量安全监管，食品生产链上的所有企业应积极加大对检测设备的资金投入，完善实验室检测条件和检验人员的技术水平，形成一套企业内部自检体系与标准。一是在食品生产环节，立法应当就企业自检、程序要求及责任安排作出明确规定；二是在食品流通环节，除明确政府有关安全检查执法的相关规定，立法还应当就强化下游对上游企业的产品检测、流程安排及其法律责任作出明确规定，以分流政府的执法压力；三是在食品消费环节，应充分尊重并发挥消费者及社会力量的监督作用，立法应当就监督权利、实现路径、时效程序等相关要求作出明确规定，让民众参与真正落地见效。

2. 强化教育，积极培育消费者安全意识

在食缘关系的运行中，消费者基于安全健康的判断，对食品的喜恶偏好及自主选择直接引导着生产经营者的行动取向，进而决定生产经营者的正负经济收益。因此，培育和提高消费者的食品安全意识、责任意识和自我防范意识，对实现食品市场良性有序运行具有重要的现实意义。而强化科普教育是将食缘关系深入人心的重要路径，理应受到各方关注，如在日本，政府颁布实施《食育基本法》，在国民中开展“食育”教育，该法认为“食育”是“德育”“体育”“知育”的基础，国家通过各种教育手段使人们具备选择食品并应用于日常生活的能力。因此，我们可借鉴国外成功经验，建立完善的食品安全教育和培训体系，将食品安全教育纳入正规的学校教育体系，通过政府、市场、科技界和社会媒体的共同努力，切实将维护食品安全内化为社会的公共责任和自觉行动。

（三）公众参与：食缘关系运行中的社会担当

食品安全问题的突出特点在于其利益冲突性，这决定了各种利益的调和必须借用民主观念和公众参与司法过程来实现。国际经验表明，食品安全治理较为健全的国家都强调维护公众的正当安全权益，特别是程序意义上的公民权益，赋予公众运用司法诉讼手段解决食品安全问题的能力，这一做法也必将增强公众维护食品安全的意识，并坚定其维护自身舌尖幸福权益的信念和追求。因此，我们可借鉴国际成功经验，建立健全我国的食品安全公益诉讼制度，在食品安全公益诉讼的实体和程序规定方面，做好相应的立法完善。

所谓食品安全公益诉讼，是指由于行政机关、企业组织或公民个人的违法行为或不行为，致使食品安全公共利益遭受侵害或有被侵害的风险时，法律授权公民个人或社会团体为维护食品安全而直接向法院提起诉讼的制度。与私益诉讼相比，公益诉讼具有显著的预防性，公益诉讼的提起及最终裁决并不要求一定有损害事实发生，只要根据有关情况合理判断有公益被侵害的可能时，即可直接起诉并由违法行为人承担相应的法律责任。[①] 在食品安全公益诉讼中，这种预防功能显得尤为重要，因为食品安全一旦遭受破坏就难以恢复原状，所以法律有必要在食品安全事故尚未发生或尚未完全发生时就授权公民运用司法手段加以排除。在具体实施方面，笔者建议，政府要基于食缘的情感考虑，建立食品安全公益诉讼基金，鼓励社会主体对不良食品企业提起诉讼。

---

① 张明华："环境公益诉讼制度刍议"，载《法学论坛》2002 年第 6 期。

健康中国视野下的公众参与食品安全治理

莫于川[*]

由第十二届全国人民代表大会常务委员会第十四次会议于2015年4月24日修订通过、2015年10月1日起施行的《中华人民共和国食品安全法》（以下简称新《食品安全法》、新法）更符合我国食品安全法制实际和法治发展世界潮流，关系着人民健康、社会稳定和法治进步，是国家治理体系和治理能力现代化的新进展。在党的十八届五中全会提出健康中国建设的新形势下，需要牢固树立并切实贯彻“创新、协调、绿色、开放、共享”的五大发展理念，深入学习和认真实施新《食品安全法》，切实把新法的精神和制度落到实处，这也是在食品安全领域关系发展全局、破解发展难题、厚植发展优势、实现发展目标的一场深刻变革。食品安全法治系统工程，涉及诸多要素、环节和过程，需要按照当代法治观念来积极推动这个法治系统工程目标的实现，而通过体制、机制和方式革新，推动实现企业自律、行业自律、行业自治、公众参与、政民合作、社会监督、社会共治的新理念，有助于提升我国食品安全领域的依法治理能力，这是我国行政监管执法民主化的要求和论域。修改施行的《食品安全法》，在上述方面作出了许多具有丰富内容的修改完善，值得特别关注。本文从如下三方面略加论述。

* 作者简介：莫于川，中国行政法学研究会副会长，中国人民大学教授、博士生导师、宪政与行政法治研究中心执行主任，中国行政法研究所所长，食品安全治理协同创新中心研究员。

一、公众参与食品安全治理的修法要点

针对原《食品安全法》第 7 条关于食品行业协会实行行业自律的规定，这次修法后补充强化规定为“食品行业协会应当加强行业自律，按照章程建立健全行业规范和奖惩机制，提供食品安全信息、技术等服务，引导和督促食品生产经营者依法生产经营，推动行业诚信建设，宣传食品安全知识。消费者协会和其他消费者组织对违反本法规定，损害消费者合法权益的行为，依法进行社会监督”（新法第 9 条）。修法增加规定了软法和软法机制的要求，也即“按照章程建立健全行业规范和奖惩机制”，还增加规定了民主监督制度，也即“依法进行社会监督”。这些关于公众参与、社会监督的新规范，具有重要的现实意义。

针对原《食品安全法》第 8 条关于国家鼓励社会机构和新闻媒体开展普及工作和舆论监督的规定，这次修法补充规定了新闻媒体“有关食品安全的宣传报道应当真实、公正”（新法第 10 条第 2 款）。从既往的经验教训来看，立法规定新闻媒体的社会责任和行为要求，是很有必要的。

这次修法在法律文本第二章末尾还特别增加规定了关于官产学界互动、政民合作共治、信息交流沟通的条款：“县级以上人民政府食品药品监督管理部门和其他有关部门、食品安全风险评估专家委员会及其技术机构，应当按照科学、客观、及时、公开的原则，组织食品生产经营者、食品检验机构、认证机构、食品行业协会、消费者协会以及新闻媒体等，就食品安全风险评估信息和食品安全管理信息进行交流沟通”（新法第 23 条）。此条规定对于建立健全食品安全领域的政民合作共治新局面，提供了法律依据，会产生积极的推动作用。

新法从第四章第二节（生产经营过程控制）开始，都是关于企业自律、行业自治的一系列规范要求。例如，修改后的法律文本新增一条（第 64 条）规定：“食用农产品批发市场应当配备检验设备和检验

人员或者委托符合本法规定的食品检验机构，对进入该批发市场销售的食用农产品进行抽样检验；发现不符合食品安全标准的，应当要求销售者立即停止销售，并向食品药品监督管理部门报告。”这里新增的市场检验、停止销售、专项报告等要求，对于市场开办者的自律、他律、监督和责任分担的制度规范，具有重要的现实针对性和制度创新性，符合政民合作、社会共治的时代潮流，值得充分肯定和大力推行。

二、公众参与食品安全治理的法理和学理基础

食品安全具有特殊的公共性，这表现在食品安全问题具有普遍的损害性，而且复杂的食品安全问题使得公民作为分散的个体缺乏自卫能力，在食品安全风险中易于受到伤害，故需加强自上而下的食品安全监管；还表现在食品安全问题是公众普遍关心的疑难社会问题，需要公民依法行使知情权、参与权、表达权和监督权，积极参与食品安全的公共治理，故需自下而上的参与食品安全治理。

公众参与是社会公共事务应对理念从国家管理向社会治理转变的回应，又是社会治理从一元向多元转变的回应，是社会管理创新的现代形式。在食品安全治理过程中，也应当依循这一规律：公众参与食品安全治理离不开政府自上而下的鼓励、引导、规范，也离不开社会自下而上的推动、自觉、理性。

概括起来，公众参与食品安全治理可以发挥如下四个方面的社会作用：其一，公众参与可以弥补政府管理失灵的缺陷。据不完全统计，我国的食品生产企业中，10 人以下的小作坊食品生产企业约占 80%，数量如此庞大的小型食品生产企业，使得食品安全行政监管常感有心无力。但是，公众作为食品的直接消费者，也是食品安全的受益者，更可成为食品安全治理的参与者，因而公众对于食品安全治理常会表现出特殊的积极性，在公众的积极参与下，政府对于食品安全违规事件的处理会更有行政效率和社会基础，由此扩大政府监管的范围和成

效。其二，公众作为社会主体的一部分，参与到食品安全治理中，有利于实现政府职能转型、转移，由全能型政府向有限政府转变，增强行政管理的民主性和管理主体的多样性，由此提升社会自治水平，这也是建设法治政府的关键之一。其三，作为食品安全的直接受益者和相关者，公众的积极参与，所大量提供的食品安全信息和参与行为，还可减少食品安全监管的行政成本。其四，公众参与还可积累经验和智慧，推动相关法律法规的出台和完善，有助于加强食品安全法治建设。

在法治社会建设进程中，公民作为建设主体具有知情权、参与权、表达权和监督权，这是具有宪法依据的。我国现行《宪法》第 2 条第 3 款规定："人民依照法律规定，通过各种途径和形式，管理国家事务，管理经济和文化事业，管理社会事务。"可见，宪法赋予公民对于"两事务、两事业"进行管理的宪法权利，再结合其他的宪法和法律规范，显然可以将此概括为公民的知情权、参与权、表达权和监督权，而这也是公众参与食品安全治理的权利来源和基本类型。

此外，一些法律文件和行政纲要文件对于公众参与行政管理和社会管理工作，包括食品安全治理工作的权利，也作出了明确规定。例如：2012 年颁布的《国务院关于加强食品安全工作的决定》曾指出：动员全社会广泛参与食品安全工作，大力推行食品安全有奖举报，畅通投诉举报渠道，充分调动人民群众参与食品安全治理的积极性、主动性，组织动员社会各方力量参与食品安全工作，形成强大的社会合力，还应充分发挥新闻媒体、消费者协会、食品相关行业协会、农民专业合作经济组织的作用，引导和约束食品生产经营者诚信经营。2012 年国家食品药品监督管理局发布的《加强和创新餐饮服务食品安全社会监督指导意见》也曾提出：动员基层群众性自治组织参与餐饮服务食品安全社会监督，鼓励社会团体和社会各界人士依法参与餐饮服务食品安全社会监督，支持新闻媒体参与餐饮服务食品安全社会监督，为社会各界参与餐饮服务食品安全社会监督提供有力的保障。上述法律文件和行政规范性文件的有关规定，也表明了国家和有关机构对于公众参与食品安全监管的一贯重视和政民合作治理食品安全的一贯决心，为在《食品安全法》修改之后的新形势下认真实施新法、推动食品安全领域的公众参与，提供了社会共识和各方配合的基础条件。

此外，在"互联网+"的新形势下，科学技术的迅速发展、自媒体时代也为公众参与食品安全治理提供了更有力的支持和保障，表现在：其一，通过互联网可使食品安全信息更具透明性，知情权更有保障；其二，通过互联网可建立起一种比较完备的交互式网络信息处理和传播机制；其三，通过互联网可增加公民参与食品安全治理的热情、方式和成效，提高行政管理和社会管理的民主性。

三、公众参与食品安全治理机制的完善路径

在《食品安全法》修改之后的新形势下，结合当下我国经济、社会、环境和法治发展的新要求，为按照修法精神做好新法的实施工作，还需要从建立信息系统、推进信息公开、健全举报制度、完善激励措施、增强救济力度等五个方面，来完善公众参与、社会共治的食品安全治理机制：

1. 建立健全高效的食品安全信息系统

政府机关必须建立有效的食品安全信息传导机制，以此作为食品安全治理的重要手段，定期发布食品生产、流通全过程中市场检测等信息，为消费者和生产者服务，使消费者了解关于食品安全性的真实情况，减少由于信息不对称而出现的食品不安全因素，增强自我保护意识和能力。同时提供平台，帮助消费者参与改善食品安全性的控制管理。食品生产者、经营者和管理部门应重视食品安全动态的信息反馈，及时改进管理，提高社会责任感和应变能力。还要强化对大众媒体的管理，将食品报道、食品广告和食品标签纳入严格的法治轨道。各种媒体应以客观准确科学的食品信息服务于社会，维护社会安定，推动社会进步，不得炒作新闻制造轰动牟取利益，以免加重消费者对

食品安全的恐慌心理。这应成为共识。

2. 完善食品安全和监管信息公开制度

信息公开是公众参与取得实效的基础条件，信息开放的程度和方式直接影响着公众参与的兴趣和效果。政府如果不能为公众提供充分的信息，或者公众缺乏畅通的信息获取渠道，那么公众参与食品安全治理成效就会大打折扣。因此，很多国家为了保障公众参与食品安全监管，在判例和成文法中都明确了信息公开的内容。我国可依据新法的规定，通过确定政府和食品生产企业披露食品安全信息的义务以及披露的方式和场所，使公众能从正规渠道获得食品安全信息，保障公众知情权、参与权和监督权。实际情况表明，没有公众参与的食品安全监管是艰难、低效的，要实现对食品的安全有效监管必须发动广大群众的积极参与。食品安全监管信息主要有三个来源：一是政府监管机构信息，主要是食品安全监管部门的基础监管信息；二是食品生产行业信息，包括行业协会的评价等；三是社会信息，包括媒体舆论监督信息、认证机构的认证信息、消费者的投诉情况等。这些信息的来源应当具有真实性和全面性，政府各监管部门有责任及时向社会公开相关的食品安全政策法规。要想发动群众，首先要做的就是让公众知道食品安全和监管信息，要让公众有比较全面的了解。故应建立涉及食品安全全过程、全方位的信息公开制度，这是最有效的一种监管方式。

3. 采行便捷的食品安全监管举报方式

烦琐的举报程序或者模糊不清的举报渠道，也是阻碍公众参与食品安全治理的原因之一。在信息技术高速发展的今天，人们可以通过多种方式进行信息交流。现代信息技术的特点就是快捷、安全、便利、准确。食品安全监管的举报模式也应该多样化，多采用现代信息技术手段等多元化的信息传递方式（例如各种微信、微博），可以通过互联网、手机短信等方式向食品安全监管部门反映情况。因此作为政府监管部门应该积极探索多样化的食品安全监管方式，作出必要的人财物和技术设备投入，构筑食品安全监管网络，延伸安全监管触角，把公众监督作为食品监管的强大后盾。通过聘请热心社会公益、社会威望高、责任心强的公众代表作为食品安全信息员并进行统一培训，由其收集和反映消费者对食品安全监管的意见，促使食品安全监管部门能够随时发现、及时处理各类食品安全问题。

4. 健全公众参与食品监管的激励机制

公众参与食品安全监管是一种值得肯定和赞扬的行为，理应得到全社会的尊重和推崇。让公众看到参与食品安全治理带来的实际效果，而且这种效果与公众的心理预期一致，公众就会产生参与积极性，这是一种激励机制。同时，对食品安全的监管可能会触及不法者的利益，有可能导致违法者的不满或者报复，而且从既往查处的食品安全事件来看，有相当一部分是由于公众举报才引起监管部门予以关注和查处的，故将食品生产和销售的不法分子绳之以法，同违法行为作斗争，建立对举报者的法律保护和奖励制度，就显得十分必要，也有利于让公众更有积极性地参与食品安全治理，故应依法对举报者和证人加以有效保护，并根据查处的实际情况对公众予以适当奖励。

5. 强化公众参与食品安全治理的权利救济

我国有关公众参与的机制远不完善，公众参与能力也远不平衡，为保护公众参与食品安全治理的积极性，需要对公众参与予以指导和帮助。为保护公众的参与积极性，需要设立食品安全监管的救济制度。例如在公众参与食品安全监管的过程中遇到困难和问题的时候，政府监管部门要通过咨询信息网络进行帮助和解答。公众参与是宪法赋予我国人民的一项权利，应获得应有的尊重和保护。一旦公众的参与权受到阻碍或侵害，应有相应制度提供救济。例如，可尝试在政府机构内设立专门人员，解决公众参与的投诉问题，对违反公众参与食品安全治理有关规定的事项进行干预和处置，并将结果向社会公布，以实现对公众参与权利的救济和对行使行政权力的监督，从而改善执法机关形象，提升行政法治水平。

坚持“物美价廉”的消费观念会诱发食品安全隐患吗？*

苏毅清　樊林峰　王志刚**

摘要：“物美价廉”的消费观念因其蕴含的两全其美的理想概念一直被消费者视为采取购买行为时的最佳策略。但在进入21世纪后，“物美价廉”的观念开始引发了行业价格战和食品安全等诸多社会问题。本文以食品安全问题为研究对象，通过理论推导构建了体现消费观念、消费需求、质量供给和安全供给之间关系的“观念—需求—质量—安全”模型，并根据2014年年底在全国范围内开展的问卷调查数据，结合联立方程模型，运用路径分析实证方法，证明了“物美价廉”的消费观念会降低人们对于食品质量的要求水平，从而诱使食品生产者供给低质量食品的观点，揭示了“物美价廉”的观念无法实现两全其美的客观现实。最后，提出了用质量需求引导质量供给的食品安全治理建议。

关键词：物美价廉　消费观念　质量供给　食品安全　路径分析

---

* 基金项目：国家社会科学基金重大项目“供应链视角下食品药品安全监管制度创新研究”（项目批准号：11&ZD052）。本文已发表于《消费经济》2016年第4期，已征得同意结集出版。

** 作者简介：苏毅清，中国人民大学农业与农村发展学院博士研究生。

樊林峰，中国人民大学农业与农村发展学院硕士研究生。

王志刚，中国人民大学农业与农村发展学院教授，博士，博士生导师，研究方向：食品经济学、产业经济学。

一、引言

“物美价廉”一词语出清代，因其本身所蕴含的“以小投入换取大收益”的两全其美的理想概念，几百年来都被消费者视为施行购买行为时的最佳策略。在我国开启社会主义市场经济的大门之后，关于“物美价廉”这一概念的讨论也一直不绝于耳，其焦点都集中在一对矛盾问题上，即“物美”是否可以同时实现“价廉”？对此，早期研究这个问题的学者从政治经济学的角度给予了较为充分的分析，认为“物美价廉”是社会主义商品生产的一个基本特征（王珏，1985）。具体而言，在资本主义商品生产条件下，物美价廉只是实现生产目的的一种手段，而不是生产的直接目的，因为资本主义商品生产的直接目的是榨取劳动的剩余价值（李济模，1984）；而社会主义商品生产则不同，它是在劳动人民共同占有生产资料基础上，为满足他们自己的物质和文化生活需要而进行的商品生产，是对商品的使用价值和价值这二重因素最佳状态的科学概括（李济模，1992）。米建国（1983）还运用微观经济理论，对物美价廉的程度进行了定量分析，指出物美和价廉的关系是产品的使用价值与价格的辩证统一，由于在产品的生产过程中，形成产品使用价值的具体劳动与形成产品价值的抽象劳动不成比例，所以也就决定了产品的使用价值和价格随质量等级提高时，二者提高的幅度并不一致，因此完全可以通过促使生产者向同行学习等方式实现产品的“物美价廉”。在西方经济学理论在我国得到普及后，一些学者运用西方经济学的理论进一步支持了“物美”可以“价廉”的观点。段禾青（2007）从新经济时代所具有的特征入手，从产业组织理论的角度，通过对行业竞争的加剧、科技水平的提高和全球化的不断深入等问题的讨论，论证了在“物美”的基础上如何实现“价廉”，诠释了“物美价廉”产生的现实基础。总之，在改革开放后的二十多年时间里，关于“物美价廉”之间关系的研究不断提醒着人们：“物美价廉”的理想是可以通过努力实现的。这样的思考与结论，一方面促使着行业与企业不断地改进技术，寻找降低成本的良方；另一方面也迎合了消费者对理想化消费的向往，引导着消费者不断强化对“物美价廉”的追求。

然而，在进入 21 世纪后，人们发现一直被强化的“物美价廉”的观念开始引发了许多社会问题：依靠“物美价廉”战略迅速成长的企业开始遭遇发展的瓶颈，持“物美价廉”消费观念的消费者逐渐发现自己已经不知不觉地置身于假冒伪劣商品的海洋，这其中，无休止的价格战和日益严重的食品安全问题就是这些社会问题的代表。由此，对“物美价廉”的观念是否应该坚持，社会上开始出现了观念上的分化。其中，一部分人认为人民群众的生活需要“物美价廉”的产品，认为追求“物美价廉”是“接地气”而利国利民的表现（尹明善，2007）。而另一部分人则认为，“物美价廉”只能是人们心中的理想，实际上有悖客观规律。正如传统经济学理论所言，质量是成本和投入的增函数，“物美”必然“价高”，“价廉”只能“质劣”，因此坚持“物美价廉”的观念只能导致不良后果，是“踩地雷”的行为。具体考察不赞成“物美价廉”观念的相关研究，有人从企业的角度进行思考，认为“物美价廉”是中国企业家群体最早的竞争策略，但是多年发展下来，竞争的重点往往单一地朝向“价廉”偏移，进而引发整个行业的价格战和低端化（尹明善，2006）。也有人从消费者层面展开探讨，认为消费者也存在的重点单一朝向“价廉”偏移的现象。如消费者在食品消费方面常抱有“物美价廉”的理想观念，而这种观念往往到最后却发展为了一种对于低价的片面苛求，甚至还存在食品消费的“购假”行为，即以“卖相”而非质量作为消费决策的依据。这就给食品生产者传导了一个错误的信号，必然导致生产者在生产过程中尽可能压缩成本，过度使用所谓现代生产要素保证农产品“卖相”，从而带来巨大的食品安全风险（徐立成等，2014）。从对这些现象的分析来看，已经有较为充分的证据表明，“物美价廉”是一种“危险”的观念，它会使人们过于关注价格而忽视对质量的需要，无形中降低了人们对质量的要求。也正因为人们的这种对质量的低要求，诱使行业走入了低质量发展的陷阱，将消费者置身于假冒伪劣的海洋。

进一步思考由“物美价廉”的观念引发的社会问题，我们可以发现它归根结底是一个需求如何影响供给的经济学基本问题。消费者持有什么样的消费观念，则消费者对产品质量就有什么样的需求，进而生产者就会对产品质量形成什么样的供给。具体到经济活动中，生产者可以持有“物美价廉”的生产观念，消费者也可以持有“物美价廉”的消费观念，但根据需求决定供给的基本经济规律，一定是消费者持有“物美价廉”的消费观念所产生的相应质量需求，引致了生产者追求“物美价廉”的生产，从而出现了生产者为了讨好消费者偷工减料以压低产品质量的行为。由此看来，消费观念对产品的质量供给有着决定性的作用。在以往关于消费观念的研究中，学者们得到的比较一致的结论是：消费观念是决定消费需求的重要因素，因此消费观念通过影响消费需求，进而对大众媒体的转型、国民经济的转变等社会的变革有重要影响（郑红娥，2006；王晓玲，2006；陈奕蓓等，2013）。由此可见，对于先前所提及的社会问题，行业的价格战是因为消费者对低价的渴望所致，而食品质量的低供给同样源起于消费者因追求低价从而产生的对食品质量的低需求。因此，我们以往提倡的从供给的角度对行业进行监管，督促其提高生产与管理水平，实现产品“物美价廉”的思路，似乎也应该进行一下转换，从如何转变人们的观念，并依据需求决定供给的思想对现有的社会问题的治理进行重新思考。

总结学者们关于“物美价廉”的观念的研究，发现目前的相关研究结论逐渐朝着“物美”只能“价高”、传统的观念不该坚持的方向倾斜。但是，关于“物美价廉”的观念是否能作为引发目前诸多社会问题的原因，它的形成又受哪些客观因素的影响，这些影响消费观念的因素是否会通过影响消费需求进而影响产品质量的供给等诸多问题，目前的研究都还没有从理论和实证方面做更深入的论证。对这些问题的研究，关系到我们是否应该坚持“物美价廉”的观念，关系到是否应该投入有限的资源来追求“物美价廉”的理想。因此，通过科学的研究方法探明“物美价廉”的观念如何影响需求，并进一步对产品供给产生影响的问题意义重大。

鉴于此，本文将以目前让政府监管陷入极大困境的食品安全问题为例，通过理论模型的推导，梳理了消费者的消费观念如何影响食品质量供给的逻辑，探讨了低食品质量需求引致低食品质量供给的作用机理，并进一步通过实证检验，证明了“物美价廉”的消费观念确实会导致食品质量的低水平供给从而引发食品安全问题的观点，得到了“物美价廉”的消费观念客观上无法实现两全其美，因此不应该坚持的结论。最后从需求管理的角度对食品安全问题的治理提出相应的政策建议。

本文余下的章节构成如下：第二部分理论模型；第三部分计量模型；第四部分数据来源与描述性分析；第五部分实证结果；第六部分结论和政策建议。

二、理论模型

本文通过对范里安（1980）定价模型的变形与改进，从理论推导的层面梳理消费者的消费观念如何影响食品质量供给的逻辑，探讨低食品质量需求引致低食品质量供给的作用机理，并构建“观念—需求—质量”模型。

范里安定价模型讨论了消费者对价格了解程度的不同如何影响卖者定价的问题。该模型假设：在消费者进行消费的过程中，有一些消费者不知道市场中同类商品的所有卖者的标价，从而从随机选择的卖者那里购买商品；而另外一些消费者知道市场中所有同类商品的价格，从而从最低标价的卖者那里购买商品。模型中，知道所有商品价格信息的消费者会选择购买价格水平最低的同类商品。此时，模型不存在纯策略均衡。比如，如果卖者 A 确切地知道卖者 B 向消费者索要的价格水平高于边际成本，这时卖者A就会稍稍地降低价格以吸引知道所有价格信息的消费者。但如果一些卖者索要的价格等于边际成本，则另一些卖者可以通过向不知道价格信息的消费者索要高价来获取正的利润。此时，模型中的卖者将会采取混合的价格策略：一方面，以一定概率选择等于边际成本的价格来吸引知道价格信息的消费者；另一方面，也以一定概率选择高于边际成本的价格从而在不知道价格信息的消费者身上获取正的利润。根据以上思路，范里安（1980）假设，N为卖者数目，λ为知道价格信息的消费者占消费者总人数的比例，每个卖者的边际成本均为c，消费者对商品的评价为v，此时，卖者选择价格p的概率累计分布函数$F(p)$满足

$$\left[\lambda\left(1-F(p)\right)^{N-1}+\frac{1-\lambda}{N}\right](p-c)\equiv\frac{1-\lambda}{N}(v-c) \qquad (a)$$

（a）式左侧的$(1-F(p))^{N-1}$表示知道价格信息的消费者购买商品的概率，乘以λ之后即为所有知道价格信息的消费者对卖者商品的需求量；而$1/N$表示不知道价格信息的消费者在N个卖者中选择某一卖者并购买其商品的概率，乘以$1-\lambda$后即为所有不知道价格信息的消费者对卖者商品的需求量。故而，左侧表示卖者以概率$F(p)$选择价格p所获得的期望利润；右侧则表示卖者从知道价格信息的消费者那里获得零利润，从不知道价格信息的消费者那里获得的利润为$(1-\lambda)(v-c)/N$。

本文借鉴以上范里安定价模型所提供的思路，探讨消费者的消费观念不同如何影响卖者对产品质量的供给。设对食品质量有较高要求的消费者占所有消费者的比例为$\lambda(0<\lambda<1)$，则$1-\lambda$即为对食品质量有较低要求的消费者在总消费者人数中所占的比例。为了使问题简化，假设有$N\geqslant 2$个同质的、风险中性的食品卖者，所销售的食品有高（H）、低（L）两种质量水平。卖者提供高质量（H）水平食品的边际成本为$c>0$，消费者对其评价为$v>c$；卖者提供低质量（L）水平食品的边际成本标被标准化为0，消费者对其评价不超过边际成

本。也就是说，如果消费者能准确知道食品的质量是低水平的，则购买行为就不会发生。本文还假设，对食品质量有较低要求的消费者总是从价格水平最低的卖者那里购买食品。

因此，如果消费者是同质的，等价于 $\lambda = 0$ 或 $\lambda = 1$。当 $\lambda = 0$ 时，所有的消费者都无法准确了解食品质量的具体水平，因此对食品质量的要求不高，此时卖者就会对其供给 L 水平的食品，产品的价格为 0；当 $\lambda = 1$ 时，所有消费者都能准确了解食品的质量水平，因此他们对食品质量的要求比较高，此时卖者只能提供 H 水平的食品，定价为 c。Armstrong & Chen（2009）借鉴范里安（2008）的思路，证明了当卖者的数量 N 足够大时，市场中会存在一个纯策略非对称均衡：至少有两个卖者提供食品的价格为 c，质量水平为 H；且至少有两个卖者提供食品的价格为 0，质量水平为 L。卖者在非对称均衡时获得零利润。

由此，我们假设每一个卖者是随机地在区间 $[p_0, v]$ 上选择价格水平，在区间 $[p_0, v]$ 中存在一个临界值 p_1，当卖者随机选择的价格水平 $p \in [p_0, p_1)$ 时，销售 L 质量水平的食品；当 $p \in (p_1, v]$ 时，销售 H 质量水平的食品。用 P（其中 $0 \leqslant P \leqslant 1$）表示任意卖者选择“欺骗”的概率，即卖者以 H 质量水平的价格出售 L 质量水平的产品的概率，也即是当卖者选择的价格水平 $p \in [p_0, p_1](p > 0)$ 时，销售 L 质量水平的食品的可能性。基于上述假设，参考 Armstrong & Chen（2009）对（a）式所示范里安定价模型进行的借鉴性研究，可得 P 是下列（b）式中的唯一解：

$$\left(\frac{P}{1-P}\right)^{N-1} = \frac{1-\lambda}{\lambda}\frac{c}{1-c}\left[1 + \frac{1-\lambda}{\lambda}(1-P)^{N-1}\right] \tag{b}$$

（b）式左边是关于 P 的增函数，且取值范围是从零到正无穷；（b）式右边是关于 P 的减函数，且取值为正。因此，（b）式关于 P 具有唯一解。当 N 足够大时，市场中存在唯一的纯策略非对称均衡，此时（b）可以近似地改写为如下的形式

$$P \approx \frac{k^{\frac{1}{N-1}}}{k^{\frac{1}{N-1}}+1}, \text{其中 } k = \frac{1-\lambda}{\lambda}\frac{c}{v-c} \quad \text{(c)}$$

当 $\lambda = 1$ 时，所有消费者都对食品质量有较高的要求，此时卖者提供的低质量的食品就无人购买。换一种角度解释，卖者提供的低质量食品只能卖给观念不正确、对食品质量要求较低的消费者。（b）式和（c）式也显示出：消费者对食品质量的要求程度，会影响到卖者提供低质量食品的概率 P 。（c）式两边对 λ 求导数有

$$\frac{dP}{d\lambda} = -\frac{k^{\frac{2-N}{N-1}}c}{\lambda^2(N-1)(v-c)(k^{\frac{1}{N-1}}+1)^2} < 0$$

因此，卖者提供低质量的食品，即选择“欺骗”消费者的概率 P 是对食品质量有较高需求的消费者在总消费者人数中所占比例 λ 的递减函数，即当对食品质量有较高要求的消费者占比增加，生产者向食品消费市场提供低质量食品的概率就会减少，且当 $\lambda = 0$ 时，$P = 1$；$\lambda = 1$ 时，$P = 0$ 。综上所述，食品供给者对食品质量的供给由消费者对食品质量的需求程度所决定。当消费者对食品质量有较高要求时，食品供给者向消费者供给低质量食品的概率就低；反之，当消费者对食品质量的要求不高时，食品供给者就会倾向于用低质量的食品来“欺骗”消费者进而从中牟利。进一步的，相关研究表明，消费者对产品质量的需求受到消费观念的显著影响，而消费观念又会因社会统计学特征、经济状况与时间压力和消费习惯等方面因素的不同而不同（杨春花，2009；董雅丽等，2010；董雅丽等，2011）。

在食品质量与食品安全之间关系的问题上，本文认为，食品质量的概念要大于食品安全。按照 Caswell（1998）对食品质量属性空间的划分，食品安全是食品质量属性空间中的一个属性，进一步根据钟真（2013）的定义，食品的安全属性对于食品的质量又存在着“独一无二”的前提性，即：如果安全的属性不达标，则食品其他属性和固有特性的高低就没有任何意义。参考钟真（2012），这个概念从数学上讲，可以表述为：

令 Q 表示食品的质量，根据 Antle（2000）对食品质量的两分法，Q 由食品的安全性 s 与品质 q 共同决定：

$$Q = f(s,q)$$

其中 s 是一个二值变量，当食品是安全的，则 $s = 1$；若食品是不安全的，则 $s = 0$；q 为一个连续非负变量，则有：当 $s = 1$ 时，食品的质量由其品质决定，则 $Q = q$；当 $s = 0$ 时，食品的品质意义丧失，则 $Q = 0$。由此，我们实际可以把 Q、s、q 三个变量之间的关系更具体地写为：

$$Q = s \cdot q$$

可以看到，质量由安全作为“独一无二”的前提所决定。因此，在理性人假设下，没有人会不顾食品的安全，只一味地追求食品质量的品质。由此，接续前文的证明，本文认为，由于食品质量由食品安全作为“独一无二”的前提所决定，因此消费者对食品质量的需求，首要表现为对食品安全的需求；再由需求决定供给的理论可推断得：生产者对食品质量的供给首要的表现为对食品安全的供给。

综上所述，本文建立如图 1 所示的“观念—需求—质量—安全”模型，以反映消费观念如何通过消费需求对食品质量的供给产生作用，进而对食品安全的供给产生影响。本文接下来的部分将运用联立方程模型对该作用机制内部各个部分之间的关系进行实证检验。

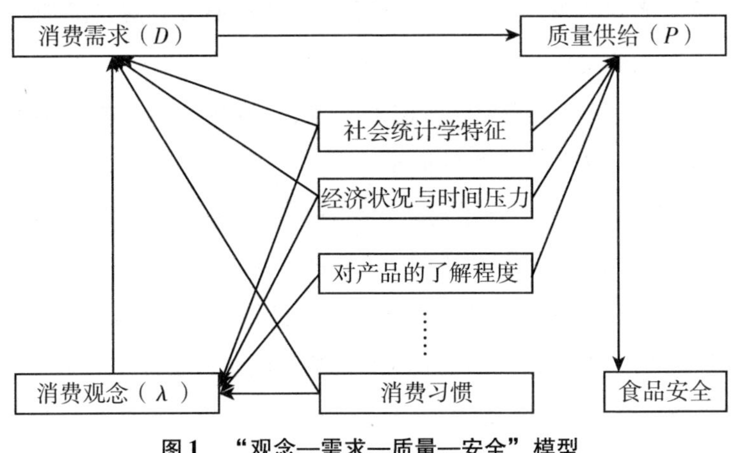

图 1　“观念—需求—质量—安全”模型

三、实证模型与实证方法

（一）实证模型：联立方程模型

本文运用联立方程模型（Simultaneous Equation Model）来验证图1所示关系。在联立方程模型中，一些方程的因变量可能是另一些方程的自变量，因此，方程组中每个方程都有一些变量是内生的。具体到本文所要研究的问题，可建立如下联立方程组：

$$
\begin{cases}
\lambda = \alpha_0 + \Gamma A + \mu & (1) \\
D = \beta_0 + \beta_1 \lambda + \Omega B + \nu & (2) \\
P = \gamma_0 + \gamma_1 D + \Psi C + \varepsilon & (3)
\end{cases}
$$

首先，本文由理论部分的推导假定，食品质量的供给水平越低，则食品安全的供给水平就越低。因此，我们的分析将集中于验证消费观念如何通过影响消费者对食品质量的需求，进而影响生产者对质量的供给的思路。

其次，方程（1）考察了影响消费者消费观念的因素。其中，λ 为方程的因变量，A 为影响消费者消费观念的各项因素的向量，Γ 为其系数向量。

再次，方程（2）考察了消费者对食品质量的需求程度与消费者的消费观念之间的关系。其中，因变量 D 表示消费者对食品质量的需求程度，用于衡量消费者对食品质量要求水平的高低；自变量 λ 为方程（1）的因变量，代表消费者的消费观念；B 为表示样本基本特征等自变量的向量，Ω 为其系数的向量。

最后，方程（3）考察了食品生产者提供低质量食品的概率与消费者消费需求之间的关系。其中，因变量 P 为食品生产者提供低质量食品的概率，也可以同时视为消费者遭遇到食品安全问题的概率；自变量 D 为方程（2）的因变量，表示消费者对食品质量的需求程度，用于衡量消费者对食品质量要求水平的高低，C 表示其他控制变量的向量，Ψ 为其系数向量。ε、ν、μ 分别为方程（1）、方程（2）和方程（3）的随机误差项。

（二）实证方法：路径分析法

传统的单一方程估计法是对联立方程组的每一个方程分别估计，而系统估计法是将其作为一个系统一起估计。单一方程估计法主要包括普通最小二乘法、间接最小二乘法、二阶段最小二乘法以及广义矩阵估计法；系统估计法则主要包括三阶段最小二乘法和完全信息极大似然估计法等。但是，这些方法都不能很好地解决联立方程组中误差项之间的相关关系带来的偏误。因此，本文采用路径分析的方法，结合结构方程模型的技术，对本文提出的联立方程组的实证模型进行计算，以求能够更为准确地估计消费者的消费观念、对食品质量的要求程度和生产者提供低质量食品的概率之间的关系。

路径分析最初由遗传学家 Sewall Wright（1921）提出，并在 20 世纪 60 年代开始被广泛地用于多变量之间因果结构模式的探讨。在经济学领域，由于路径分析涵盖了关于变量之间因果关系的相对直接的推导，因此也被经常性地应用于解决联立方程模型的相关问题（邱皓政等，2009）。根据本文对于理论模型与实证模型的阐述，现依照路径分析的相关步骤，建立如图 2 所示的路径模式（path model）：

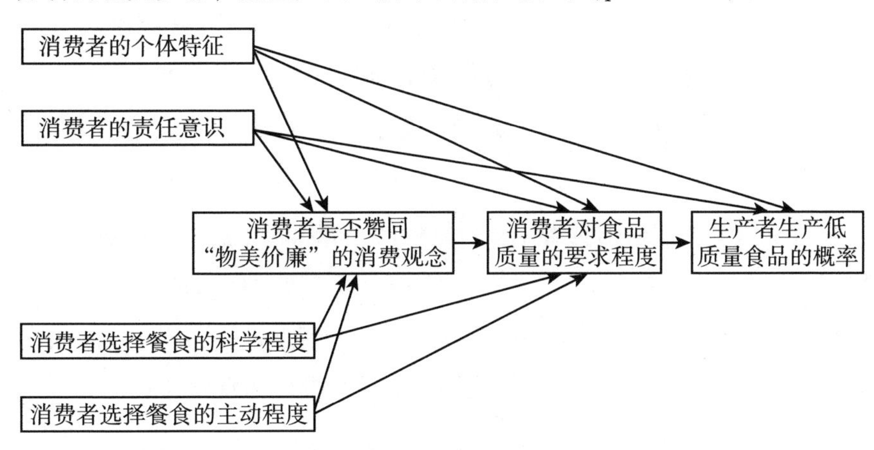

图 2　消费者消费观念影响质量需求与质量供给的路径模式

本文假定：首先，消费者的个体特征、责任意识、选择餐食的主动程度以及选择餐食的科学程度都会通过影响消费者的消费观念从而影响消费者对食品质量的要求程度，进而影响生产者提供低质量食品的概率；其次，消费者的个体特征、责任意识、选择餐食的主动程度和科学程度会直接影响消费者对食品质量的要求；最后，消费者的个体特征和责任意识会对生产者提供低质量食品的概率有直接影响。

在对路径模式中各个变量之间关系的具体计算与估计方面，由于联立方程模型中，方程（1）、方程（2）和方程（3）的因变量都是取不同分值和不同性质变量，因此在每个方程中，自变量与因变量的因果关系的估计结果在可比性上就存在较大问题。因此，本文采用统计软件 SAS9.3 中 Calis 模块所包含的结构方程技术，在基于最大似然估计的基础上对联立方程模型中各个变量之间关系的估计值进行标准化，以使得路径模式中所要体现的因果关系能够具有更强的可比性，从而增加实证结果的可信度。

四、数据来源与描述性分析

由于餐饮经营环节是食品生产者和食品消费者直接对接的环节，因此，本文对餐饮经营环节的消费者进行随机抽样，以验证餐饮消费者的消费观念如何对餐饮业食品质量的供给产生影响，从而揭示“物美价廉”的消费观念如何导致食品安全问题。

本文使用的数据来源于2014年10月至12月间在全国范围内进行的问卷调查。本次调查共发放问卷1139份，均以网络问卷的形式随机分发给全国范围内的消费者。在所发放的1139份问卷中，有效问卷为1082份，问卷有效率为95.00%。本次问卷主要由四个部分组成：第一部分为样本的基本情况；第二部分为样本对餐饮经营环节的认知程度调查；第三部分为消费者对餐饮经营环节进行投诉的意向调查；第四部分为对消费者就餐习惯和饮食观念的调查。

本次调查随机抽取的样本体现出七大特征，如表1所示，具体表现为：第一，调查样本的性别比例比较均衡，男女基本各占一半。第二，样本以已婚人群为主，占比接近七成。第三，样本的文化程度相对较高，以拥有本科学历的人群为主，占比超过2/3；拥有大专学历的人群占比居于次席，约二成；拥有硕士及以上学历的人群占比不足一成；高中及以下学历的人群所占比例最小。由于本次问卷涉及消费者对餐饮经营环节的理性认识，以及他们对现有消费观念的科学判断，因此，拥有相对较高学历的受访人群能够保证对所提出的问题给予更科学理性的回答。第四，受访者主要来自我国较为发达的城市和地区。由于本次调研有近四成的问卷来自在天津的调查，因此来自天津的受访者占据了样本的较大比例。排除调查地选取上的影响，从全国范围的角度来看，来自北京、上海和广东的受访者占比接近2/5；来自河北、江苏、浙江、山东和安徽的受访者占比超过1/4。发达地区有较为发达的餐饮业，因此他们对餐饮经营环节相关问题的回答也更有依据、更具代表性。第五，受访者年龄层次年轻化。样本的平均年龄为30.58岁，这个年龄段的消费者正处于事业与消费能力俱佳的时期。具体而言，20~29岁年龄段的受访者，占比接近一半；30~39岁的受访者占比接近四成，位居次席。因此，20~39岁年龄段的受访者占据了样本近九成的比例。样本所呈现出的年轻化特征，与我们采用网上问卷调查这种较为时尚的调查方式有很大的关系。第六，受访者的收入水平较高。样本月收入的平均值为6402.7元，其中月收入处于5000~5999元区间内的受访者人数最多，占比近1/5；月收入在3000~3999元范围内的受访人群位居次席，约两成；而月收入在10000元以上的受访者占比居第三，将超过一成。可以看到，一半以上的受访者的月收入集中在3000~6999元的范围内，这部分人群不仅自己有能力享受餐饮服务，而且反映出的意见和观点也能代表广大的百姓消费者。第七，受访者每天的工作时间总体正常。调查结果显示，样本每天工作时间的平均值为8.2个小时，属于正常工作时间的范畴。因此，样本的工作强度给受访者对餐饮经营环节的认识带来的影响能够代表广大普通民众。总体而言，从对样本的基本情况的分析可知，本次调研随机抽取的样本对所要研究的问题能够体现出良好的代表性。

表1　样本基本特征

统计指标	分类指标	频数（人）	比例（%）
性　别	男	524	48.43
	女	558	51.57
婚姻状况	已婚	735	67.93
	未婚	347	32.07
文化程度	初中或以下	2	0.18
	中专或高中	48	4.44
	大专	168	15.53
文化程度	本科	778	71.90
	硕士或以上	86	7.95
年龄	60岁以上	6	0.56
	50～59岁	20	1.85
	40～49岁	91	8.44
	30～39岁	415	38.35
	20～29岁	504	46.58
	20岁以下	46	4.25
月收入	10000元以上	150	13.86
	9000～9999元	33	3.06
	8000～8999元	104	9.61
	7000～7999元	56	5.18
	6000～6999元	112	10.35
	5000～5999元	187	17.28
	4000～4999元	117	10.81
	3000～3999元	167	15.43
	2000～2999元	73	6.75
	2000元以下	83	7.67
每天工作时间	10小时以上	27	2.49
	10小时	48	4.43
	9小时	69	6.83
	8小时	796	73.58
	8小时以下	142	13.12

1. 消费者遭遇食品安全问题的状况分析

首先，如表2所示，超九成的受访者都担心会在餐厅吃到不干净的食品，绝大部分的受访者都曾经在就餐时遇到过食品安全问题。这反映出绝大部分消费者都曾经受到食品安全问题的困扰，体现了当前我国在食品质量供给方面处于低水平的现实。

表2　消费者对餐饮经营环节的认知情况

您是否担心在餐厅吃饭时吃到不安全的食品？	频数	比例
是	1016	93.90%
否	66	6.10%
样本总数	1082	100.00%
您在餐厅就餐时您是否遇到过食品安全问题？（如，昆虫、头发等异物，食物变质发酸，或者食用后出现身体异常状况等）	频数	比例
是	852	78.74%
否	230	21.26%
样本总数	1082	100.00%

其次，虽然受访者对餐饮经营环节中餐食加工的各个过程表示了不同程度的担心，虽然绝大多数受访者表示他们有权利也有必要了解餐食加工的具体过程，但现实中消费者对餐食加工的具体内容和过程却并不十分了解。如表3所示，对餐食加工的具体内容和过程能够“十分了解”的受访者凤毛麟角，而近六成的消费者对餐食加工具体过程和内容的认知仅仅处于“略知一二”的水平。从这个对比中可以发现，在餐饮经营环节，消费者与餐饮供应者之间存在着比较严重的信息不对称问题。而导致这种信息不对称的原因，不仅因为对餐饮经营环节不尽科学的管理与不太完善的监管，而且也在于消费者对食品质量安全的需求没有在恰当的引导下得到合理的表达。

表3　消费者对餐食加工的具体内容和过程的了解情况

您是否觉得餐饮业餐食加工的各项环节总会有让人不放心之处？	频数	比例
是	1031	95.29%
否	51	4.71%
样本总数	1082	100.00%
您觉得消费者有必要了解餐厅餐食加工的各个过程吗？	频数	比例
有必要，因为我们有权利知道我们吃的东西是怎么做出来的	1016	93.90%
没必要，只要我们吃完不出问题就没必要花那个精力去了解	66	6.10%
样本总数	1082	100.00%
您对之前提及的餐食加工环节的具体内容和过程是否了解？	频数	比例
一点都不了解	76	7.02%
略知一二	633	58.50%
熟知一些内容	215	19.87%
比较了解	130	12.01%
非常了解	28	2.60%
样本总数	1082	100.00%

2. 消费者所持消费观念的分析

首先，持“物美价廉”观念的消费者占大多数，体现了消费者对于食品的质量与价格之间关系的认知与理解程度并不令人满意的现状。更高的质量必须耗费更多的成本，因此更高的质量必定对应着更高的价格，这是基本经济规律的客观反映。但是，我国消费者由于长期受到如“物美价廉”等理想主义消费观念的影响，因此对食品的质量与价格之间的关系的认识呈现出了不合理的状态。如表4所示，近3/4的受访者表达了“物美”可以“价廉”的理想主义消费观念，而有超七成的受访者会选择“物美”而又“价廉”的餐厅就餐。这种对质量与价格的非理性判断，导致消费者对食品质量的需求出现扭曲，使得餐饮企业为了达到“物美价廉”以讨好消费者，从而走上了偷工减料、制假售假和非法添加的道路。

表 4　消费者对“物美”与“价廉”之间关系的认知情况

关于食品的品质和价格，您赞同以下哪种观点：	频数	比例
“物美”可以“价廉”，这是通过努力可以实现的	806	74.50%
“物美”只能“价高”，因为“物美”需要投入成本	276	25.50%
样本总数	1082	100.00%
您倾向于去以下哪种餐厅消费：	频数	比例
“物美”又“价廉”的餐厅	780	72.09%
“物美”但“价高”的餐厅	238	22.00%
“物不美”但“价高”的餐厅	24	2.21%
您倾向于去以下哪种餐厅消费：	频数	比例
“物不太美”但“价也廉”的餐厅	40	3.70%
样本总数	1082	100.00%

其次，在对食物的选择方面，消费者在一定程度上表现出了“追求自我”的积极主动的态度。如表 5 所示，若消费者在选择食物时是持“想吃什么吃什么”的态度，即在就餐时必须吃到自己想吃的东西，则说明消费者对食品的选择上有较为积极主动的需求；而若消费者在选择吃什么时秉持“有什么吃什么”的态度，则说明消费者在饮食上要求不高，比较被动，即使自己不想吃，但只要吃了没病，也就可以接受。从调查中可以看到，超过一半的受访者持“想吃什么吃什么”的积极主动态度，同时也有超四成的受访者是持“有什么吃什么”的被动观点。总体而言，选择“想吃什么吃什么”的受访者占比略高，但与选择“有什么吃什么”的受访者占比差别不大，这说明在最终的食物选择方面，目前我国的消费者呈现出“主动”需求与“被动”需求相互并存的现象，由此也说明了目前我国消费者在食物选择上表现出的需求水平参差不齐。

表5　消费者在餐食选择上的态度

在选择吃什么时，您的习惯为：	频数	比例
有什么吃什么，想办法在现有条件下让自己吃饱	472	43.62%
想吃什么吃什么，想办法买到自己想吃的	610	56.38%
样本总数	1082	100.00%

最后，有相当一部分消费者在日常饮食中会参考相关的科学膳食指南。在日常饮食时是否参考科学的膳食指南，体现了消费者餐食需求的养成是否遵循了科学的原则。从表6中可以看到，有近五成的受访者表示在日常的饮食中会“参考”相关的科学膳食指南，比例与选择“不参考”的人群所占比例基本持平。这个结果有些出乎意料，但也恰恰反映了目前已有相当一部分消费者在饮食上形成了科学合理的需求。这不仅仅是当今消费者生活水平不断提高的具体表现，同时也对餐饮经营环节的质量供给提出了更高的要求。

表6　消费者参考科学膳食指南的情况

您每天的饮食是否参考科学的膳食指南？	频数	比例
是	529	48.89%
否	553	51.17%
样本总数	1082	100.00%

总而言之，从本部分对数据的描述性分析可以看到，一方面，目前我国消费者经常遇到食品安全问题，这说明我国食品生产者对食品质量的供给水平很低；另一方面，当前我国消费者对食品供给过程的了解还不足，对饮食质量的要求还不高，且在消费观念上还存在崇尚“物美价廉”的“顽疾”。在接下来的部分，本文将通过实证分析，进一步验证和解释消费者持有“物美价廉”的观念如何对食品质量的供给产生影响。

五、实证分析

1. 变量的选取

因变量的选取方面，首先，本文选取消费者是否赞同“物美价廉”的观点为方程（1）的因变量。当消费者赞同“物美价廉”的观点时，其对食品质量的认知存在偏差，从而对食品质量的要求也相应降低，这会诱使食品生产者“投其所好”，以廉价为诱饵向其提供低质量的食品，从而提高这部分消费者遇到食品安全问题的概率。其次，本文选取“消费者对食品质量的要求水平”为方程（2）的因变量。根据调查问卷中消费者对就餐时所选取的餐馆层次以及在外就餐要求等相关问题的回答结果，通过对结果进行评分，最终转化为衡量消费者对食品质量要求水平的分值，以此作为方程（2）的因变量。最后，本文选取“消费者是否在就餐时遇到过食品安全问题”为方程（3）的因变量。我们认为，食品生产者提供低质量食品的概率越大，则消费者遇到食品安全问题的可能性就越高，因此，选择“消费者是否在就餐时遇到过食品安全问题”作为因变量来衡量食品生产者供给低质量食品的可能性。

自变量选取方面，首先，对于方程（1），我们选取了个人特征、消费者责任意识、消费者选择餐食的主动程度和科学程度这四组因素作为自变量。其次，对于方程（2），我们依照联立方程组和路径模式选择了“是否赞同‘物美价廉’的观点”为自变量，并同时选择了个人基本特征、消费者选择餐食的主动程度和科学程度作为自变量。最后，对于方程（3），我们根据联立方程组和路径模式选取了消费者对食品质量的要求水平作为自变量，并同时将消费者责任意识作为控制变量。因变量与自变量的具体选取情况如表 7 所示。

表7　变量选取情况

变量分组	变量	说明	均值	标准差
方程（1）因变量	是否赞同“物美价廉”的观点	是=1；否=0	0.745	0.436
方程（2）因变量	对食品质量的要求水平	回答关于对食品质量要求程度的六个问题的得分。得分越高，则对食品质量的要求越高	2.516	1.307
方程（3）因变量	生产者提供低质量食品的概率	回答关于“是否遇到过食品安全问题”的得分，得分越高，生产者提供低质量食品的概率越高	0.788	0.409
个人特征	性别	男=1；女=0	0.484	0.500
	是否结婚	是=1；否=0	0.679	0.467
	年龄	连续变量	30.585	7.432
	受教育程度	1=初中或以下；2=中专或高中；3=大专；4=本科；5=硕士及以上	3.831	0.631
	月收入水平	连续变量	6128.997	4791.51
	每天工作时间	连续变量	8.011	2.744
就餐满意度评价	对目前在外就餐满意度的总体评价	回答“对目前在外就餐环境的满意度评价”、“对目前在外就餐卫生条件的满意度评价”和“对目前在外就餐满意度的评价”三个问题的得分。得分越高，满意度越高	2.025	0.338
消费者选择餐食的主动程度	是否持“想吃什么吃什么”的态度	1=是；0=否	0.563	0.496

续表

变量分组	变量	说明	均值	标准差
消费者选择餐食的科学程度	日常饮食是否参看饮食指南	1 = 是；0 = 否	0.489	0.500
对食品生产的了解程度	对餐饮食品加工环节的了解程度	1 = 一点都不了解；2 = 略知一二；3 = 熟知一些内容；4 = 比较了解；5 = 非常了解	2.447	0.886
消费者责任意识	是否公开了解到的餐厅“不良”行为	1 = 是；0 = 否	0.780	0.414

2. 估计结果分析

通过统计软件 SAS9.3 对文章所建立的路径模式中变量之间的关系进行计算与估计，得到本文所建立模型的拟合情况如下：第一，适合度指数方面，拟合指数 GFI = 0.9941 > 0.90，说明模型具有很好的解释力；正规拟合指数 NFI = 0.9746 > 0.90，表明了模型中各变量之间的相关性表现良好，非正规拟合指数 NNFI = 0.8714 < 0.90，说明模型在一定程度上会受到复杂模型的影响。第二，在替代性指数方面，平均概似平方误根系数 RMSEA = 0.0451 < 0.05，说明本文提出的理论模型与完美模拟合的饱和模型之间的差距程度很小，显示了模型具有相当的理想性。第三，在残差分析指数方面，残差均方根指数 RMR = 0.0095，标准化残差均方根指数 SRMR = 0.0167 < 0.08，说明残差含量低，模型拟合度佳。

通过 SAS 对变量之间相关关系的估计值进行标准化处理之后，得到路径模式中的各变量之间的标准化效应（自变量变化一个标准差单位时所引起因变量的标准差单位的变化量）如表 8 和图 3 所示，具体表现为如下五个方面：

表8　路径模式中变量间标准化效应的实证结果

变量类别	变量名称	方程（3）生产者提供低质量食品的概率		方程（2）消费者对食品质量的要求水平		方程（1）赞同“物美价廉”观点	
		系数	t值	系数	t值	系数	t值
方程（2）因变量	对食品质量的要求水平	-0.090*	-2.30	—	—	—	—
方程（1）因变量	是否赞同“物美价廉”的观点	—	—	-0.367***	-11.2	—	—
个人基本特征	性别	0.057	1.47	-0.014	-0.40	0.098*	2.50
	是否结婚	0.073	1.53	0.003	1.41	-0.003	-0.07
	年龄	-0.147**	-3.04	0.051	1.41	0.020	0.40
	受教育程度	0.049	1.20	0.071	1.93	0.038	0.93
	月收入水平	0.080***	110.6	0.132***	16.8	-0.057***	-24.3
	每天工作时间	0.099**	2.59	-0.015	-0.42	0.007	0.17
消费者选择餐食的主动程度	是否持“想吃什么吃什么”的态度	—	—	0.134***	3.78	-0.161***	-4.15
消费者选择餐食的科学程度	日常饮食是否参看饮食指南	—	—	0.072*	1.96	0.014	0.33
消费者责任意识	是否公开了解到的餐厅“不良”行为	-0.153***	-3.99	0.059	1.61	-0.006	-0.14
模型拟合结果							
RMSEA Estimate		0.0451					
Root Mean Square Residual（RMR）		0.0095					
Standardized RMR（SRMR）		0.0167					
Goodness of Fit Index（GFI）		0.9941					
Bentler-Bonett NFI（NFI）		0.9746					
Bentler - Bonett Non-normed Index（NNFI）		0.8714					
样本总数		1082					

注：*、**、***分别表示在5%、1%和0.1%的统计水平上显著。

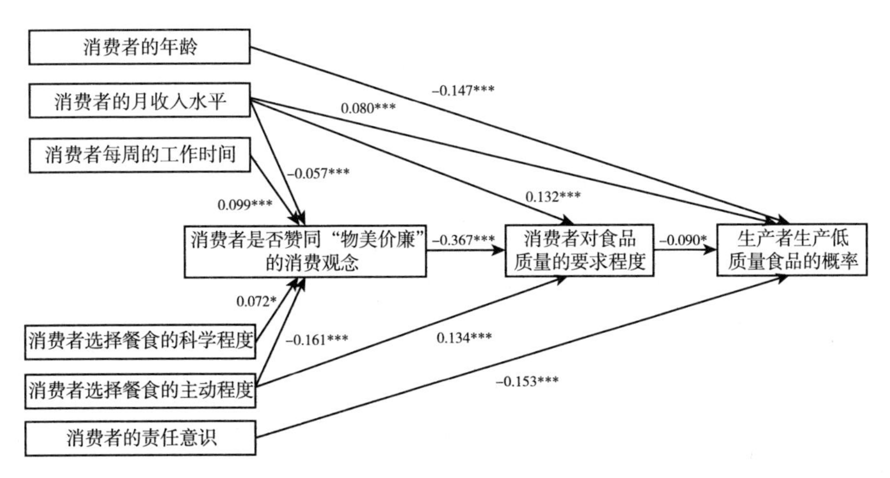

注：*、**、***分别表示在5%、1%和0.1%的统计水平上显著。

图3　路径分析的标准化终解路径图（仅显示关系显著的路径）

首先，有充分的证据表明，“物美价廉”的消费观念会降低人们对于食品质量的要求水平，从而诱使食品生产者供给低质量的食品。具体而言，赞同“物美价廉”的观点与对食品质量的要求水平之间呈现显著的负相关关系，即持“物美价廉”观念的消费者对食品质量的要求水平相比之下要低近0.4个标准差单位；而对食品质量的要求水平与生产者供给低质量食品的概率之间也呈显著负相关关系，即消费者对食品质量的要求每提高一个标准差单位，生产者对其供给低质量食品的概率相比之下就会显著下降近0.1个标准差单位，因此其遇到食品安全问题的概率也就相应降低。综合上述分析，我们可以得到结论：持“物美价廉”观念的消费者，其对食品质量的要求水平会因此降低，进而增加食品生产者对其供给低质量食品的概率，导致他们遇到食品安全问题的概率也大幅增加。所以，从本文的实证结果来看，坚持“物美价廉”的消费观念并不是“接地气”的好事，相反，这会导致我们走入食品安全问题的地雷阵，是“踩地雷”的行为。

其次，消费者在食品消费中存在主观与客观上的不一致，体现了“物美价廉”的观念客观上无法实现两全其美的现实。从“性别”自变量对三个方程的影响来看，一方面，在消费观念上，男性消费者相比之下更倾向于赞同“物美价廉”的消费观念，所以客观上他们对食品质量的要求不会太高；另一方面，在对食品质量的要求上，男性消费者相比之下的统计显著性并不高，因此他们更倾向于对食品质量有主观上更高的要求。这种主观与客观不一致的矛盾心理，导致了最后性别因素对食品质量的供给影响效果的不显著。其实，这种矛盾的心理也正是“物美价廉”无法实现两全其美的一个直观体现，因为主观上追求“价廉”必然导致客观上无法“物美”，若还一味地追求“物美价廉”的两全其美，则主观与客观上的矛盾会使得消费者无法有效避免生产者对其供给低质量的食品，进而无法有效避免食品安全问题的困扰。

再次，消费者的收入对生产者提供低质量食品的概率在总体上有直接的显著正向影响。如图3所示，消费者收入对食品质量的供给的影响存在三条路径：第一条影响路径是消费者的收入对食品质量供给的直接显著正向影响（收入→质量供给），即消费者的收入每提高一个标准差单位，会直接地使得生产者供给低质量食品的概率提高0.08个单位；第二条影响路径是消费者的收入通过消费观念和对食品质量的要求对食品质量供给产生的间接显著负向影响（收入→消费观念→质量要求→质量供给），即消费者的收入每提高1个标准差单位，会间接地使得生产者向其供给低质量食品的概率降低0.0019[（-0.057）×（-0.367）×（-0.090）=-0.0019］个标准差单位；第三条影响路径是消费者的收入通过对食品质量要求程度对食品质量供给产生的间接显著负向影响（收入→质量要求→质量供给），即消费者的收入每提高1个标准差单位，会间接地使生产者向其提供低质量食品的概率降低0.012［0.132×（-0.090）=-0.012］个标准差单位。因此，这三条影响路径形成的消费者收入对食品质量供给的总效应为：0.080-0.0019-0.012=0.0661，即消费者的收入每提高1个标准差单位，总体使生产者向其提供低质量食品的概率提高0.0661个标准差单位。这种消费者收入对食品质量供给整体上呈直接显著正向影响的现象，反映出当前食品生产者会更倾向于选择高收入的消费群体作为低质量食品输出的对象，体现出在我国即使是高收入的消费者，对食品质量的认识与鉴别也存在不足，从而容易被“欺骗”的现实。此外，工作时间越长的消费者越容易成为低质量食品的输出对象，这可能是因为消费者每天的工作时间越长，越没有心思和精力在食品质量上投入更多的关注，从而影响了他们对食品质量的要求水平，进而给了食品生产者以造假、行骗的可乘之机。我们可以发现，月收入和工作时间与生产者提供低质量食品的概率之间的显著正向关系与消费者所持有的消费观念无关，这其中的进一步缘由有待在今后的研究中进一步探讨。

又次，消费者若表现出较强的责任心，则会降低生产者提供低质量产品的概率。公开所遭遇到的食品安全问题，是消费者提醒其他消费者要在消费时多加注意，不要重蹈覆辙的有责任心的行为。这种责任心，不仅是对其他消费者身体健康的负责，也是对生产者行为的有效监督。是否公开所遇到的食品安全问题与生产者提供低质量食品之间存在显著的负相关关系，说明越是具有责任心的消费者，越能够起到监督生产者的作用，从而约束生产者的不良生产行为。

最后，积极、科学的饮食习惯能间接地降低生产者供给低质量食品的概率。具体而言，一方面，持有“想吃什么吃什么”的积极主动的态度与是否赞同“物美价廉”的观念之间呈显著负相关关系，即积极主动的饮食态度会使消费者不倾向于持有“物美价廉”的观念，从而提高对食品质量的要求水平，进而降低食品生产者向其供给低质量食品的概率。另一方面，消费者在日常膳食中是否参考相关饮食科学指南与生产者对其提供低质量食品的概率从直接与间接路径上都呈现显著的负相关关系，即在日常饮食中越注意参考科学的饮食指导，则消费者越不会持有“物美价廉”的消费观念，从而消费者对食品质量的要求水平就会提高，进而降低生产者向其提供低质量食品的概率。因此可以看到，消费者养成积极主动、科学合理的饮食习惯，对于抑制食品生产者供给低质量食品的行为有十分显著的作用。

六、结论和政策建议

综合本文分析，总结得到如下六点结论：第一，我国消费者普遍遭受较为严重的食品安全问题的困扰，反映出我国的食品质量供给水平低下。调查发现绝大多数的消费者担心遇到食品安全问题，也有绝大部分的消费者实际地遭遇过食品安全问题，实证分析也体现了消费者对食品生产加工现状表现出的无奈与信心不足的现状，这都表明我国食品质量供给的现状令人担忧。第二，大部分消费者在饮食消费方面持有“物美价廉”的理想消费观念。近3/4的受访者表达了“物美”可以“价廉”的理想主义消费观念，而有超七成的受访者会选择“物美”而又“价廉”的餐厅就餐。这种对质量与价格的非理性判断，导致消费者对食品质量的需求出现扭曲，也给了生产者以制假售假的可乘之机。第三，理论推导和实证检验表明，“物美价廉”的消费观念会降低人们对于食品质量的要求水平，从而诱使食品生产者供给低质量的食品。持有“物美价廉”的消费观念与食品生产者供给低质量食品之间存在统计上的显著关系，具体表现为，消费者如果赞同“物美价廉”的观念，则其对食品质量的要求水平就低，从而成为低质量食品供给对象的概率就越大，因此遇到食品安全问题的可能性就越高。第四，消费者在食品消费中存在主观与客观上不一致，体现了“物美价廉”的观念客观上无法实现两全其美的现实。客观上因追求“价廉”体现的是对食品质量的低要求，与主观上要求“物美”的对食品质量高的要求之间产生了矛盾，导致了持“物美价廉”观念的消费者客观上无法实现“物美价廉”的两全其美，从而无法有效避免食品安全问题的发生。第五，在消费方面积极主动、讲求科学与富有社会责任心的消费者能够有效地抑制食品生产者供给低质量食品的行为。实证结果表明，积极主动、讲求科学与富有责任心的消费者都对食品的质量有较高要求，他们的这种积极正确的消费态度能够对生产者的食品质量供给形成有效的监督，对质量供给过程中的不良行为形成有效的抑制，从而保证了食品质量的有效供给。第六，实证结果显示，消费者的年龄、工作时间和在外就餐习惯等因素对食品质量的供给都存在直接或间接的显著影响。这些直接或间接的影响，证明了消费者对食品质量的高水平要求可以带来食品质量的高水平供给的观点，从而构建起了连接“观念—需求—质量”的桥梁。

根据本文所得结论，现提出以下五点政策建议：第一，必须转变“物美价廉”的消费观念，从积极主动、讲求科学和培养责任心等方面，塑造新时期的科学消费观。要摒弃消费中形成的以追求两全其美为内容的消费观念，通过教育、媒体和其他多种渠道，让消费者科学地认识食品质量与成本投入之间的关系，从而能够在客观上形成对食品质量的合理要求，进而对食品质量的供给形成正确的引导。第二，要将消费者引入到食品安全的治理中。我们发现，从传统生产的角度进行全面监管，过程复杂，点多面广，难以面面俱到；而从消费者需求的角度进行监管，主体明确、目标集中，以需求带动生产，具有牵一发动全身的作用。因此要积极地将消费者引入到监管中来，重视质量的需求对质量供给的作用，从而实现以需求促供给，从而助目前陷入困局的食品安全监管以一臂之力。第三，要积极引导消费者形成科学合理的消费习惯。一方面，有关部门要改善对于消费者的引导方法，实施诸如改善各类营养膳食指南的措施，以使得消费者不仅能掌握有用的技能，更能掌握科学的方式和形成正确的观念；另一方面，消费者也要加强自我学习，重视科学意识的培养，改正重视眼前、重视价格、重视外观的传统观念，并逐渐形成和接受“物美”只能“价高”、质量需要投资的合理观念，鼓励消费者形成“想吃什么吃什么”的饮食观，使其得在自身食品消费上能实现“多一点投入，多一份健康”的效果。第四，要加强新媒体在食品安全治理当中的作用。一方面，新媒体的作用不仅是宣传，更在于引导。要让有责任心的消费者能够运用新媒体的平台来实行食品安全的监督，这不仅可以使生产经营者的不良行为得到迅速的曝光，也能使不可信的谣言和不正确的观念在新媒体的过滤、争论中得到指认和更正，从而实现新媒体应有的引导公众的功能；另一方面，新媒体要加强自身的平台建设，要让有责任心的消费者的言论有地方可发、有设备可发和有能力可发。第五，要重视对于消费者需求的研究和开发，建立消费者需求特征的大数据库。要将消费者按照年龄、偏好、工作性质等特性进行分类，研究每种分类下消费者的饮食习惯，从而准确地定位出相应分类的消费者所需求的食品及食品的质量水平，进而可以让公众知晓自身的所属分类以及对于食品质量水平的搭配，从而实现消费者有目的的消费，有效避免盲目消费所引发的食品安全问题。

参考文献

[1] Varian H R. A model of sales. The American Economic Review, 1980: 651 - 659.

[2] Armstrong M, Chen Y. Inattentive consumers and product quality. Journal of the European Economic Association, 2009, 7 (2 - 3): 411 - 422.

[3] Caswell J A, Bredahl M E, Hooker N H. How quality management metasystems are affecting the food industry. Review of Agricultural Economics, 1998: 547 - 557.

[4] Antle J M. No such thing as a free safe lunch: the cost of food safety regulation in the meat industry. American Journal of Agricultural Economics, 2000, 82 (2): 310 - 322.

[5] Wright S. Correlation and causation. Journal of agricultural research, 1921.

[6] 米建国："产品物美价廉程度的定量分析——物美价廉系数"，载《经济理论与经济管理》1983年第3期，第43～45页，第58页。

[7] 李济模："商品是否物美价廉是衡量经济效益高低的基本标志"，载《经济问题》1984年第4期，第26～31页。

[8] 尹明善:“转变增长方式反思物美价廉”,载《中国科技产业》2006 年第 4 期,第 28~29 页。

[9] 王珏:“物美价廉是社会主义商品生产的一个基本特征”,载《商业经济与管理》1985 年第 3 期,第 4 页。

[10] 李济模:“论商品物美价廉的标准与形式”,载《当代经济科学》1992 年第 5 期,第 68~71 页,第 87 页。

[11] 段禾青:“论‘物美价廉’的现实基础——基于成本视角”,载《商场现代化》2007 年第 17 期,第 29 页。

[12] 郑红娥:“从媒体的变迁看青年消费观念的演变”,载《中国青年研究》2006 年第 1 期,第 16~18 页。

[13] 王晓玲:“消费观念变化对我国经济增长的影响”,载《科技与管理》2006 年第 5 期,第 76~78 页。

[14] 尹明善:“转变增长方式,反思物美价廉”,载《理论参考》2006 年第 4 期,第 41~42 页。

[15] 尹明善:“抛弃物美价廉加快自主创新”,载《大陆桥视野》2007 年第 2 期,第 65~66 页。

[16] 徐立成、周立:“食品安全威胁下‘有组织的不负责任’——消费者行为分析与‘一家两制’调查”,载《中国农业大学学报(社会科学版)》2014 年第 2 期,第 124~135 页。

[17] 杨春花:“改革开放以来消费观念变化的哲学透视”,载《山东社会科学》2009 年第 7 期,第 35~39 页。

[18] 董雅丽、刘军智:“个体消费观念形成影响因素与机制探析”,载《商业研究》2010 年第 6 期,第 1~5 页。

[19] 董雅丽、张强:“消费观念与消费行为实证研究”,载《商业研究》2011 年第 8 期,第 7~10 页。

[20] 陈奕蓓、王敏:“近代中国社会变革与现代消费观念的萌发”,载《商业时代》2013 年第 28 期,第 141~142 页。

[21] 邱皓政、林碧芳:《结构方程模型的原理与应用》,中国轻

工业出版社2009年版，第204页。

［22］钟真、孔祥智："产业组织模式对农产品质量安全的影响：来自奶业的例证"，载《管理世界》2012年第1期，第79~92页。

［23］钟真、雷丰善、刘同山："质量经济学的一般性框架构建——兼论食品质量安全的基本内涵"，载《软科学》2013年第1期，第69~73页。

品
安全法律体系

论我国食品安全民事责任体系的完善*

——兼评新修订的《食品安全法》相关规定

刘筠筠　陈衡平**

摘要：新《食品安全法》加强了食品安全的行政监管力度，有利于政府对食品生产经营的各个环节进行更好的把控，同时行政责任与刑事责任的衔接更加密切，对食品经营不法分子更具威慑力。同时我们也应看到问题之所在：针对我国食品安全问题的解决，“重行政，轻民事”的思想并未改变，民事责任在其中发挥的作用并没有受到应有的重视。我们应重新认识食品安全民事责任体系构建的必要性，以新修订的《食品安全法》为视角，审视我国现有的民事责任体系中所存在的问题，并对其如何完善提出有建设性的意见。

关键词：食品安全　民事责任体系　完善

一、完善食品安全民事责任体系的必要性

在食品安全领域，民事责任具有刑事责任和行政责任所不能替代的功能性。刑事责任、行政责任的社会功能主要体现为预防、惩罚违法行为，而民事责任则是一种“私法上的不利后果”，具有恢复原状、

---

* 本文原文已发表于《食品科学技术学报》2016年第1期，已征得同意结集出版。

** 作者简介：刘筠筠，北京工商大学法学院教授，主要研究方向：食品安全法。陈衡平，北京市通州区人民法院，主要研究方向：民商法。

赔偿损失的主要功能。在目前食品安全的刑事责任和行政责任体系相对完备的情况下，进一步强化民事责任的功能，做到私法手段和公法手段相结合，才能更有效地解决当前中国日益严峻的食品安全问题。[①]完善食品安全民事责任体系的必要性，具体体现为以下几点：

1. 有利于鼓励消费者积极维护自身权益

在之前的食品安全事故中，政府主要运用行政手段对相关的企业和主要负责人进行处罚，对情节严重者要求其承担刑事责任，[②] 但由于我国食品安全的民事责任制度还不够完善，社会民众往往难以参与其中，如能强化民事责任的功能，赋予民众更多的监督和救济途径，则能更好引导和鼓励社会民众参与到食品安全监督管理中来，以扮演"私人检察总长"的角色。[③] 而社会民众自身的特性，也决定其具有与食品经营不法分子"斗争到底"的决心和能力。首先，社会民众是"切肤之痛"的利害关系人。发生食品安全事件，直接的受害人是普通民众，他们为了弥补自己所受到的损害，会想尽办法、用尽途径要求食品事故中的责任方承担相应的民事赔偿责任，而"民事责任体系"就是他们行动的法律依据；其次，社会民众的监督力更加广泛且深入。社会民众根植于社会生活基层，直接面对形形色色、档次不一的食品生产者和销售者，对大大小小的食安问题敏感度更高，能及时有效反映问题，特别是对规模小、流动性大的食品经营者有较好的监督作用；最后，社会民众是"趋利避害"之人。新的《食品安全法》已修订了十倍惩罚性赔偿的相关条款，这将作为在经济上的动力。在利益驱使下，会有更多的民众积极参与到食品安全问题的治

---

① 高传盛："食品药品质量安全事件：社会共责，还是政府全责"，载《电子科技大学学报（社科版）》2013年第15期，第2页。

② 朱珍华、刘道远："食品安全监管视角下的民事责任制度研究"，载《法学杂志》2012年第11期，第84页。

③ 朱艳艳："论我国建立环境行政公益诉讼的应然性：从理论与现实双重角度分析"，载《法学杂志》2010年第7期，第104页。

理活动中来①。

2. 有利于缓解行政机关监管不力的局面

2013 年，我国食品药品监管体制改革，将多个部门权力统一集中到食品药品监管部门，进一步提高办事效率，节约资源，统一领导我国食品安全的行政监管工作。② 但是，仅仅依靠行政手段，难以有效解决我国当前的食品安全问题。一方面，行政机关及其工作人员存在怠于行使监管权的情况。食品安全事件中的受害人不是行政机关的工作人员，他们的人身财产利益没有受到侵害，以至于他们缺乏直接的动力去参与执法，再加上食品监管工作复杂繁重和缺乏相应的激励机制，导致他们产生消极和懈怠情绪，被动地去执行工作任务，甚至出现了部门间“踢皮球”的情况。完善民事责任体系，赋予民众更多民事权利，发动广大人民群众参与维权，揭露不良食品生产经营者的违法行为，及时向有关单位报告出现的食品安全问题，督促政府针对问题开展监管工作，以填补监管不到位的漏洞，迫使工作人员认真、严格执法。另一方面，出现监管力量“寡不敌众”的现象。我国现有的食品行业生产者、经营者数量众多，经营规模大小各异，素质水平参差不齐，无证照、不规范经营的现象屡禁不止，违法者不配合整改、处罚的状况时有发生，行政单位需要耗费大量人力物力时间与这些不法经营者进行周旋，同时还要解决社会中不断出现新的食品安全问题，行政监管力量显然已不能符合现实的监管需求。社会民众具有数量优势，且覆盖面广，因此进一步强化民事责任的功能，鼓励人民群众加入到食品安全社会监督的队伍中来，则能破除行政监管力量不足的窘境。

3. 有利于从根源上治理我国的食品安全问题

商人追求利益的最大化。为了获得高额的利润，有些商人选择铤

---

① 王利明：《侵权行为法研究（上卷）》，中国人民大学出版社 2004 年版，第 97 页。

② 张炜达、任端平：“我国食品安全监管政府职能的历史转换及其影响因素”，载《中国食物与营养》2011 年第 17 期，第 9～11 页。

而走险，违反国家法律规定，不顾社会的道德谴责，从事损害国家和公民利益的行为。我国的食品安全问题“久治不愈”，原因来自多个方面：监管体制不统一、效率低下；行政监管力量不足；监管信息不能及时有效反映到有关部门；不法食品经营者类型多且复杂等。但是，在面对行政手段和刑事手段的双重治理下，不法食品商家仍能在夹缝中获得不法利益，才是我国食品安全问题屡治屡犯的根本原因。[①] 完善民事责任体系中的赔偿制度，不仅能很好地补偿受害者所遭受到的损失，而且支付高额的赔偿款能让不法食品经营者难以获利，直接从市场中淘汰。同时，高额的赔偿款也将极大提高违法成本，减少不法收入，消除根本的违法动因，防止有些食品生产经营者以身试法。针对我国的食品安全问题，发挥民事赔偿责任的惩罚作用和预防作用，从根源上打击食品经营违法行为，具有行政手段和刑事手段不具备之功效。

二、以新修订的《食品安全法》为角度，探索我国食品安全的民事责任制度

我国涉及食品安全民事责任的有关规定，散见于不同法律之中。关于食品安全民事责任归责原则、举证责任分配、赔偿具体范围等内容，《食品安全法》并没有设置专门章节加以规定，而是适用《民法通则》《侵权责任法》和《民事诉讼法》的一般性规定以及其他的经济领域法律法规。例如，食品安全民事责任的归责原则，依据《民法通则》第106条，《侵权责任法》第41条、第42条规定，以及《产品质量法》第41条、第42条的规定，由食品的生产者适用无过错责任原则，销售者适用过错责任原则；又如，关于食品安全问题民事纠纷中，由谁来承担举证责任的问题，依据的是《民事诉讼法》第64条的“谁主张谁举证”的原则；再如，食品安全事件的赔偿范

① 杨惟钦：“新形势下食品安全民事责任体系之完善”，载《云南社会科学》2015年第4期，第135页。

围，可参考《产品责任法》第 44 条和《侵权责任法》的相关条款，具体确定赔偿范围。

《食品安全法》在修改之前，涉及民事责任的条款只有四条，即第 52 条、第 55 条、第 96 条和第 97 条，其主要规范了集中交易市场的开办人、展销会举办方和柜台出租方的连带责任；虚假广告中个人、团体和其他组织的连带责任；食品安全的惩罚性赔偿责任；民事赔偿责任的优先性原则。修改之后的《食品安全法》，对于民事责任的内容作了增设和补充，涉及的条款包括第 122 条、第 123 条、第 131 条、第 138 条、第 139 条，第 140 条，第 141 条，第 148 条，增设和补充的具体内容包括：

1. 明知他人存在违法行为仍为其提供条件便利的应承担连带责任

《食品安全法》第 122 条、第 123 条都规定了“明知从事前款规定的违法行为，仍为其提供生产经营场所或者其他条件的……使消费者的合法利益受到损害的，应当与食品、食品添加剂生产经营者承担连带责任。”从规定中可看出，依法承担“连带责任”需要同时具备三个要件：第一，行为人明知他人存在《食品安全法》第 122 条、第 123 条规定的违法行为。“明知他人存在违法行为”可视为行为人与他人在主观上“有共同从事违法行为的合意”，是要求其承担连带责任在法理上的主要依据。“违法行为”则具体包括第 122 条规定的未经许可从事食品、食品添加剂生产经营行为，以及第 123 条列举的六种严重违法食品生产经营行为。第二，为违法者提供生产经营场所等便利条件。只要行为人为违法者提供的条件，足以对违法者的非法食品生产经营行为起促成作用的，应认为是“便利条件”。第三，有损害后果，即行为人为违法者提供生产经营场所或者其他条件，促成违法行为，造成消费者的利益受损的结果。《食品安全法》在这两个条款中设定“连带责任”对于规范食品生产经营活动具有重要意义：一方面，赋予相关主体更高的法律责任，以提高他们的法律意识和社会责任感，防止其加入到有关食品的违法活动中来；另一方面，有利于在外围源头上，对违法的食品生产经营行为进行惩治。[①]

2. 网络交易平台连带责任和先行赔付责任

新《食品安全法》第131条规定，如网络交易平台不履行许可证审查、实名制登记等义务的，造成消费者利益受损的后果，要求其与食品经营者承担连带责任。另外，在消费者受到侵害后，如网络交易平台不能提供经营者真实有效信息的，可要求其先行赔付。早在《食品安全法》修订草案发布之初，就有专家认为：既要求网络交易平台承担连带责任又要求其承担先行赔付责任，对于网络交易平台来说负担过重，不利于网络交易行业的发展。[②] 但笔者认为，该条款为网络交易平台设定连带责任和先行赔付责任，是为了方便食品消费者行使赔偿请求权。网上经营便利性、低成本的特征，导致大量的食品经营者涌入网上零售市场，消费者也能在网上方便、轻松购买食品。虽然网上食品销售市场发展迅猛，但是存在许多潜在风险：网上食品经营者的资质和信用良莠不齐，出现食品安全问题后具有不可控性，甚至有些食品经营者以注销账户的形式，让消费者无法找到追偿主体。网络交易平台为食品经营者提供网上“经营场所”，对于在其注册的商家有很强的监控能力，而且从中收取服务费和提成费（如天猫商城对每笔线上交易扣5%的提成）以获取巨大的利润。[③] 在消费者对网上食品经营者索赔无力时，网络交易平台有责任、有能力对自己的过错行为承担赔偿责任。要求网络交易平台承担连带责任和现行赔付责任，是建立最严格的食品安全法律责任的需要，也是为了更好地保护了食品消费者的合法利益的需要。

---

① 信春鹰主编：《中华人民共和国食品安全法解读》，中国法制出版社2015年版，第322页。

② 杜国民：“我国食品安全民事责任制度研究——兼评《中华人民共和国食品安全法（修订草案）》”，载《政治与法律》2014年第8期，第24页。

③ 佣苗舒、汤厉断：“论传统品牌企业如何选择电商渠道”，载《观察》2014年第3期，第13页。

3. 食品检验机构、认证机构出具虚假检验报告的连带责任

根据《食品安全法》第 138 条的规定，食品检验机构及其工作人员出具虚假检验报告的，除了需要承担相应的行政责任外，导致消费者的合法利益受到损害的，需要与食品经营者承担连带责任。食品检验机构及其工作人员依法承担对食品进行安全检验的职责。在现实生活中，行政执法人员发现食品生产者、销售者存在食品安全问题时，需要食品检验机构对有问题的食品检查和化验，并作出结论，执法人员据此决定是否予以处罚或处罚力度的轻重。因此，检验机构所作出的食品检验报告是否真实确定且公正客观，将影响执法人员的准确判断，以及执法机构对食品安全问题的监管工作能否得以有效开展。如果食品检验机构和检验人员违反规定作出虚假的检验报告，需要承担相应的行政责任，损害消费者的合法利益的，需要与食品生产经营者承担连带责任。①

根据《食品安全法》第 139 条的规定，认证机构出具的认证报告如为虚假，使消费者合法利益受损的，应与食品生产经营者承担连带责任。所谓认证是指认证机构对食品本身、食品管理及食品服务是否符合相关的技术规范强制要求或标准的评定工作。为了进一步地提高食品质量、推动食品产业发展、保护食品消费者利益，食品的检验检测认证对此起重要作用。同时，具有社会公信力是认证报告的重要特性，为维护这一份“社会信任”，应对出具虚假认证结论的认证机构进行惩罚，要求其承担法律责任，包括在民事上承担与食品经营者的连带责任。

4. 媒体编造、散布虚假食品安全信息的民事责任

根据《食品安全法》第 141 条的规定，媒体如编造、散布虚假的食品安全信息，将给予行政处罚，损害他人合法利益的，依法应承担

① 杨立新：“最高人民法院《关于审理食品药品纠纷案件适用法律若干问题的规定》释评”，载《法律适用》2013 年第 12 期，第 39 页。

相应的民事责任。新闻媒体具有宣传食品安全常识、食品生产经营安全标准、食品安全法律法规的功能，并通过报道和曝光社会中存在的食品安全违法行为，对食品经营商家进行社会舆论监督。以食品安全为内容的宣传、报道是与老百姓的日常生活密切关联的，如果媒体所报道的内容失去真实性和公正性，将会严重破坏正常的社会生活秩序，编造、散布虚假食品安全信息的媒体将承担相应的法律责任，对他人的合法利益造成损害的，依法承担消除影响、恢复名誉、赔偿损失、赔礼道歉等民事责任。

5. 首负责任制度和惩罚性赔偿制度

依据《食品安全法》第148条第1款的规定，消费者因食品安全问题导致合法利益受损的，可向生产者要求赔偿，也可向经营者要求赔偿，生产经营者接收到赔偿要求则应先行赔付，不得推诿。该条款与《消费者权益保护法》第40条第2款，以及《产品质量法》第43条的规定相衔接，使消费领域中各部法律之间的规定更加统一。规定生产经营者的首负责任，避免了生产者和经营者之间相互推卸责任，从而降低消费者的索赔成本，让消费者的损失得到及时补偿。

根据《食品安全法》第148条第2款的规定，消费者除了可以要求生产者、经营者赔偿损失之外，还可以要求生产经营者承担10倍价款的惩罚性赔偿金，修改之后的《食品安全法》还增加了3倍所受损失的惩罚性赔偿金以和《消费者权益保护法》相衔接，而且设定惩罚性赔偿金的金额不低于1000元。《食品安全法》中的惩罚性赔偿制度目的在于：生产或经营不符合食品安全标准的食品，严重损害了消费者的生命健康权，对国家和社会的稳定造成极大的冲击，为此不法食品生产经营者除承担赔偿所受损失的民事责任外，还应承担相应的惩罚。[①] 生产者和经营者对于惩罚性赔偿的适用有所不同，生产者不要

① 李响："我国食品安全法'十倍赔偿＆规定之批判与完善'"，载《法商研究》2009年第6期，第42页。

求在主观上"明知"，只要有生产不安全食品的行为即应承担惩罚性赔偿责任，而食品经营者适用惩罚性赔偿时有主观上"明知"的要求。

三、我国食品安全民事责任体系中存在的缺陷

1. 食品安全民事责任的专门性规定偏少

新修订的《食品安全法》在原有关于民事责任规定的基础上，修改和增设了一些内容，对于构建食品安全民事责任制度起到一定的积极作用。但是，这一次的修订活动仍未脱离"重行政、轻民事"的思想，在新增设的条款中，超过80%是关于行政机关的监督管理和行政处罚的规定，行政条款的修改数量也远多于民事条款。综观整部《食品安全法》，涉及食品安全民事责任的条款可以说是"屈指可数"，更何况这些条款大多不是独立的民事责任条款。

食品安全问题有其自身的特殊性，需要专门的法律法规加以规范，其中的民事责任也不例外。《食品安全法》属于经济法的范畴，兼具公法和私法的性质，是一部专门解决食品安全问题的法律，应有专门的章节来规定食品安全中的民事责任，而不是依靠《民法通则》《侵权责任法》《民事诉讼法》《产品责任法》等法律的零散规定来加以调整，这样做才能最大程度维护消费者利益。如在司法实践中，发生食物中毒事故之后的人身伤害赔偿范围，依据《侵权责任法》《产品责任法》《消费者权益保护法》的规定，仅赔偿受害者的实际损失。[①] 而食品不同于其他产品，一旦发生安全问题将给受害者造成极大的伤害，依照目前的法律法规设立的赔偿制度难以弥补受害人的全部损失。关于精神损害赔偿的适用标准较为模糊，缺乏统一的标准，并且没有细分受害对象和领域，容易导致不同法官会有不一样的裁量结果，对受

---

① 徐海燕："柴伟伟论食品安全侵权的人身损害赔偿制度"，载《河北法学》2013年第10期，第27页。

害者的救济产生不利的影响。

2. 关于归责原则的适用缺乏合理性

《食品安全法》中没有明文规定，在追究相关主体民事法律责任时，应采用哪种归责原则。在司法实践中，一般根据《侵权责任法》和《产品责任法》的相关规定，由食品的生产者承担无过错责任、食品的经营者承担过错责任。由于食品安全问题是严重的社会问题，一旦发生将危及人民的生命健康，正常的社会秩序也将遭到冲击，因此需要对食品生产经营者科以较为严格的民事责任。对于只要求食品经营者承担“过错责任”存在一定程度的不合理性：第一，加大消费者的举证难度。依据过错责任的相关理论，消费者在要求食品经营者承担民事责任时，需要证明其“主观上有过错”。“主观上有过错”是需要从客观事实和行为中推导出来，这无疑要求普通消费者介入食品经营环节这一客观情况中去提取证据，消费者的举证难度可想而知，不利于消费者维权。第二，不法食品经营者容易逃脱民事责任追究。消费者的举证难度大、食品经营者销毁自己“主观上有过错”证据的行为、甚至关闭商店或直接退出市场，都是难于追究不法食品经营者民事责任的主要原因。

3. 惩罚性赔偿制度仍有改进空间

2009年颁布的《食品安全法》第96条关于惩罚性赔偿的原有规定，饱受专家和学者的争议，争议的焦点主要集中在两个方面：第一，请求主体的范围过于狭窄，《食品安全法》规定只有消费者才能要求惩罚性赔偿，多数学者认为消费者只有食品购买者不包含使用者，但笔者认为可将“消费者”做广义的解释，将使用者也纳入到消费者的范畴；[①] 第二，未设置惩罚性赔偿金的最低限额，关于这一点在新修订的《食品安全法》已得到完善，设立了1000元的最低限额。新

① 李适时主编：《中华人民共和国消费者权益保护法释义》，中国法制出版社2014年版，第17页。

《食品安全法》对惩罚性赔偿制度已做了修订，对不法食品经营者的惩治功能更加突出，对消费者的补偿作用更加明显。但仔细分析现有的惩罚性赔偿制度，仍有不足之处，如惩罚性赔偿制度的内容不够细化、最低限额过低、适用范围过窄等问题。

4. 公益诉讼制度的具体规则不够明确

民事责任制度的功能如想得以发挥，需要建立起完善的诉讼制度。根据2014年实施的《消费者权益保护法》第47条以及2012年实施的《民事诉讼法》第55条之规定，我国消费领域的公益诉讼是指由无直接利害关系人（省级消费者协会）代表众多且不特定的直接利害关系人（权益受损的消费者）提起的诉讼。食品消费为《消费者权益保护法》所调整，可以参照适用关于消费领域公益诉讼的相关规定。由于公益诉讼制度在我国属于“新生产物”，需要根据我国的实际情况对该制度适度开展和有序进行，可以理解现行《消费者权益保护法》和《民事诉讼法》对于公益诉讼的规定比较概括和稳妥，但是在现实生活中，因消费侵权提起的公益诉讼案件少之又少，究其原因不是该制度缺乏价值性，而是由于没有明确的具体规则导致该制度的可操作性“大打折扣”。因此，应逐步建立起公益诉讼的具体规则，让公益诉讼制度能够发挥其应有的功能，使之成为维护食品消费者利益的“重要利器”。

四、进一步完善我国的食品安全民事责任体系

1. 在《食品安全法》中增设“民事责任”的专门章节

在目前的《食品安全法》第九章“法律责任”中，运用了大篇幅来规定不法食品生产经营者的行政责任，民事责任只有少量的独立条款或只是行政条款的附属款项。前文已论述除了加强行政手段和刑事手段外，民事责任对于解决我国目前食品安全问题的作用也不可或缺。在《食品安全法》中专设“民事责任”的独立章节，是完善食品安全民事责任体系的重要一步。笔者建议，可将《食品安全法》中“法律

责任”的章节一分为二，即“民事责任”可为独立一章，而行政责任和刑事责任都归纳到“罚则”章节之中。[①] 在“民事责任”章节中设置专门的条款，对食品安全民事责任的归责原则，举证责任的分配、具体的赔偿范围等内容进行详细规定。

2. 对不法食品经营者适用“过错推定原则”

所谓“过错推定原则”是指在法律有特别规定的场合，从损害事实的本身推定侵权人有过错，并据此确定造成他人损害的行为人赔偿责任的归责原则。[②] 在要求不法食品经营者承担民事责任时适用“过错推定责任”，一方面可以修正在现行法框架下举证责任制度的缺陷；另一方面也给予食品经营者一个“申辩的机会”。适用过错推定原则，意味着食品经营者只要存在经营不符合安全标准食品的行为，即可以推定经营者主观上有过错，消费者只需证明自己因食品的缺陷导致人身财产遭受损害，并且该损害和不法食品经营者之间有因果关系，即可以要求其承担相应的民事责任，大大降低了消费者举证难度。与此同时，有学者认为对食品经营者也适用“无过错责任原则”，以最大限度保护食品消费者的利益，但笔者认为食品安全问题源头在于食品生产环节，是重点打击的对象，当有缺陷的食品流转到销售环节，食品经营者往往是不知情的，特别是一些小商贩不具备发现缺陷食品的能力，这时无论主观上是否有过错都一律要求承担责任，难免有些苛刻。适用“过错推定原则”，则产生举证责任倒置的结果，只要食品经营者证明自己没有“过错”就可以免除自己的民事责任，食品经营者也会因此为自己积极申辩，而不是一味逃避法律责任追究。

3. 进一步完善惩罚性赔偿制度

新《食品安全法》虽然对惩罚性赔偿制度作了修订，但是该制度仍有一些改进的空间：第一，对惩罚性赔偿制度的内容进行细化，让

---

① 杜国明：“论食品安全法的民事责任制度”，载《广西社会科学报》2011年第5期，第72页。

② 杨立新：《侵权责任法》，北京大学出版社2014年版，第54页。

该条款操作起来更具灵活性。惩罚性赔偿的作用不只在于补偿，还在于对不法行为的警戒和处罚作用，对于惩罚性赔偿制度的适用我们只能依据法律的明文规定。目前《食品安全法》规定的惩罚性赔偿制度的内容相对笼统，适用起来缺乏详细的标准，笔者建议可以以违法食品生产经营者的主观恶性、行为手段、损害后果的严重程度作为标准，来具体区分惩罚性赔偿金额的档次，而不是一律适用“价款十倍”或“损失三倍”的标准。第二，提高惩罚性赔偿的最低额。《食品安全法》虽然设置了1000元的最低的惩罚赔偿额，但对于违法者来说违法成本仅为1000元，并不具有很强的惩治威力，另外与消费者损失、维权成本相比，1000元的最低额设置过低，不能很好鼓励社会民众运用法律武器维护自身利益。笔者认为在具体的惩罚性赔偿金额的档次确定之后，再依据每个档次不同来明确赔偿金额的最低额。第三，除“不符合食品安全标准”的适用前提外，扩大惩罚性赔偿的适用范围。目前我国食品安全标准体系并不完整，不是所有的食品种类都有对应的安全标准，国家、行业和企业之间对于相同种类的食品标准规定存在矛盾冲突。国家卫生部门正协同标准化管理委员致力于国家食品安全标准的建设，在我国建立起完整的食品标准体系前，建议将“存在导致人身伤害的安全隐患或质量问题”纳入适用惩罚性赔偿规则的前提，以保证消费者的合法权益得到充分维护。

4. 明确公益诉讼中的具体规则

在《消费者权益保护法》和《民事诉讼法》没有规定公益诉讼具体规则的情况下，逐步完善食品消费的公益诉讼制度，可以在《食品安全法》中加以补充，笔者有两点建议：第一，明确诉讼费用的承担主体。根据《诉讼费用缴纳办法》的规定，诉讼费用由败诉的一方承担，胜诉方自愿承担的除外。而公益诉讼本身具有其特殊性，原告（省级消费者协会）不是食品消费案件的直接利害关系人，是为社会公共利益而提起诉讼，倘若原告败诉必须承担诉讼费用，对原告来说是不公平的，可能因此打击原告为众多受害的消费者伸张正义的积极性。我们可以参照国外立法，原告无论败诉与否，均不收取诉讼费用，但如果原告胜诉可在赔偿款中得到奖励。[①] 第二，使消费者在公益诉讼中行使权力更加便利。建议在《食品安全法》中规定消费者不用自己委派律师、无须亲自出席庭审，只需向消费者协会报告自己是案件的直接受害人且提供相应的证据，即可坐享胜诉之利，实现零成本维权。[②]

---

① 李适时主编：《中华人民共和国消费者权益保护法释义》，中国法制出版社2014年版，第221页。

② 刘俊海："重典之乱，大力弘扬和谐股权文化"，载《证券时报》2012年12月22日第4版。

惩罚性赔偿的制度目标及其实现[*]

吕曰东[**]

摘要：我们有需要惩罚性赔偿制度的历史社会背景，惩罚性赔偿制度有其不可替代的作用，一方面惩罚与预防欺诈等不法行为，另一方面保护和激励既为私益、又为公益维护权利的行为。理论上，要实现惩罚性赔偿的制度目标，其计算标准应以发挥上述两方面作用为原则。现行法律中的计算标准主要采用固定倍数的方法，需要依据理论标准进一步完善，并赋予法官更多的自由裁量权。

关键词：惩罚性赔偿的功能　计算标准　自由裁量权

建立商品质量惩罚性赔偿制度，需要在《消费者权益保护法》《食品安全法》《侵权责任法》相关规定的基础上，把“惩罚性赔偿”的适用范围进行扩充，建立适用范围更广的惩罚性赔偿制度。这对于规范市场生产经营秩序，提高经济效益，推进供给侧改革，保护经济健康发展，增加社会福祉，都将发挥积极的作用。为此，首先要明确惩罚性赔偿的制度目标，正确把握惩罚性赔偿计算标准，有效发挥其积极功能。

但现行法律对惩罚性赔偿计算标准如《消费者权益保护法》的“价款三倍”，《食品安全法》的“价款十倍或者损失三倍”，《侵权责任

---

[*] 本文部分内容发表于《山东审判》2016年第1期，已征得同意结集出版。

[**] 吕曰东，山东法官培训学院教授，研究方向：法理民法。

任法》的"损害相应"等的多种规定，显示出对惩罚性赔偿功能的不同理解甚至曲解。这不但对执法有过度约束或过度放任之嫌，也与惩罚性赔偿的制度目标有所偏离。正确认识惩罚性赔偿的功能，并规定与其功能相适应的计算标准，才能更有效地发挥其制度作用。

一、惩罚性赔偿制度设置的社会背景与功能

不惜破坏成文法的逻辑体系，尤其是传统的公法、私法的分野，我国大陆和台湾地区均于1994年通过了各自的《消费者权益保护法》，并不约而同地在其中规定了惩罚性赔偿的条款。反观德国、日本、瑞士等有代表性的大陆法系国家，虽在一定程度上承认有惩罚性赔偿的判决，但因"大陆法系国家普遍的法观念是，对违法行为的惩罚是公法而不是私法的任务",[①] 而未设立惩罚性赔偿制度。这虽为巧合，或许背后存在着必然因素。

农耕文明的大陆和台湾地区社会存在于家庭（家族）中的诚信没有随着市场经济的发展及时有效地扩展到社会的商业行为中，生产者、经营者（供给者）的市场规则意识淡薄，其逐利本性受到的道德约束不足，致使假冒伪劣产品大量存在。从消费者（需求者）的角度看，厌讼思想是普通民众的思维习惯。孔子说过："听讼，吾犹人也，必也使无讼乎！""厌讼"思想在现实生活中仍有不小的影响。如有的人在受到违法行为的侵犯或者与之订立契约的当事人违约时，或者在心理上总是认为还是"大事化小，小事化了"的好，委曲求全，忍气吞声，或者实行"私了"，而不肯诉诸法律等，这种心理状态和行为方式仍大量存在。[②] 在消费者受到侵害时，通常因为数额较小，又常常面对实力雄厚的经营者，这种情况就更加明显。

---

① 金福海："惩罚性赔偿不宜纳入我国民法典"，载《烟台大学学报（哲学社会科学版）》2003年4月。

② 张智："中国社会厌讼思想成因浅析"，载 http：//www. chinacourt. org/article/detail/2005/12/id/189678. shtml，2015年11月23日访问。

从管理者的角度来看，服务意识不强，“民不告，官不究”“多一事不如少一事”的懒政现象依然存在，即使民告了，有时官也时常充当一个“和稀泥”的角色，如“青岛大虾”[①] 事件中“执法者”的作用。即使管理者勤政，由于商品、服务品种繁多、数量巨大，鉴别难度大，由管理者主动抽样查询、鉴别，成本也大到不可想象。而消费者在消费过程中不仅能够全面而非抽样发现商品的缺陷，并且发现的成本极其低廉，节省大量社会资源。

在这种现实状况面前，学者中的有识之士和立法者从实际出发而非拘泥于教条，意识到了惩罚性赔偿制度应有的重要作用，建议和首先设置了《消费者权益保护法》中的惩罚性赔偿制度，为推动市场经济秩序的法制建设，起到积极重要的作用。

惩罚性赔偿的功能或此制度的目标至少有二：

第一，惩罚与预防。《侵权责任法》《消费者权益保护法》等私法中规定的惩罚性赔偿的功能，是对违法行为进行惩罚和预防类似违法行为的发生，惩罚作用很明显，有公法属性。“惩罚性赔偿则通过给不法行为人强加更重的经济负担来制裁不法行为，从而达到制裁的效果。”[②] 那预防功能如何发挥呢？就要提高惩罚性赔偿标准——不允许供给者因“以次充好”“欺诈”等不法行为获利，使类似行为无利可图成为常态。立法已经意识到了这一点，1994 年起施行的《消费者权益保护法》第 49 条规定：“增加赔偿的金额为消费者购买商品的价款或者接受服务的费用的一倍”，2009 年《食品安全法》第 96 条第 2 款

---

① 2015 年 10 月 4 日，当经营者按每只虾 38 元的价格收费时，消费者打了 110 报警电话。110 来了之后就说，这事不归我们管，这事我们管不了，这个是价格方面的问题，价格方面的问题应该由物价部门进行管理，你要不就打 114 查询，查询物价局电话，把这个情况跟他们反映。物价局的人又说当时是晚上，太晚了，说处理不了，只能等到明天才能进行处理。参见 http：//baike. baidu. com/link？url = tt - YUJmqcrZWGsv - tAqcmJM8VyYr2fCN - WjYn_ IgD6vrOcGc_ HZaY5AZwTQbrdvHZuK3rWn0viyiZGaqpv5GQqQglmiSaIyeQV8t4T4FL9l52 - WprZnjJlsTOebVGclvpnD bdtWM4xaDDQk6d6RYTq，2015 年 11 月 23 日访问。

② 王利明：“惩罚性赔偿研究”，载《中国社会科学》2000 年第 4 期。

规定："消费者除要求赔偿损失外，还可以向生产者或者销售者要求支付价款十倍的赔偿金。"2014年施行的新《消费者权益保护法》第55条规定："增加赔偿的金额为消费者购买商品的价款或者接受服务的费用的三倍；增加赔偿的金额不足500元的，为500元。"2015年的《食品安全法》第148条规定："消费者除要求赔偿损失外，还可以向生产者或者经营者要求支付价款十倍或者损失三倍的赔偿金；增加赔偿的金额不足1000元的，为1000元。"惩罚性赔偿标准逐渐提高，进一步强化了预防作用。

第二，保护和激励。供给者的不法行为，会侵害不特定多数人的利益，商品购买者往往要付出比所受损失大得多的精力、财力、时间去维护自己的权益，而胜诉的可能性还不是百分之百。但其行为在客观上起到了维护公共利益、维护市场经济秩序，促进社会主义市场经济健康发展的作用。行为本身需要保护和激励，而经济激励是必需的也是最现实的。水有源树有根，导致他人付出一定代价而为正义之举的不法行为人应为此承担经济责任，即为惩罚性赔偿。

所以，惩罚性赔偿首先要弥补损失之外维权行为本身的支出，避免"好人好事"受损失，使其"有利可图"。其次，对其精神加以褒奖，以激励更多人做"好人好事"，至少消除在经济上和心理上的障碍。保护和激励私人通过"越权执法"，弥补公权力行使的不足，并可大量节约"执法"成本，提高"执法"效率。是符合我国国情的，也是建设法治国家需要的。

二、惩罚性赔偿的理论计算标准

如何实现惩罚性赔偿的制度目标、发挥其作用？就要从两方面考虑，一方面"使不法行为无利可图"。如假设供给者因利而为欺诈行为，其每件商品非法获利为a，被购买者因一件商品索赔且成功的可能性为$x\%$，则对其处以$a \div x\% = A$的惩罚性赔偿，他就无利可图。假设，一经营者明知是假冒劣质商品而作为正品出售，每件会多获利

100 元，能够被消费者发现并索赔且成功的可能性为 10%，惩罚性赔偿的数额如果能达到 100 ÷ 10% =1000 元，从统计学意义上来看，其经营假冒劣质商品已无利可图，就可以起到预防作用，当然惩罚作用也是明显的。如果低于 1000 元，且没有其他制裁措施的话，他仍会继续其不法行为。

另一方面，要使维权者“有利可图（损失弥补）”，假设其维权成本为 b，索赔成功的可能性为 $y\%$，则其获得的惩罚性赔偿金额至少应为 $b \div y\% = B$，才不至于得不偿失。假设，其维权成本为（暂不考虑难以计算精神成本）900 元，胜诉的可能性为 80%，则赔偿金额至少应为 900 ÷ 80% =1125 元。

要同时发挥上述两个功能，赔偿金额就要在两个数值中取更高的数值。但是否越高越好？当然不是。原因有二：首先，惩罚性赔偿的公法属性决定了其适用要遵循公法相关原则，尤其是谦抑原则。所谓谦抑是指国家法律制裁权的谦和、抑制。惩罚性赔偿与行政处罚有相似性，“行政处罚亦是对公民权利施加的公权力伤害，自然必须权衡公共利益目标的实现和个人或组织合法权益的保障，若为了实现公共利益目标而可能采取对个人或组织权益不利的措施时，应当将不利影响限制在尽可能小的范围和限度之内，而且要保持二者之间适度的比例。”① 简单说就是，惩罚性赔偿在能够发挥功能、实现其制度目标的基础上，能少则少。其次，过高的惩罚性赔偿有可能使制度异化，典型的是出现过激的“专业打假”，引发新的矛盾和纠纷。所以，当 A 较 B 过高时，为避免消费者获得不当得利或不义之财，赔偿金额应取其中间的某个值 C，而 A 与 C 的差采取行政罚款或刑事罚金的形式，并可用于建立“消费者诉讼基金”。②

---

① 罗豪才、湛中乐：《行政法学》，北京大学出版社 2006 年版，第 27 页。

② 陈立峰、徐晨馨：“香港消费者诉讼基金制度介绍及其对内地的借鉴”，载《浙江万里学院学报》2008 年 11 月。

三、惩罚性赔偿的立法计算标准与适用

根据以上分析，惩罚性赔偿数额“可以是受害人遭受的实际损失的倍数，也可以是侵权人所获违法利益的一定比例或倍数，但是不宜根据产品价格的倍数确定”。[①] 唯有如此，才能有效实现其制度目标。如“美国和英国已经明确要求法院运用比例原则来决定惩罚性赔偿金判决是否合理，如在美国，惩罚性赔偿金超过填补性损害赔偿金十倍的判决可能是无效的，而在英国，大多数情况下惩罚性赔偿金不能超过基本赔偿金的三倍”。[②] 但我国从1994年起施行的《消费者权益保护法》到2013年作出全面修改，赔偿数额参考标准最重要的是“购买商品的价款或者接受服务的费用”，其次是“所受损失”（但局限于“人身伤害”）。并且在两部法律中都规定固定倍数。这样规定也许是因为理论上的科学代替不了实践上的复杂，其缺少了灵活性缺点是明显的，使惩罚性赔偿制度应有的作用大打折扣。固定倍数必然导致裁判结果畸轻畸重[③]，对价值大的商品如汽车可能过重，对价值小的商品如食品（即使按照食品安全法支付价款十倍的赔偿金）可能过轻，《消费者权益保护法》第55条500元的法定赔偿，《食品安全法》第148条1000元的法定赔偿能够在一定程度上解决这个问题，但激励作用有限。如郭×起诉“沃尔玛”长风街店价格欺诈一案，[④] 郭×在沃尔玛超市分两次购买了二箱“蒙牛牌纯甄”酸牛奶。在该酸牛奶售卖区域显著位置，标注有“满60元、减10元”的优惠促销办法，但在结账时仍为原价72元。经过近一年的交涉和诉讼，法院依据《消费者

---

① 最高人民法院：《（中华人民共和国侵权责任法）条文理解与使用》，人民法院出版社2010年版，第343页。

② 阳庚德：“普通法国家惩罚性赔偿制度研究”，载《环球法律评论》2013年第4期。

③ 如理论上，同时购买多件商品而索赔会使 $x\%$ 增大，相应地，A 减少。“专业打假”一般会使这种情况出现。

④ 太原市小店区人民法院民事判决书（2015）小民初字第01067号。

权益保护法》第55条第1款的规定（500元的法定赔偿），判决被告赔偿原告1000元。本案中，郭×是执业律师，委托代理人是其同一事务所执业的两名律师，1000元赔偿明显不能对其形成有效的保护和激励。而他面对的当事人跨国企业沃尔玛，通过“酸牛奶销售区域的显著位置标注有‘满60元，减10元’优惠促销活动”“诱导他人与其交易”①，获利何止多个千元，赔偿也难以对其形成有效的惩罚与预防。

固定倍数过分限制法官的自由裁量权，这或许是立法者有意为之。面对《消费者权益保护法》第55条第1款规定法官几乎无自由裁量的余地，但在消费者提出诉求的情况下，可以考虑其律师费、误工费、交通费等，最高人民法院以公报案例形式肯定了这种做法。② 且法院亦可向相关行政部门提出处罚的司法建议。《消费者权益保护法》第55条第2款规定法官虽然只有减少的自由裁量权，但由于计算依据是“损失”而非“购买商品的价款或者接受服务的费用”，与《侵权责任法》第47条一脉相承，其科学性是明显的。《食品安全法》第148条第2款“可以向生产者或者经营者要求支付价款十倍或者损失三倍的赔偿金；增加赔偿的金额不足1000元的，为1000元。”也与《侵权责任法》第47条的思想异曲同工，但法官是否可以在法定幅度内自由裁量还有待进一步解释，弹性不足也是明显的。

而且这种僵硬的规定也有可能激励“专业打假”的风险。相反，如果法官有充分的自由裁量权，会把因“专业打假”而导致“索赔且成功的可能性为x%”的提高致使 $a \div x\% = A$ 降低纳入其考量的范围。从而避免“专业打假”的不当得利。

立法应表达惩罚性赔偿的标准的基础是“不法所得”“损失”，且是A、B较高的数值。按照“谁主张、谁举证”原则，B的举证责任

---

① 太原市小店区人民法院民事判决书（2015）小民初字第01067号。

② “张志强诉徐州苏宁电器有限公司侵犯消费者权益纠纷案”，载《中华人民共和国最高人民法院公报》2006年第10期。

在购买方，但考虑到其举证能力，法官应适用较低的证明标准，尤其是 $y\%$ 。A 的举证责任也应由购买者承担，但由于通常其举证能力有限，且有关 A 的证据大多由供给者掌控，可以适用司法认知、事实推定等多种证明方法，并降低本证证明标准。A 允许反证，但要提高其证明标准。亦可借鉴知识产权侵权赔偿的解决方法——法定赔偿。知识产权法定赔偿是指在权利人损失和侵权人获利均不能确定的情况下，依据侵权情节在一定幅度内酌情确定损害赔偿额的方法。《专利法》《商标法》《著作权法》中均明确规定了法定赔偿制度。仿照此制度，惩罚性赔偿制度可以依据供给者的经营规模、收入、不法情节等规定最高法定赔偿额，并赋予供给者抗辩（证明实际不法所得）的权利。

但正如以上所言，决定 A、B 的因素复杂，不确定性较多，并且常常需要日常生活经验进行事实推定和经验判断，所以惩罚性赔偿要有效实现其制度目标，需要紧密结合具体案情，也就需要惩罚性赔偿的计算标准立法要留有相当弹性，需要赋予法官更多的自由裁量权，而具体的司法统一性问题可交由最高人民法院通过司法解释来解决。《关于审理商品房买卖合同纠纷案件适用法律若干问题的解释》（法释〔2003〕7号）第8条、第9条对房地产买卖合同中的双倍赔偿的规定，创造性地解释了原《消费者权益保护法》第49条就是个很好的例证。

食品安全刑法规制问题研究

陈铭聪　周　宁*

摘要：我国食品安全刑法经历了无法可依、犯罪化、扩展三个阶段。在对先前立法沿革基础上形成的食品安全现行刑法存在罪状、罪量和法定刑等方面的缺陷以及与食品经济法规的衔接、规制范围等方面的疏漏。为了应对丰富的司法实践，司法机关对立法的缺漏问题发布规范性文件以期统一法律适用标准，然而由于立法权限及刑法精神等限制，规范性文件的正当性存疑。由有权机关完善刑法是加强食品安全刑法规制的必然之选。笔者主张，完善食品安全刑事立法需要厘清刑事制裁在危害食品安全行为规制中的地位、在形式上采用刑法典加附属刑法的多元立法模式、在立法内容上建立“严而不厉”的刑法结构。

关键词：食品安全　犯罪规制　附属刑法　立法模式

一、前言

近年来，食品安全事件频频发生。在我国，《2010—2011 消费者食品安全信心报告》显示，近七成民众对食品安全状况“没有安全

---

* 作者简介：陈铭聪，南京工业大学法学院副教授，研究方向：行政法。
周宁，郑州大学法学院硕士研究生，研究方向：刑法学。

感”,[①]《2012年食品安全信心指数研究报告》调查称，1/4市民对食品安全缺乏信心。[②] 2013年我国又先后爆出美素丽儿造假事件，镉大米超标事件，肯德基、真功夫冰块菌落超标事件，汇源、安德利“烂果门”事件，沃尔玛“挂驴头卖狐狸肉”事件等，一件件触目惊心的食品安全事件再度引起轩然大波，深深触动消费者本已脆弱的神经，打击着消费者对食品安全仅存的信心。预防和控制危害食品安全的行为，国家的行政监管和法律系统都应充分发挥作用，作为对违法行为最严厉制裁手段的刑事司法体系更应加强对相关刑事违法行为的惩处。然而，面对食品安全这一突出的民生问题，我国现行刑法并没有发挥其应有作用。检视食品安全刑事立法的历史及现状，正视司法实践中存在的突出问题，构建完善的食品安全刑法规制体系，是刑法应对食品安全犯罪的明智之举。

二、食品安全刑事立法历史沿革

自1949年发展至今，我国经济制度经历了从计划经济到市场经济的转变，生产力水平逐步提高，人民生产生活物资更加丰足。与经济体制改革的深入进行对应，我国的社会经济政策也不断地发生着新的变化。随着食品生产流通行业的壮大和多元发展，根据一定阶段的社会实际情况，我国对食品安全问题的刑法规制经历了从无到有、从粗到细、从宽到严的发展过程。大致来看，我国的食品安全刑事立法经历了三个阶段：

（一）1949—1981年：无法可依阶段

1949年以后的很长一段时间，我国实行计划经济，对产品生产、消费和资源分配事先进行指令性计划，生产什么、怎样生产和为谁生

① 参见http：//bbs. foodmate. net/thread－419690－1－1. html，2015年11月12日访问。

② 参见http：//news. ahjk. cn/201206/184535. shtml，2015年11月12日访问。

产这些基本经济问题统一由政府解决，国家在经济生活中直接作为供给方出现。在当时的社会经济条件下，农业生产能力和食品供应水平都较低，农业人口基本上是自给自足，城市人口的食品供应由政府分配。当时的企业大部分为国营，企业没有追逐私利的强烈动力，另外，由于社会生产力不足以解决全社会的温饱问题，人们对现代意义上的食品安全还没有明显的需求，危害食品安全的行为十分少见。公权力对食品安全的监管主要采用行政手段，没有设置刑事制裁，即使是关于食品安全的行政立法也很少。[①] 1979 年 7 月 6 日中国大陆颁布第一部刑法典，当时立法的指导思想是宜粗不宜细，没有专门规定食品安全犯罪，但在第 164 条规定了危害药品安全的犯罪行为。[②] 1979 年 8 月 28 日国务院正式颁布《中华人民共和国食品卫生管理条例》，规定“一切销售的食品必须做到无毒、无致病病菌病毒、无寄生虫、无腐败霉变、洁净无杂质，于人民健康有益无害”，“对于情节严重、屡教不改、造成食物中毒或重大污染事故的单位和事故责任者，应当责令停止生产（营业）、赔偿损失，给予行政处分，直至提请司法部门依法惩处”。[③] 在这一阶段的后期，社会中已经开始出现以工业酒精勾兑毒酒致人死亡的案件，对此，实践中往往采用类推的方法适用刑法中最相近似的罪名来定罪量刑。

（二）1982—1996 年：犯罪化阶段

20 世纪八九十年代，随着改革开放的深入进行，食品工业快速增长，食品供求关系由过去的供不应求、凭票供应发展为市场主导、物资丰富。随着商品经济的空前发展，各种经济实体的利益追求逐

① 倪楠、徐德敏：“新中国食品安全法制建设的历史演进及其启示”，载《理论导刊》2012 年第 11 期。

② 1979 年《刑法》第 164 条规定：“以营利为目的，制造、贩卖假药危害人民健康的，处二年以下有期徒刑、拘役或者管制，可以并处或者单处罚金；造成严重后果的，处二年以上七年以下有期徒刑，可以并处罚金。”

③ 《食品卫生管理条例》第 3 条、第 27 条。

渐被激发出来，食品领域生产、销售有毒有害伪劣食品的行为大增。1982年全国人大会常委会通过《中华人民共和国食品卫生法（试行）》第41条规定，“违反本法，造成严重食物中毒事故或者其他严重食源性疾患，致人死亡或者致人残疾因而丧失劳动能力的，根据不同情节，对直接责任人员分别依照《中华人民共和国刑法》第187条、第114条或者第164条的规定，追究刑事责任。”这是立法第一次明确规定违反食品卫生法规、造成严重后果的行为应追究刑事责任，并明确定性为玩忽职守、重大责任事故、制售假药三个罪名。1985年最高人民法院、最高人民检察院联合下发《关于当前办理经济犯罪案件中具体应用法律的若干问题的解答（试行）》，将“在生产、流通中，以次顶好、以少顶多、以假充真、掺杂使假”的行为规定为投机倒把行为，情节严重，构成犯罪的，应按投机倒把定罪判刑。1993年全国人大常委会通过《关于惩治生产、销售伪劣商品犯罪的决定》（以下简称《决定》），确立生产、销售不符合卫生标准的食品罪和生产、销售有毒、有害食品罪这两个专门罪名。[①]《决定》具有单行刑法的性质，至此，我国开始有食品安全犯罪的专门罪名，对相关行为不再完全依靠模拟或适用通用罪名定罪处罚。1995年全国人大常委会通过的《中华人民共和国食品卫生法》第39条第2款规定，“违反本法规定，生产经营不符合卫生标准的食品，造成严重食物中毒事故或者其他严重食源性疾患，对人体健康造成严重危害的，或者在生产经营的食品中掺入有毒、有害的非食品原

① 全国人大常委会《关于惩治生产、销售伪劣商品犯罪的决定》第3条规定：“生产、销售不符合卫生标准的食品，造成严重食物中毒事故或者其他说严重食源性疾患，对人体健康造成严重危害的，处七年以下有期徒刑，并处罚金；后果特别严重的，处七年以上有期徒刑或者无期徒刑，并处罚金或者没收财产。在生产、销售的食品中掺入有毒、有害的非食品原料的，处五年以下有期徒刑或者拘役，可以并处或者单处罚金；造成严重食物中毒事故或者其他严重食源性疾患，对人体健康造成严重危害的，处五年以上十年以下有期徒刑，并处罚金；致人死亡或者对人体健康造成其他特别严重危害的，处十年以上有期徒刑、无期徒刑或者死刑，并处罚金或者没收财产。”

料的，依法追究刑事责任”。

（三）1997 年至今：扩张阶段

随着经济全球化的进一步深化，食品生产经营业呈现出跨国家、跨地域的特征，全球犯罪内的食品安全事件大增，并且某一国或地区的危害食品安全行为可能会在全世界范围内造成重大不良影响，食品领域的风险成为社会风险的一个重要组成部分。在对 1993 年《决定》的继承和进一步丰富完善的基础上，1997 年修订的刑法典在刑法分则第三章中专设一节规定“生产、销售伪劣商品罪”。本节中，第 143 条“生产、销售不符合卫生标准的食品罪”和第 141 条“生产、销售有毒、有害食品罪”是关于食品安全的专门罪名。与《决定》相比，刑法典将生产、销售不符合卫生标准的食品罪的犯罪成立时间提前，由两档法定刑，修改为“足以造成严重食物中毒事故或者其他严重食源性疾患的”“对人体健康造成严重危害的”“后果特别严重的”的危险犯、结果犯和结果加重犯三档法定刑梯次；[①] 生产、销售有毒有害食品罪的行为方式增加“销售明知掺有有毒、有害的非食品原料的食品”；对罚金的数额作出具体规定。为应对食品安全问题波及范围更广、恶劣影响更大的客观现实，2011 年《刑法修正案（八）》对食品

---

① 1997 年刑法典第 143 条规定：“生产、销售不符合卫生标准的食品，足以造成严重食物中毒事故或者其他严重食源性疾患的，处三年以下有期徒刑或者拘役，并处或者单处销售金额百分之五十以上二倍以下罚金；对人体健康造成严重危害的，处三年以上七年以下有期徒刑，并处销售金额百分之五十以上二倍以下罚金；后果特别严重的，处七年以上有期徒刑或者无期徒刑，并处销售金额百分之五十以上二倍以下罚金或者没收财产”。第 144 条规定：“在生产、销售的食品中掺入有毒、有害的非食品原料的，或者销明知掺有有毒、有害的非食品原料的食品的，处五年以下有期徒刑或者拘役，并处或者单处销售金额百分之五十以上二倍以下罚金；造成严重食物中毒事故或者其他严重食源性疾患，对人体健康造成严重危害的，处五年以上十年以下有期徒刑，并处销售金额百分之五十以上二倍以下罚金；致人死亡或者对人体健康造成特别严重危害的，依照本法第 141 条的规定处罚”。第 141 条规定：“生产、销售假药，足以严重危害人体健康的，处三年以下有期徒刑或者拘役，并处或者单处销售金额百分之五十以上二倍以下罚金；对人体健康造成严重危害的，处三年以上十年以下有期徒刑，并处销售金额百分之五十以上二倍以下罚金；致人死亡或者对人体健康造成特别严重危害的，处十年以上有期徒刑、无期徒刑或者死刑，并处销售金额百分之五十以上二倍以下罚金或者没收财产。”

安全的两个专门罪名作出完善，呈现出刑法介入时间提前、刑法调整范围扩大、刑事制裁手段趋重等特点，主要表现在以下方面。

1. 修改部分概念和提法，使立法语言进一步完善和科学

将“不符合卫生标准的食品”修改为“不符合安全标准的食品”，这主要是为了与2009年《中华人民共和国食品安全法》（取代原来的《食品安全法》）相衔接，不再使用“食品卫生”这一主要强调过程安全的提法；将“食源性疾患”改为“食源性疾病”。

2. 修改适用刑罚的事由，降低适用较重档法定刑门槛

如在生产、销售不符合安全标准的食品罪的第二档法定刑事由中增加“或者有其他严重情节”。将生产、销售有毒、有害食品罪的第二档法定刑事由“造成严重食物中毒事故或者其他严重食源性疾患，对人体健康造成严重危害”修改为“对人体健康造成严重危害或者有其他严重情节”，第三档法定刑事由将“或者对人体健康造成特别严重危害”修改为“或者有其他特别严重情节”。通过使用“严重情节”“特别严重情节”等适用弹性较大的事由，使各罪适用重刑处罚的范围扩大。

3. 在具体的法定刑上也有修改

（1）在罚金刑的规定上，一是取消基本犯可以单处罚金的规定；二是将法定刑中罚金确定为无限额罚金，改变原来的以销售金额的一定比例确定罚金的制度。

（2）在主刑的规定上，取消生产、销售有毒、有害食品罪基本犯可以判处拘役的规定。①

---

① 2011年《刑法修正案（八）》第24条规定，将《刑法》第143条修改为：“生产、销售不符合食品安全标准的食品，足以造成严重食物中毒事故或者其他严重食源性疾病的，处三年以下有期徒刑或者拘役，并处罚金；对人体健康造成严重危害或者有其他严重情节的，处三年以上七年以下有期徒刑，并处罚金；后果特别严重的，处七年以上有期徒刑或者无期徒刑，并处罚金或者没收财产。”第25条规定，将《刑法》第144条修改为：“在生产、销售的食品中掺入有毒、有害的非食品原料的，或者销售明知掺有有毒、有害的非食品原料的食品的，处五年以下有期徒刑，并处罚金；对人体健康造成严重危害或者有其他严重情节的，处五年以上十年以下有期徒刑，并处罚金；致人死亡或者有其他特别严重情节的，依照本法第141条的规定处罚。”

三、食品安全刑事立法缺陷和疏漏分析

经过三个阶段的发展，从1979年刑法中食品安全犯罪规定付之阙如，到1993年《决定》确立两个罪名，至1997年刑法对单行刑法的吸收发展，再到2011年《刑法修正案（八）》的修改完善，现行刑法对食品安全犯罪的专门规定经历了从无到有、从粗到细、从宽到严的变化，刑法在打击食品安全犯罪，保障关系社会公众切身利益的食品安全方面发挥着越来越重要的作用。然而，仔细审视食品安全刑事立法的现状，仍存在很多缺陷和疏漏，在一定程度上限制和约束着刑事司法系统预防和控制食品安全犯罪功能的发挥。

（一）食品安全刑法罪名的缺陷分析

现行《刑法》第143条、第144条规定的“生产、销售不符合安全标准的食品罪”“生产、销售有毒有害食品罪”是我国刑法中专门规定食品安全犯罪的两个条文。这两个罪刑规范存在罪状表述不准确、犯罪对象不全、法定刑配置不合理等问题，造成现有罪名对危害食品安全的行为缺乏足够的调整能力。

1. 生产、销售有毒、有害食品罪的罪状规定缺陷

立法条文将生产、销售有毒、有害食品罪的行为方式表述为掺入有毒、有害的非食品原料，即本罪的犯罪对象是掺入所形成的有毒、有害食品。而实践中，造成食品有毒有害的途径多种多样，掺入有毒有害的非食品原料是最常见的一种方式。除此之外，还可能包括：一是采用非食品或者回收食品作为原料生产的食品。例如地沟油，使用餐厨垃圾、废弃油脂、各类肉及肉制品加工废弃物等非食品原料生产加工的“食用油”；二是直接将有毒有害的物质作为食品出售等。如果严格按照刑法的相关规定，对以上两种途径获取的食品进行出售的行为就不能按照销售有毒有害食品罪来定罪处罚，可能适用的罪名是生产、销售不符合安全标准的食品罪及其他通用罪名。实际上可能造成对法益侵害更大的行为反而只能按照如生产、销售不符合安全标准

的食品罪这类较轻罪处理，并且需适用更严格的入罪条件，违反罪刑均衡原则。

2. 生产、销售不符合安全标准的食品罪的罪量缺陷

生产、销售不符合安全标准的食品罪的整体评价要素（罪量要件）是足以造成严重食物中毒事故或者其他严重食源性疾病。罪量要件规定的危险形态与不符合食品安全标准之间存在脱节的地方，可能导致部分不符合食品安全标准且危害后果严重但不同于规定的危险形态的行为遗漏在本罪的构成要件之外。比如，食品的安全标准包括对于专供婴幼儿和其他特定人群的主辅食品的营养成分要求，[①] 而食源性疾病是指食品中致病因素进入人体引起的感染性、中毒性等疾病。婴幼儿长期食用缺乏必要营养物质的奶粉，会出现严重营养不良的危害结果，但并不会造成严重食物中毒事故或者其他严重食源性疾病。在足以造成严重食物中毒事故或者其他严重食源性疾病作为本罪的整体评价要素的情况下，就会导致生产、销售此类奶粉致婴幼儿身体严重伤害甚至死亡的行为无法依据专门的食品安全罪名评价。这也造成了刑法典和食品安全法规之间衔接无力。另外，在两个食品安全的专用罪名中，罪量及各档次法定刑的适用条件都极具弹性，增加了刑事立法的不明确性，有违反罪刑法定原则之嫌。

3. 食品安全犯罪的法定刑缺陷

（1）罚金刑设置不合理。罚金数额没有规定，绝对不确定的罚金刑违反罪刑法定原则的明确性要求。

（2）资格刑设置缺失。对于食品安全犯罪的行为人，刑法没有规定相应的资格刑。资格刑的阙如导致刑罚的适用与犯罪行为、犯罪主体的多样化难以适应，刑罚过剩和刑罚不足的现象可能同时存在，难以实现刑罚的特殊预防目的。《刑法修正案（八）》虽增加禁止令，但

---

① 《食品安全法》第20条第3款规定："食品安全标准应当包括下列内容：……专供婴幼儿和其他特定人群的主辅食品的营养成分要求。"

只是一种刑罚的辅助执行方式，且仅适用于管制犯和缓刑犯。

（3）死刑的合理性存疑。食品安全犯罪人的初衷都是为了追求经济利益，并不以追求他人的死亡或者健康受到严重伤害为动机，当生产、销售有毒有害食品致人死亡或者有其他特别严重情节时根据现行刑法是可以判处死刑的，这一规定过于严格，有违现代文明价值观念。

（二）食品安全刑事立法的疏漏分析

《刑法修正案（八）》关于食品安全犯罪部分的修改和完善，虽然顺应了从严保护食品安全的历史趋势，也对最先进食品安全科学的研究成果进行了适当吸收，但是，长期沿革下的刑事立法规制范围过窄，与食品安全法规衔接不力，由此造成刑事犯罪圈过小、刑法对食品安全保护力度薄弱等问题产生。制度性缺陷延伸至刑事司法领域，导致刑事司法中无法可依、有法难依、困境丛生。具体表现为：

1. 刑法与《食品安全法》在相关概念的使用上协调不力

例如，食品的内涵与外延问题。根据《食品安全法》的规定，食品是指各种供人食用或者饮用的成品和原料以及按照传统既是食品又是药品的物品，但是不包括以治疗为目的的物品。食用农产品的质量安全管理不由《食品安全法》调整，而由《农产品质量安全法》调整。① 农产品是指来源于农业的初级产品，即在农业活动中获得的植物、动物、微生物及其产品。② 据此，农产品不是《食品安全法》中的食品。如果刑法对食品概念的理解遵照《食品安全法》，那么就需要考虑，对于以食用农产品为对象的行为刑法应当如何规制，是否需增设生产、销售不符合安全标准的食用农产品罪和生产、销售有毒、

---

① 《食品安全法》第2条第2款规定："供食用的源于农业的初级产品（以下称食用农产品）的质量安全管理，遵守《中华人民共和国农产品质量安全法》的规定。但是，制定有关食用农产品的质量安全标准、公布食用农产品安全有关信息，应当遵守本法的有关规定。"

② 《中华人民共和国农产品质量安全法》第2条第1款规定："本法所称农产品，是指来源于农业的初级产品，即在农业活动中获得的植物、动物、微生物及其产品。"

有害的食用农产品罪等罪名。

2. 食品安全刑事立法规制的对象范围过窄

《食品安全法》规制的对象包括食品、食品添加剂和食品相关产品三类。食品添加剂，指为改善食品质量和色、香、味以及为防腐、保鲜和加工工艺的需要而加入食品中的人工合成或者天然物质。食品相关产品是指用于食品的包装材料、容器、洗涤剂、消毒剂和用于食品生产经营的工具、设备。现行刑法规制的对象仅仅是食品，并没有涵盖绝大部分的食品添加剂以及食品相关产品。食品添加剂在添加入食品后自然会影响食品性状，成为食品的一部分，但是食品添加剂独立存在时如何处理。食品相关产品存在严重危险而未作用于食品原料或食品时又应如何处理。在单独的食品添加剂或者食品相关产品的生产经营过程中存在严重危害食品安全的问题时，缺乏刑法规制。

3. 食品安全犯罪在行为方式上对运输、储存等环节没有规定

《食品安全法》改变了过去只注重监管食品生产、销售环节的状况，实现了对食品安全的全程监管，调整的行为包括食品生产（生产和加工）和经营（流通和餐饮）、食品添加剂的生产经营、食品相关产品的生产经营、食品添加剂和食品相关产品的使用以及对食品、食品添加剂和食品相关产品的安全管理。对应国家食品安全管理的新体制，刑法对食品安全进行规制的行为方式仅包括生产、销售环节。因储存、运输等环节的原因导致原本的安全食品成为问题食品的情形并不罕见，其他环节与生产环节导致食品安全问题从法益侵害来看并无不同，自然也应承担相应的刑事责任，但是对于储存者、运输者以何种罪名追究刑事责任，缺乏依据。

四、司法机关对立法缺漏进行弥补的努力

刑事立法的缺陷和疏漏给司法实践中追诉食品安全刑事犯罪带来了制度障碍，法律适用不统一、司法多样化现象产生。对于食品安全犯罪行为，实践中司法机关以不同罪名定罪，专门的食品安全罪

名与通用罪名在适用时并存。有学者对食品安全犯罪案例的罪名进行了统计分析，发现食品安全犯罪判处的罪名中，约68%的案件判处罪名为“生产、销售有毒、有害食品罪”，约11%的案件判处罪名为“生产、销售不符合安全标准的食品罪”，“非法经营罪”的案件比例约为8%，“生产销售伪劣产品罪”的案件比例约为6%，“以危险方法危害公共安全罪”的案件比例约有1%。[①] 为了应对社会现实，解决实践中层出不穷、形式多样的食品安全问题，司法机关不断出台规范性文件，弥补刑事法律漏洞，统一法律适用标准，对司法实践进行指导。

（一）《关于依法严惩“地沟油”犯罪活动的通知》

2012年最高人民法院、最高人民检察院、公安部发布《关于依法严惩“地沟油”犯罪活动的通知》（以下简称《通知》）规定，对于利用“地沟油”生产“食用油”的，依照刑法第144条生产有毒、有害食品罪的规定追究刑事责任。据此，对于直接以非食品原料生产加工的有毒有害食品依生产、销售有毒、有害食品罪处理。如果严格按照立法的规定，因掺入导致的有毒有害食品才可以按本罪处理，对于直接从非食品原料中获得有毒有害食品的只能定生产、销售不符合安全标准的食品罪或者其他通用罪名。从两罪的法定刑来看，生产、销售有毒、有害食品罪较之生产、销售不符合安全标准的食品罪显然是重罪。食品中掺入有毒有害的非食品原料尚且可以构成生产、销售有毒、有害食品罪，直接从非食品原料中提取有毒有害的“地沟油”销售供人食用的行为社会危害性更大、行为人的主观恶性更强，自然更应以重罪处理。《通知》的精神是举轻以明重，符合实质犯罪论的观念，也是解决问题思维的体现，跳出了生产、销售有毒、有害食品罪只能是掺入形成的有毒有害食品的圈圈，但《通知》难免有逾越刑事

---

① 全世文、曾寅初：“我国食品安全犯罪的惩处强度及其相关因素分析——基于160例食品安全犯罪案件的分析”，载《中国刑事法杂志》2013年4月第148期。

立法权限且有对被追诉人进行不利的类推适用之嫌。

（二）《关于办理危害食品安全刑事案件适用法律若干问题的解释》

2013年最高人民法院、最高人民检察院发布《关于办理危害食品安全刑事案件适用法律若干问题的解释》（以下简称《解释》）。《解释》对刑事立法的弥补主要表现在以下几方面：

1.《解释》对两个食品安全的专用罪名中的罪量要件进一步具体化

以“列举+‘其他’兜底”的方式对“足以造成严重食物中毒事故或者其他严重食源性疾病”“对人体健康造成严重危害”“其他严重情节”“后果特别严重”“致人死亡或者有其他特别严重情节”进行具体规定。各档法定刑入刑事由的具体化和明确化，使定罪量刑的预见性更强，有利于限制法官的自由裁量权，实现定罪量刑的均衡和统一。

2.《解释》扩大了两个食品安全专用罪名规制的犯罪对象、主体和行为的范围①

（1）《解释》对食品和食用农产品的并列使用，认可食用农产品不是《食品安全法》上的食品，但刑法意义上的食品包含《农产品质量安全法》中的农产品和《食品安全法》中的食品。

（2）《解释》将食品运输、贮存等过程中的行为，及农用农产品

① 《解释》第8条规定：“在食品加工、销售、运输、贮存等过程中，违反食品安全标准，超限量或者超范围滥用食品添加剂，足以造成严重食物中毒事故或者其他严重食源性疾病的，依照《刑法》第143条的规定以生产、销售不符合安全标准的食品罪定罪处罚。在食用农产品种植、养殖、销售、运输、贮存等过程中，违反食品安全标准，超限量或者超范围滥用添加剂、农药、兽药等，足以造成严重食物中毒事故或者其他严重食源性疾病的，适用前款的规定定罪处罚。”第9条规定：“在食品加工、销售、运输、贮存等过程中，掺入有毒、有害的非食品原料，或者使用有毒、有害的非食品原料加工食品的，依照《刑法》第144条的规定以生产、销售有毒、有害食品罪定罪处罚。在食用农产品种植、养殖、销售、运输、贮存等过程中，使用禁用农药、兽药等禁用物质或者其他有毒、有害物质的，适用前款的规定定罪处罚。在保健食品或者其他食品中非法添加国家禁用药物等有毒、有害物质的，适用第1款的规定定罪处罚。”

种植、养殖、销售、运输、贮存等过程中的行为均囊括进来，专门的食品安全犯罪规制的行为主体增加了运输、贮存等环节的相关从业人员。

（3）明确使用有毒、有害的非食品原料加工食品的行为可以以生产、销售有毒、有害食品罪定罪处罚。

3.《解释》对以特定物品为犯罪对象的行为定性作出了明确规定

（1）规定单独以食品添加剂、食品相关产品为犯罪对象的行为，以生产、销售伪劣产品罪定罪处罚。①

（2）规定对单独以非食品原料、农药、兽药、饲料等为犯罪对象的行为，以非法经营者定罪处罚，同时又构成其他犯罪的，依处罚较重的规定定罪处罚。②

（3）规定对明知他人从事食品安全犯罪，提供生产技术或者食品原料、食品添加剂、食品相关产品的，以共犯论处。

4.《解释》规定了罚金的数额范围

犯生产、销售不符合安全标准的食品罪，生产、销售有毒、有害食品罪，一般应当依法判处生产、销售金额二倍以上的罚金。③ 刑法及相关规范对罚金数额的规定经历了几次变化：1993 年《决定》没有规定罚金具体数额；1997 年《刑法》规定处销售金额百分之五十以上 2 倍以下罚金，实行的是按比例罚金制；2011 年《刑法修正案（八）》取消罚金的数额规定，实行无限额罚金，罚金数额既无上限，也无下

---

① 《解释》第 10 条规定："生产、销售不符合食品安全标准的食品添加剂，用于食品的包装材料、容器、洗涤剂、消毒剂，或者用于食品生产经营的工具、设备等，构成犯罪的，依照刑法第一百四十条的规定以生产、销售伪劣产品罪定罪处罚。"

② 《解释》第 11 条规定："以提供给他人生产、销售食品为目的，违反国家规定，生产、销售国家禁止用于食品生产、销售的非食品原料，情节严重的，依照刑法第二百二十五条的规定以非法经营罪定罪处罚。违反国家规定，生产、销售国家禁止生产、销售、使用的农药、兽药，饲料、饲料添加剂，或者饲料原料、饲料添加剂原料，情节严重的，依照前款的规定定罪处罚。实施前两款行为，同时又构成生产、销售伪劣产品罪，生产、销售伪劣农药、兽药罪等其他犯罪的，依照处罚较重的规定定罪处罚。"

③ 《解释》第 17 条。

限。《解释》采用的是以比例的方式确定罚金最低限，具体数额由法院在最低限以上裁量确定，未规定罚金的最高数额，实际上仍然带有无限额罚金制的特点。这体现了对食品安全犯罪行为在经济上从重打击的精神。

5. 《解释》规定了刑罚的具体适用

《解释》第18条规定："对实施本解释规定之犯罪的犯罪分子，应当依照刑法规定的条件严格适用缓刑、免予刑事处罚。根据犯罪事实、情节和悔罪表现，对于符合刑罚规定的缓刑适用条件的犯罪分子，可以适用缓刑，但是应当同时宣告禁止令，禁止其在缓刑考验期限内从事食品生产、销售及相关活动"。从《解释》的精神看，"严格"带有价值判断，重点在不适用上，指的是要从严把握适用缓刑、免刑的条件。对于从事危害食品安全行为的人即使确实可以适用缓刑的，也必须同时宣告禁止令，禁止其在缓刑考验期限内从事与食品的生产销售等相关的活动。

（三）司法机关发布的规范性文件的正当性根据问题

对于实践中纷繁复杂的危害食品安全行为，由于立法的缺陷和疏漏，司法机关面临两难抉择，要么严格依照罪刑法定原则，将法律没有明确规定为犯罪的行为出罪，这样做势必面对激昂汹涌的民意；要么比照刑法的最相类似条文入罪，虽符合实质正义的观念，却有使早已废止的不利类推适用死灰复燃之嫌，有违罪刑法定原则和人权保障理念。从颁发的规范性文件来看，司法机关选择了惩罚犯罪、保护社会，实现实质正义的立场。由具有刑事追诉权、刑罚判断权的最高司法机关联合发布的规范性文件，实际上成为司法实践中的操作准则，其实际影响力甚至远在刑法典之上。从国家的立法权来看，规范性文件的正当性何在呢？1981年全国人民代表大会常务委员会《关于加强法律解释工作的决议》规定法院审判工作中具体应用法律、法令的问题，由最高人民法院进行解释；检察工作中具体应用法律、法令的问题，由最高人民检察院进行解释。

从内容上看，2013 年《解释》中对罪量要件的进一步具体化、规定部分行为以非法经营罪等通用罪名定罪处刑、确立罚金刑的最低限度、要求对食品安全缓刑犯适用禁止令等的规定可以算是对审判和检察工作中具体应用法律问题的解释。但是，关于运输、贮存等过程中的行为亦可作为由专门的食品安全罪名定罪处罚却难以认为仅仅是具体应用法律。同样，《通知》和《解释》关于直接从非食品原料中生产加工有毒有害食品的行为可以定生产、销售有毒有害食品罪等规定也大有对刑事立法扩大界限、补充规定之嫌。2000 年制定的《立法法》规定，全国人民代表大会制定和修改刑事基本法律，犯罪和刑罚的事项只能制定法律。[①]《通知》和《解释》虽响应了法律制度之于社会事实的脱节和空白，实现了惩罚犯罪的目的，但却均对行为的犯罪化问题进行了超越刑法典立法本意的扩张规定，违反罪刑法定原则，也是对全国人大立法权的侵蚀，因此司法机关颁布的规范性文件的正当性应当存疑。

五、食品安全刑法规制的几点思考

我国现行刑法从 20 世纪下半期沿革而来，存在诸多的缺陷和疏漏，难以规制现实中翻新变异、纷繁复杂的危害食品安全的行为。司法机关发布规范性文件进行的弥补努力，表面上看能解决实践中的定罪处刑问题，但既无立法权限的合法性根据，又有违背罪刑法定原则之嫌。加强对食品安全犯罪的规制，是历史趋势和社会现实的要求，食品安全的刑事立法必须通过有权机关对刑法规范的修改和完善来实现。食品安全刑法规制不能盲目热情，许多问题必须厘清。

（一）厘清刑事制裁在危害食品安全行为规制中的地位

法律规范只是社会规范体系中的一个组成部分，而法律制裁相对

① 《立法法》第 7 条第 2 款规定“全国人民代表大会制定和修改刑事、民事、国家机构和其他的基本法律”，第 8 条第（四）项规定“下列事项只能制定法律：（四）犯罪和刑罚”。

于其他社会治理手段经济成本更高，在可以采取其他社会治理技术的情况下，法律制裁的方法应做让步。而在整个法律制裁体系中，法益保护并不是仅仅通过刑法实现，恰恰相反，刑法的任务是辅助性的法益保护，刑罚是为了控制人的违反规范的行为所采取的“最后的手段”。[①] 食品的生产经营行为归根结底是市场主体从事的经济行为。作为市场经济中的一个重要领域，对食品的生产经营问题，政府一般都实行严格的行政监管，以监管促进市场健全地发展。以广东省为例，食品质监部门在食品的生产加工环节实行食品生产许可制度、食品质量抽查制度、企业动态质量档案等制度；工商部门在食品的流通环节实行市场准入制度、食品安全监督检查制度、监管食品广告等制度；卫生监管所对食品消费环节进行监管；农业部门从源头加强对农产质量安全的监管。[②] 在企业自觉、行业自律不完备的现实情况下，政府对食品生产经营行为进行行政监管是预防和控制危害食品安全行为最直接、最有效、最优先的方式。当行政手段乏力后，相对于民事制裁、行政制裁，刑事制裁仍然只是最后手段。“在实施犯罪化之际，应充分认清其保护法益，只有在除了制定新的刑事法规、诉诸刑罚手段之外，别无其他保护方法可以选择的情况下，才可以进行犯罪化。犯罪化，仅有必要尚不够，还应具有立足于刑法的补充性、不完全性、宽容性即‘谦抑主义’精神的正当根据”。[③]

在危害食品安全行为的刑法规制中，入罪的问题也必须坚持刑法的必要性、谦抑性等原则，为刑事制裁的最佳使用确立基准点。只有当对危害食品安全的违法行为在大多数人看来有显著的社会危害性，抑制该行为不会约束人们合乎社会需要的行为，将该行为纳入刑事制

---

① ［日］西田典之：《日本刑法总论（第2版）》，王昭武、刘明祥译，法律出版社2013年版，第25页。

② 刘亚平：《走向监管国家——以食品安全为例》，中央编译出版社2011年版，第207～215页。

③ ［日］大谷实：《刑事政策学》，黎宏译，中国人民大学出版社2009年版，第94页。

裁不违背刑事惩罚目的，且民事赔偿与行政责任都不能实现对行为人给予应得惩罚和对受害方的有效补偿，没有合理的替代措施来处理该行为时，刑事制裁才有适用的必要和空间。作为一种严重侵犯公民生命健康等权益和破坏经济社会秩序的民生犯罪，食品安全犯罪已经成为当前刑事司法实践重点制裁的对象，是公权力机关保障公众福利、维护经济秩序必须防控的对象。面对这种政策驱动下可能导致的刑法规制上的狂热，如何保持冷静和理性，合理划定食品安全违法行为的犯罪圈，值得刑法立法有权机关深思。

（二）采用刑法典加附属刑法的多元立法模式

我国地区的刑法渊源包括刑法典、单行刑法和附属刑法三类。1993 年《决定》是伪劣商品犯罪的单行刑法，对食品安全犯罪也有明确规定，1997 年修订刑法典时确立的指导思想是要制定一部统一的、比较完备的刑法典，已将该单行刑法中关于犯罪与刑罚的内容编入。有关食品安全的附属刑法，《食品安全法》第 98 条规定“违反本法规定，构成犯罪的，依法追究刑事责任”，《农产品质量安全法》第 53 条规定“违反本法规定，构成犯罪的，依法追究刑事责任”。现行的附属刑法仅具有宣示功能，其创制新刑法规范、对刑法典进行补充的功能消失殆尽。然而，在经济日益发展，经济犯罪增加的背景下，经济刑法在刑法中的地位凸显，附属刑法在刑法中的作用不容小觑。“在今日的工商企业社会，附属刑法的重要性并不亚于传统的核心刑法（笔者注：指刑法典）；核心刑法与附属刑法之间并非主要与从属或主流与边陲的关系，两者属于相同法律位阶，而平行并存的关系。”①

在食品安全刑法规制上采用刑法典加附加刑法的立法例很多，比如，台湾形成以“刑法典”为统领、附属刑法为主体（主要为“食品卫生管理法”“畜牧法”）的食品安全犯罪“立法”规范体系，已使食品

---

① 林山田：《刑法通论（上册）》，北京大学出版社 2012 年版，第 15～16 页。

安全犯罪刑法规制的主体内容相对丰富和完备。[①] 在食品安全刑事立法中，附属刑法至少具有以下优势：

1. 有利于预防食品安全犯罪行为的发生，达到刑法的一般预防目的

食品安全犯罪行为主要由食品从业人员实施，食品从业人员对食品生产经营领域的经济法、行政法一般是熟知的，而对国家的刑法典常常并不了解。食品安全刑法的现行立法方式是由刑法典统一规定食品安全犯罪，在食品安全法规中仅以“依法追究刑事责任”进行宣示。食品安全法规的禁止性规定与刑罚后果相分离的立法模式，极易使食品从业人员认为违反有关食品安全的法律规范只需承担行政责任，对刑罚后果茫然无知。

2. 有利于实现刑法规范与食品安全法规的衔接，保证法律体系的统一和完备

如本文所述，现行刑法在概念的使用、罪状的描述、规制的范围等方面与《食品安全法》存在协调不力、脱节疏漏等问题。《刑法》是补充法、保护法，具有不完整性、最后手段性等特点，对其调整内容不能是自说自话，而必须保证与基本法律之间的协调和统一。在《食品安全法》《农产品质量安全法》等经济法中，针对该法律规定的重大违法行为规定相应的刑法规范，有利于食品安全刑法规范的系统化，实现刑法法规与相关食品安全法规的衔接，便于对刑事法规内容的理解和执行，保证规制的全面和定罪的准确。

3. 有利于食品安全刑法规范的及时修改，且不影响刑法典的稳定性和结构平衡

食品安全犯罪是法定犯，其违法性的实质是规范违反，即违反经济、行政等规范的禁止性规定或者命令规定所赋予的义务。食品安全标准等国家政策随着社会生活的情势常有改变，食品安全犯罪因一定

---

① 梅传强、秦宗川：“海峡两岸危害食品安全犯罪刑法规制比较研究”，载《海峡法学》2014年6月第60期。

阶段的经济行政政策、社会现实情况等也可能发生变化。若采用附属刑法的立法形式，则食品安全政策发生变化后，立法机关在对食品安全法规的相关条文进行修订的同时，可以及时修改食品安全经济、行政法规当中的刑事罚则，避免刑法的滞后性、迟钝性。从历次刑法修正案来看，传统的自然犯修改较少，法定犯的修改和条文增加导致刑法不断修改，刑法典的稳定性和权威性下降，并且，法定犯条文不断膨胀，严重影响刑法典结构的整体平衡。在食品规范中规定刑事罚则，其修改不会影响刑法典的稳定性和平衡性。

4. 有利于食品安全刑法规范的细致化，避免刑法规范的粗糙和笼统

食品安全需要刑法规制的内容很多，其他各个经济领域也存在同样的问题。受统一刑法典体例结构均衡等的限制，刑法典不可能就食品安全这一经济领域中的一个问题规定过多的条款以及详尽的罪状和法定刑。大一统刑事立法的结果只能是“宁疏不密”“宜粗不宜细”，立法缺乏明确性。明确性是罪刑法定原则的基本要求，罪刑即使法定，但若其内容不明确，就无法防止刑罚权的滥用，罪刑法定主义要求的保护公民自由和人权的目的就无法实现，此种刑法规范是无效的。采用附属刑法的立法形式，在食品安全法规中具体规定相应的食品安全犯罪，对食品安全犯罪的对象、主体、行为方式等都可以作出明确的罪状规定，甚至可以基于食品安全犯罪行为的本身特点确定相应的资格刑，如此，则可以实现食品安全刑法的具体、细腻和精密。

当然，附属刑法的增多容易导致刑法规范的分散，不利于刑法规范自身的体系性，也为法官找法和法律适用带来困难。荷兰 1950 年制定《经济犯罪法》，使本来分散规定于各经济法规中的刑法规范，按照一定的体例形成一个系统化的法律文件，这在相当程度上克服了散在型立法方式过于分散的弊端，为司法机关适用法律提供了便利条件。[①] 联邦德

① 陈兴良：《刑法哲学（下）》，中国政法大学出版社 2009 年版，第 686 页。

国经济刑法也采用了类似的方法。[①] 对经济刑法进行立法编纂，定期对经济法规、行政法规中的刑法规范进行归纳整理，是解决经济刑法散在的一个可行途径。

（三）建立“严而不厉”的刑法结构

1. 现行食品安全刑法表现为刑罚苛厉、法网不严

犯罪圈大小体现为刑事法网严密程度，刑罚量轻重即为法定刑罚的苛厉程度，中国大陆当前的刑法结构基本上算是厉而不严。[②] 从现行刑法规定的两个食品安全犯罪的专门罪名来看，法定刑是比较苛厉的。生产、销售不符合安全标准的食品罪规定有无期徒刑，生产、销售有毒、有害食品罪规定有无期徒刑和死刑，并且两罪罚金都没有上限，更规定有没收财产的刑罚。另外，食品安全犯罪的法网却不严。法网不严表现在：一是食品安全犯罪的整体犯罪圈不严密。如上所述，食品概念的内涵和外延，以食品添加剂、食品相关产品、农产品等为犯罪对象的行为如何定性，运输、贮存等过程中承运人、贮存人等致使的食品安全问题如何处理等，这些问题都缺乏相应的刑法规制。二是个罪罪状不严密。如现行刑法中的生产、销售有毒、有害食品罪仅限于掺入型，对于直接从非食品原料中加工提取有毒有害食品等行为就可能漏网。

2. 食品安全的刑事立法应当做到法网严密、刑罚轻缓

食品安全与民众生活息息相关，近些年来，全世界范围内的食品安全问题频出，食品犯罪激增，食品安全问题对社会公众安全感和幸福感的提升造成巨大障碍。严厉打击食品领域的犯罪行为是世界各个国家和地区普遍采取的刑事政策，严密食品安全类犯罪的法网是食品安全犯罪态势和刑事政策变动的必然结果。1997年刑法典修改生产、销售不符合安全标准的食品罪时，将犯罪标准前移，确立“足以造成

---

① 孟庆华：“附属刑法的立法模式问题探讨”，载《法学论坛》2010年5月第129期。

② 储怀植：《刑事一体化论要》，北京大学出版社2007年版，第54页。

严重食物中毒事故或者其他严重食源性疾病”为基本犯，将实害犯改为危险犯，刑法立场由结果本位主义向行为本位主义发展。

从本文分析可知，我国现行食品安全刑法法网疏漏，仍需采取立法技术严密法网。一是对现有罪名进行修改，扩张构成要件要素。如在生产、销售有毒、有害食品罪的构成要件中，删除掺入有毒有害非食品原料这一限缩语，只要是生产、销售有毒有害食品，不论该有毒有害食品是如何形成的，均可以纳入该罪进行处罚。二是创设新的犯罪种类。从总体上来看，食品安全刑法在规制的对象上应当涵盖农产品、食品原材料、食品添加剂、食品容器、食品包装等相关产品；规制的行为应包括生产、储存、运输、销售等各个环节的行为；规制的主体应当包括生产者、销售者、运输者、储存者；规制的主观心态上，不应仅限于故意犯罪，而应包括过失造成食品安全严重危害后果的行为等等。从法定刑来看，首先应当废除食品安全犯罪的死刑。生命刑的废止是人类文明发展的必然结果，生命刑对于犯罪并无有效的威慑力。[①]

废除死刑是各国刑法发展的整体趋势，我国目前实行的是严格控制并逐步废除死刑的刑事政策，在《刑法修正案（八）》中已经取消了对13个罪名可以适用死刑的规定。生产、销售有毒、有害食品罪是一种经济犯罪，对其适用死刑既不符合现代社会的价值观念，无益于刑罚目的的实现，也有悖于罪责刑相适应原则。食品安全犯罪人毕竟出于经营目的，出自获取经济利益最大化的动机，与直接追求他人生命健康损害的犯罪人主观恶性不同，放在整个刑事犯罪范畴内考虑，食品安全犯罪分子并非罪行极其严重。此外应该建立食品犯罪领域特殊的资格刑制度。现行刑法规定的禁止令仅仅是一种刑罚执行方式，且只适用于管制犯和缓刑犯，因食品安全犯罪没有关于管制刑的规定，实际上禁止令仅仅对宣告缓刑的食品安全犯罪人有一定的限制作用。

① 马克昌：《刑罚通论》，武汉大学出版社1999年版，第84~99页。

从刑罚个别化和特殊预防的目的出发，食品安全犯罪的法定刑中应增加专门的资格刑，如剥夺食品安全犯罪分子在一定期限内从事与食品、药品等相关的生产经营活动的权利等。

六、结语

“刑事立法不能优柔寡断，因为公众对社会安全的信心全部依赖于公布与实施的权威法律规则，没有规则，一切正义、秩序都将是个飘忽不定的东西。”① 自1949年至今刑事法治实践67载，刑事立法取得了显著成绩，刑法在惩罚犯罪、保护人民方面作出了巨大的贡献。然而，社会生活不断变化，刑法也应进行相应修改。全面审视现行刑法的历史和不足，正确看待刑法在社会治理体系中的作用，在立法形式和调整内容上完善刑事立法是食品安全刑法规制必然之选。

---

① 高铭暄：“风险社会中刑事立法正当性理论研究”，载《法学论坛》2011年7月第136期。

流动食品摊贩食品安全法律责任研究*

刘道远　孙荣荣**

摘要：建立完善的流动食品摊贩食品安全责任制度是食品安全法律制度的一个重要方面。我国流动食品摊贩提供的食品遍及城乡，极大地方便了消费者，但是对流动食品摊贩的食品安全法律责任制度建设历来却被忽视。而且，仅有的一些规制流动食品摊贩的食品安全法律制度也存在重处罚、重行政，轻民事责任的倾向。本文主要通过分析流动食品摊贩生产经营的现状及现行法律对流动食品摊贩的监管，指出行政监管、刑事责任的不足，进一步提出流动食品摊贩民事责任对弥补受害人损失、调动消费者积极参与协助管理等的优势，希望从"社会共治"的理念出发，明确流动食品摊贩的侵权责任，加强并完善惩罚性赔偿机制，明确和细化食品检验认证机构的连带责任，以期对我国食品安全立法提供有益借鉴。

关键词：流动食品摊贩　行政监管　民事责任　完善

一、我国流动食品摊贩的食品安全现状

流动食品摊贩自古以来无处不在，走街串巷的叫卖声曾经也是中国传统文化的典型，然而近年来随着社会经济的飞速发展和我国城市化进程的加快，从北京、上海这样的一线城市到县城村镇街道，流动

* 项目资助：北京工商大学2015年研究生科研能力提升计划项目资助。

** 作者简介：刘道远，法学博士，北京工商大学法学院副教授，研究方向：经济法。孙荣荣，北京工商大学法学院法学硕士，研究方向：经济法。

食品摊贩的数量越来越多，不管是大城市还是中小城市村镇街道，流动食品摊贩多在人群比较集中的地方摆摊设位，比如学校周边、医院附近、旅游景点、人流量比较大的公园、购物街道。我国流动食品摊贩普遍存在的原因主要有：一是就业难、压力大。在社会经济体制改革的大环境影响下，大量国有企业遭关停并转，许多职工下岗、失业，再加上农民进城务工人员增多，导致整个社会的就业岗位供不应求，因此许多无业人员就将摆摊设位作为谋生的渠道和手段。二是利益的驱动。流动食品摊贩投资少、成本低、风险小、收效快，无税收和摊位费等各项费用支出，对市场有较强的适应性，只要投入大量的时间和劳动力，就容易获得较大利润，由此成为许多低收入家庭和外来流动人员的首选。三是多层次的市场需求。在市场经济社会，有需求就有存在的空间，流动食品摊贩主要是贩售食品和提供餐饮服务，商品价格低廉，经营方式灵活，购买方便，快餐式的服务方式常常能够满足学生族、上班族、购物者一族等各个层面的消费需求。在这种情况下，流动食品摊贩必将长期存在于我国的社会发展之中。

大量存在的流动食品摊贩虽然在一定程度上满足了人们的经济消费需求，但其存在的社会问题也是极为明显和突出的，如占道经营、妨碍交通、影响市容等，更为严重的是关系到人民群众身体健康的食品安全得不到保障，在其生产经营过程中存在众多的安全隐患，进而导致许多现实的危害和潜在的危害。一方面，有些经营者为了降低成本谋取私利，用劣质的原材料、过期的食材、有毒的食品添加剂生产直接入口的食物，将其贩卖给消费者，这会对消费者的生命和健康产生严重的威胁甚至直接造成损害。例如，在不久前，广东省广州市白云区梅花园地铁口附近，一名流动摊贩售出的卤制食品疑因违规添加亚硝酸盐，导致3人中毒，差点产生生命危险。[①] 另一方面，流动食

① 吴龙贵：“‘路边摊吃倒人’呼唤流动摊贩管理转向”，载《中国食品报》2014年9月19日第3版。

品摊贩常设于马路边上、学校门口等地，加工设施简陋，卫生状况差，厨余垃圾随意丢弃，大部分摊位均没有防尘、防蟑、防蝇设施。再加上从业人员大多数文化程度比较低，没有进行过有关的卫生知识培训，不注意餐饮食品卫生的要求，贩售直接入口食品不穿戴工作衣帽或者衣服脏乱不整洁、留长指甲、长头发不戴帽子等，这种恶劣的生产环境给食源性疾病的传播创造了条件，存在许多隐性的食品安全问题，给消费者的身体健康带来潜在的危害，并且其危害是慢性的、持久性的。例如，2015 年 6 月发生在南昌的泡打粉馒头事件，虽然不能产生即时的身体不适，但长期食用含铝的泡打粉馒头却可以导致慢性中毒，会损伤大脑导致痴呆，还可能出现贫血、骨质疏松等疾病。虽然这次将犯罪分子绳之以法，但全国还存在许多其他类似的商家和类似的行为。商家的这种不良行为不仅与受利益驱使有关，也是因为我国在餐饮流动摊贩的食品安全监管上存在漏洞才让商家有机可乘。因此，流动食品摊贩的食品安全问题亟待解决，刻不容缓。

为解决上述存在的问题，我国通过一系列法律、法规、部门规章及规范性文件对流动食品摊贩的食品安全进行调整。2015 年修订的《中华人民共和国食品安全法》是调整食品卫生安全的基本法律，从保护消费者权益角度出发，食品摊贩的生产经营者还应当遵守《产品质量安全法》《农产品质量安全法》和《消费者权益保护法》等法律中的相关规定。从国家监管的角度来讲，2009 年 7 月 2 日实施的行政法规《中华人民共和国食品安全法实施条例》对食品摊贩的食品安全作出更加细化的规定。2012 年 6 月 23 日，国务院发布《关于加强食品安全工作的决定》提出切实加强对食品生产加工小作坊、食品摊贩、小餐饮单位、小集贸市场及农村食品加工场所等的监督。除了以上的法律和行政法规之外，国家工商总局、卫生部、国家食品药品监督管理局也相继发布了一系列有关规范食品摊贩食品安全的规章制度，2009 年 9 月 2 日发布《食品市场主体准入登记管理制度》、2010 年 3 月 4 日发布的《餐饮服务食品安全监督管理办法》《餐饮服务许可管理办法》，2010年12月22日发布《关于开展小餐饮食品安全整规试点工作的通知》，这些规章制度都涉及对流动食品摊贩的食品安全监管。此外，由于我国地域辽阔，各地经济情况不同，《食品安全法》的规定并不能穷尽所有情况，所以国家对食品摊贩的监管采取授权立法的形式，授权各省、自治区、直辖市根据本地的实际情况制定本地区的有关食品摊贩从事食品生产经营的地方性法规。例如，2015年《广东省食品生产加工小作坊和食品摊贩管理条例》、2015年《上海市食品摊贩经营管理办法》、2013年《山西省食品生产加工小作坊和食品摊贩监督管理办法》、2012年《河南省食品生产加工小作坊和食品摊贩管理办法》等。

从上述制度的规定来看，我国对流动食品摊贩食品安全的法律调整表现出以下特点：一是授权立法监管，法律层级低，对流动食品摊贩的食品安全重视不够；二是我国法律对流动食品摊贩的市场准入制度规定不明确，导致在实践中摊贩主体进入门槛较低，基本不设条件，对其监管困难；三是对流动食品摊贩历来重行政监管、刑事手段的管理，而忽视民事责任救济机制。这些因素的存在使得流动摊贩的食品安全问题更是雪上加霜。

二、流动食品摊贩的食品安全行政监管困境及原因分析

长期以来，我国对流动食品摊贩的监管存在投入成本大、执法难的治理困境。主要原因在于监管立法上，缺乏统一性和协调性；监管手段上，重行政、刑事手段，轻民事责任承担；执法上，监管力量不足，执法效果不明显等。

（一）行政监管困境

流动食品摊贩主要经营食品销售和提供餐饮服务，具有自身的特点：首先，经营规模小，具有分散性、无序性。流动食品摊贩大多是小规模经营，以小推车形式为主，分散到各个地方，多在马路边十字路口没有秩序地随意摆放，而且不顾及周围的车辆和行人，对交通造

成很大影响。其次，从经营主体来看，摊贩经营者多为弱势群体。流动摊贩从业者主要是外来务工人员、下岗再就业及失业人员，这些人都是城市中的弱势群体。[①] 他们一般没有稳定的经济收入来源，为了维持生计养家糊口而选择投入较少、成本较低的流动摊贩行业。最后，迎合低端消费需求，具有一定的市场。流动食品摊贩食材简单，成本低，价格也低于其他餐饮单位，而我国城市人口中中低收入者占绝大多数，他们因薪水不高，用于日常饮食的开支有限，常常倾向于价格低廉的小摊贩食品，因而，流动食品在某种程度上迎合了低端消费需求，具有一定的市场。鉴于流动食品摊贩以上的生产经营特点，在执法过程中，我国对其治理基本依靠行政资源的投入。然而，流动摊贩面广量大，又处于分散和流动状态，即使投入大量的行政监管成本也难以应对市场的千变万化，治理效果欠佳，所以导致对流动食品摊贩存在因执法力度弱、行政成本高而违法成本低、监管难等的治理困境。

（二）原因分析

对流动食品摊贩的监管之所以困难重重，主要原因有以下几个方面：

第一，监管立法上，缺乏统一性和协调性。我国《食品安全法》对流动食品摊贩的监管采取授权立法形式，食品质量安全标准只是作出原则性规定，对于流动食品摊贩的概念没有界定，对其加工规模、经营范围也没有明确，只是授权各级地方政府制定具体管理办法。但自从2009年《食品安全法》实施到现在，各省对流动食品摊贩的立法不太积极，目前仅有1/3左右的省立了法，成为食品安全监管中的一个盲点。食品各个环节缺乏专门的系统性管理法律法规。现有的《食品安全法》《农产品质量安全法》《产品质量法》《消费者权益保护法》等关涉食品安全方面的法律均是对食品生产经营的某个环节或某类产品的专门规定，缺乏协调性和统一性。

---

① 张国平："城市流动摊贩管理难的成因与治理对策"，载《江苏商论》2008年3月。

第二，从监管手段上来看，重行政、刑事手段，轻民事责任，治标不治本。我国《食品安全法》对流动食品摊贩的监管历来都是重视行政、刑事手段对违法经营者进行制裁，而忽视民事制裁的作用。2009年《食品安全法》法律责任一章中规定的大多是行政责任，刑事责任则援用《刑法》的规定，2013年《最高人民法院、最高人民检察院关于办理危害食品安全刑事案件适用法律若干问题的解释》和2015年新修订的《食品安全法》中依然着重行政、刑事责任机制建设，并强调两种机制的相互衔接。这种习惯于使用命令控制式的管理思维，忽视其他主体的能动性和监管手段的多元化，致使管理手段单一、效果差。[①] 在流动食品摊贩这一特殊的领域主要表现为：监管主体缺失、监管手段单一和服务理念缺乏。最终使得监管效果不理想，大多数流动食品摊贩没有纳入监管范围，处于无序发展的状态。所以，目前单一的行政监管体制不能有效解决流动食品摊贩存在的食品安全问题。

第三，从执法上来看，执法力量弱，监管缺位严重。我国在对流动食品摊贩的管理上一直强调要加强行政监管，对行政资源的投入力度加大，但在以刑事和行政为主导的监管模式下，高效监管工作的开展有赖于各职能部门的积极作为。而我国地域辽阔，流动食品摊贩具有数量多，分散性、流动性强的特点，这就需要国家投入大量的行政资源，无疑增加了财政负担。特别是面对我国目前的流动食品摊贩行业主体众多、监管环节复杂、从业人员素质低、法律意识淡薄、准入门槛偏低的弊病，行政监管力量不足更加凸显，监管缺位严重，繁重的监管任务往往导致监管人员力不从心。

综上所述，流动食品摊贩数量众多，涉及地域范围较广，消费者众多且具有不确定性，摊贩所生产和贩售食品的质量安全关系着广大消费者的生命健康权益。食品安全与否是衡量人民生活水平的重要指

① 许显辉："论食品生产加工小作坊和食品摊贩管理法治化"，载《行政法学研究》2013年第2期。

标，2015 年 10 月 1 日实施的《食品安全法》旨在推动我国建立新的食品安全监管体制，形成新的食品安全监管格局，要求统一领导、监管资源优化、联动监管及社会共治。所以，在这样一个大环境下，对流动食品摊贩的食品安全规制不仅要重视行政监管、刑事手段，更要强调违法生产经营者承担相应的民事责任。

三、强调流动食品摊贩的食品安全民事责任的优势

（一）民事责任能够有效弥补受害人的损失，增加经营者的违法成本，消除其违法动机

在食品安全事件中，适用侵权救济机制不仅可以最大限度地补偿消费者所受到的损失，而且也可以实现民事责任的补偿功能，相对于刑事责任和行政责任，民事责任可以弥补受害人的财产性损害。流动食品摊贩的食品安全问题之所有普遍存在，究其原因主要有“不法利益的驱动”“消费者信息不对称”“监管体系不完善”等因素，但归根结底还是经营者受利益的驱动，食品摊贩不光经营成本低，违法成本更低。中国消费者协会副会长刘俊海教授直言：“国内食品安全事件频发的主要症结在于，商家的失信收益高于失信成本，消费者的维权成本高于维权收益。”[①] 如果我们在流动食品摊贩的立法上完善其民事救济措施，鼓励消费者通过民事救济方式维护自己的合法权益，对违法经营者加大损害赔偿金额，从而降低消费者的维权成本，提高经营者的违法成本，那么违法经营者就会因成本增加而无利可图，消除流动食品摊贩的违法经营动机。

（二）民事责任能够调动消费者积极参与协助管理流动食品摊贩的食品安全，有效落实社会共治理念

社会共治要求多元主体共同治理，李克强总理在 2014 年《政府工

① 刘俊海：“食品安全监管制度的核心是民事责任”，载《人民法院报》2013 年 7 月 1 日第 2 版。

作报告》中首次提出，“推进社会治理创新，注重运用法治方式，实现多元主体共同治理”，这是我国实践经验的总结和要求。2015年新《食品安全法》第3条规定食品安全监督管理工作要遵循社会共治的原则。民事责任能够调动消费者积极参与协助管理流动摊贩的食品安全，把社会共治原则落到实处，主要原因有：第一，在食品安全事件中，消费者是直接受害人，在损害发生时最有动力去寻求解决途径，只要司法救济渠道足够畅通，成本够低，就足以激发消费者的维权意识，积极维护自己的合法权益。第二，理性经济人趋利避害的本性决定了消费者协助监督食品安全的动力源自利益的驱动，所以，获得高额的民事赔偿会引导消费者参与到食品安全治理中来。[①]

（三）行政责任和刑事责任的特性决定其不能完全解决流动食品摊贩的食品安全问题

行政责任和刑事责任重在对违法经营者进行惩罚，重在维护社会秩序，而在现代经济社会，秩序的维护有赖于个人利益的实现，个人利益得到最大的满足有利于秩序的维护，两者是相辅相成的，所以在对流动食品摊贩治理的过程中，不能只考虑到秩序的维护，而忽视对消费者利益的保护。我国目前的《食品安全法》中，对流动食品摊贩食品安全问题的解决主要是通过行政处罚及刑事责任的公法手段，民事责任的规定鲜少有之，而现实却是法律法规难以实施、行政监管困难重重、食品安全问题层出不穷，从一般的生产经营者到小本经营的流动食品摊贩，屡屡被曝出食品安全事件，危害公众社会安全。原因在于，监管部门缺乏足够的食品安全监管信息，食品安全对于监管部门来说不是直接的利益相关者，执法动力不足，而且流动食品摊贩很少涉及刑事责任，大多数违法经营者在接受行政处罚后，仍然有巨大的利益可图，导致摊贩食品的食品安全久治不愈。综上，在对待食品摊贩问题上，民事责任、行政责任和刑事责任是并行不悖的。因为，

① 王利明：《侵权行为法研究（上卷）》，中国人民大学出版社2004年版，第97页。

民事赔偿制度能促使消费者参与食品安全监督工作，从而为监管部门提供足够的信息；另外，民事赔偿制度也可对食品安全监管部门形成巨大的压力。[①] 所以，民事责任对流动食品摊贩的食品安全的解决具有重大的作用。

四、完善流动食品摊贩民事责任制度的建议

（一）切实推进“社会共治”的立法理念

新《食品安全法》第 3 条规定，“食品安全工作实行预防为主、风险管理、全程控制、社会共治，建立科学、严格的监督管理制度。”社会共治理念的提出要求引导全社会共同关心、支持、参与食品安全工作，形成社会各方良性互动、理性制衡、有序参与、有力监督的食品安全社会共治格局。中国人民大学法学院院长韩大元在 2015 全国食品安全周主场活动暨第七届中国食品安全论坛上说到，新修订的《食品安全法》是“针对我国食品安全领域缺乏系统治理的问题，明确将‘社会共治’作为新《食品安全法》的基本原则之一，就是要通过有奖举报、食品安全信息发布、媒体监督、食品安全责任保险以及行业协会与企业的合作等不同形式，动员社会成员共同参与食品安全治理过程。”[②] 只有把司法的刑事惩处、行政惩罚与民事赔偿三大功能同时发挥出来，才会实现公民的“食品安全权”。[③]

政府监管只能治标，行业制约只治末，只有发挥社会和公民的力量才能治本。[④] 对于流动食品摊贩的治理完全依赖政府是不行的，要充分发挥社会监督在流动食品摊贩安全治理中的作用，特别要加强和

---

① 尹红强：“论食品安全法律中的民事责任制度——兼论《食品安全法》（修订草案送审稿）中的相关规定”，载《食品科学》2014 年第 35 期。

② “食品安全社会共治——2015 全国食品安全周主场活动暨第七届中国食品安全论坛综述”，载《农民日报》2015 年 6 月 17 日第 4 版。

③ 徐显明：“用创新社会管理的思维来解决食品安全问题”，载《中国人大》2011 年第 13 期。

④ 杜国明：“我国食品安全民事责任制度研究”，载《政治与法律》2014 年第 8 期。

规范媒体披露和消费者索赔这两种监管方式。一是要发挥新闻媒体舆论监督的特点和优势，及时、真实的披露食品安全案件或事件，规范媒体监督。近年来，对违反食品安全事件的查处，媒体的事先曝光起着很大的作用，但有的新闻媒体出于时效性和营利性考虑，未经审查和核实就对案件进行报道，往往会因报道失实，引起社会恐慌，给食品生产经营者造成不可挽回的损失。因此，有关法律法规应该要求媒体在做食品安全报道时，尽量先了解相关法律法规和标准，坚持客观、科学和真实的原则，充分正确地发挥媒体在食品安全监管方面的作用。二是完善消费者索赔制度，消费者索赔是消费者行使监督权的一种形式，充分发挥追究民事责任在流动食品摊贩食品安全治理中的作用，与刑事责任、行政责任相得益彰。

（二）明确流动食品摊贩侵权责任的构成要件

侵权责任是行为人违反了法律规定的义务而应承担的法律后果。流动食品摊贩违反法律法规所承担的侵权责任主要依据是《民法通则》《产品质量法》《侵权责任法》《消费者权益保护法》《食品安全法》等。根据侵权责任法基本原理，一般侵权行为的构成必须具备以下构成要件：其一，有加害行为；其二，加害行为造成损害；其三，加害行为与损害事实之间存在因果关系；其四，行为人主观上存在过错。可见一般侵权行为适用过错责任原则，食品安全侵权是一种特殊的侵权，食品安全责任本质上是一种特殊的产品责任。根据《产品质量法》和《侵权责任法》的规定，流动食品摊贩承担侵权责任适用无过错责任归责原则：

（1）所生产的食品存在缺陷。具体来说就是流动食品摊贩在经营过程中利用变质的原材料、过期的食材或者违法使用食品添加剂所生产和加工出来的食品，导致最终的食品具有不合理的危险。

（2）存在损害事实。损害事实包括人身损害、财产损害和精神损害，流动食品摊贩贩售的食品对消费者造成的损害又分为即时的和潜在的。如果受害人证明食用了不安全食品，即使没有造成明显的身体损害，侵害人也应当就此给消费者身体造成的潜在以及精神损害承担责任。①

（3）有因果关系。即食品缺陷与受害人损失之间存在因果关系。因果关系的证明关系到举证责任的分配问题，一般侵权的举证责任遵循“谁主张，谁举证”原则，在食品安全事故责任中，消费者需要对缺陷食品与受害人损失之间的因果关系承担证明责任，根据《最高人民法院关于民事诉讼证据的若干规定》的规定，因缺陷产品致害的侵权诉讼，生产者只对其法律规定的免责事由承担举证责任。而我国的《食品安全法》中并无免责事由的规定，所以实际上，在流动食品摊贩侵权领域，生产经营者在食品安全致害事件中不承担任何举证责任。然而，由普通的消费者承担缺陷食品和因果关系的证明责任往往很难取得有效的证据，流动食品摊贩直接生产销售食品，对食品的原材料信息和加工过程了如指掌，在证明缺陷产品方面比受害者有更为优势的条件，如果让受害人来证明缺陷，受害人往往因为举证不能而限制了请求权的行使，这对无辜的受害人是不公平的。对于因果关系的证明，现代法律制度分配正义之实现又强调在许多情况下即使不幸的受害人不能明确证明因果关系的全部内容也不应由其单独承担损害，共同危险行为就是典型一例。② 所以，本文认为可以在流动摊贩食品侵权责任的追责中适用举证责任倒置原则，降低受害方对缺陷食品和因果关系的证明负担，由流动摊贩食品的生产经营者对食品的安全和不存在因果关系承担证明责任。

（三）加强和完善惩罚性赔偿机制

《食品安全法》规定惩罚性赔偿制度的目的在于“惩罚食品生产经营者生产或者经营不符合食品安全标准的食品这一性质比较严重

---

① 朱珍华、刘道远：“食品安全监管视角下的民事责任制度研究”，载《法学杂志》2012 年第 11 期。

② 杨惟钦：“新形势下食品安全民事责任体系之完善”，载《云南社会科学》2015 年 4 月。

的违法行为，更好地保护权益受到侵害的消费者的合法权益，补偿他们在财产和精神上的损失"[1]，威慑不安全食品的生产和经营。[2] 在这里，明确传达着食品安全惩罚性赔偿的惩罚、威慑和填补损害的功能。[3]

2015年《食品安全法》第148条第2款对食品安全的惩罚性赔偿作出修订，该条明确规定了惩罚性赔偿的最低限额为1000元。但仍不足以解决目前流动食品摊贩存在的严重食品安全问题。根据哪些因素来确定惩罚性赔偿的数额，使其既能够有效地发挥威慑功能，又能防止因威慑过度而产生的消极作用，这是适用惩罚性赔偿的关键。[4] 在完善流动食品摊贩的惩罚性赔偿机制上可以考虑两个方面：第一，建议提高最低赔偿金额。惩罚性赔偿最基本的功能在于通过惩罚来遏制不法经营者生产缺陷食品，并且通过赔偿来弥补受害人的损失。但目前1000元的保底赔偿并不能起到遏制摊贩食品违法生产经营的目的，而作为弱势方的消费者还要为赔偿的实现投入律师费等巨大的维权成本。第二，细化赔偿责任的构成内容。惩罚性赔偿规则并没有根据违法者的主观过错、客观手段、致害后果的严重性等内容分清赔偿档次，而这些内容在惩罚性赔偿责任制完善的国家是要详细考虑的，还应该明确用该条款进行赔偿的"消费者"应当扩大到不具有合同关系的购买者，以维护被害者的合法权益。

（四）明确和细化食品检验认证机构的连带责任

连带责任是我国一项重要的民事责任制度，其目的在于补偿救济，

---

① 全国人民代表大会常务委员会法制工作委员会编，信春鹰主编：《中华人民共和国食品安全法释义》，法律出版社2009年版，第243页。

② 参见《十一届全国人大常委会第五次会议分组审议食品安全法（草案三次审议稿）的意见》，第320页。

③ 高圣平："食品安全惩罚性赔偿制度的立法宗旨与规则设计"，载《法学家》2013年第6期。

④ 陈玉祥："论惩罚性赔偿金数额的确定与限制——兼评《食品安全法》第96条"，载《经济与法制》2009年第10期。

加重民事法律关系当事人的法律责任，有效地保障债权人的合法权益。我国《食品安全法》中规定生产者与销售者承担连带责任，属于生产者责任的，经营者赔偿后有权向生产者追偿；属于经营者责任的，生产者赔偿后有权向经营者追偿。而流动食品摊贩通常集生产、加工、制作、销售于一体，这种特殊的经营形式决定了其生产者与销售者属于同一主体，所以，生产者与销售者的连带责任在流动食品摊贩侵权责任中几乎不适用，不管是哪个环节违法，承担责任的主体只有一方，致使连带责任的补偿救济作用无法充分发挥。

食品检验认证机构根据法律的规定从事食品检验，对流动食品摊贩的食品质量安全监管起着重要的作用，如果其不能很好地履行职责，则应当承担相应的民事责任。《产品质量法》第 57 条第 2 款以及第 3 款详细规定了产品质量检验机构、认证机构违法违规操作时应当承担的法律责任。这些条文可以看作食品检验认证机构的民事责任，食品检验机构对市场负有监管义务和责任，应当公正客观地对食品安全进行检验和认证。但在司法实践中，食品安全事件的受害者一般不会向食品检验、认证机构追究民事责任，一方面跟民事责任制度规定的缺失有关，另一方面消费者会觉得维权成本大。食品检验认证机构的连带民事赔偿责任条文并没有发挥任何作用，而事实上食品安全检验、认证机构的监管失职与受害者的损害之间确实具有因果关系，应该承担民事责任。

■食品产业链安全控制法律机制研究

■食品安全监管制度在农村地区的实施问题研究

■垂直管理是我国出入境食品安全管理的内生需求

■食品安全追溯制度的法律建构

——基于功能、角色和机制的思考

食品产业链安全控制法律机制研究*

王辉霞**

摘要：生产经营者是食品安全第一责任人，从“农田到餐桌”的全产业链控制和可追溯是各国食品安全控制的重要原则。食品产业链不完整、缺乏协同合作等问题，是造成生产经营者对食品安全负主要责任的机制失灵、食品安全难以追溯的重要原因，是我国食品安全控制面临的突出问题。对我国食品产业链安全控制提出如下对策建议：一是产业链上下游主体之间的利益均衡，价值共享和风险共担是化解食品产业链安全矛盾的合理途径。二是产业链各环节的食品安全管理体系是食品安全控制的基础，包括HACCP体系、风险分析框架、追溯体系等。三是完善相关责任制度，惩罚该受责备的当事人，提高违法成本，是产业链安全控制的有效约束机制。

关键词：食品产业链　食品安全控制　法律机制

一、问题的提出

食品安全是复杂的系统，涵盖了食品生产经营的多要素和多环节，

---

* 基金项目：本文是作者主持的山西省科技厅软科学研究项目“山西食品安全法律调整机制研究”的阶段性研究成果。项目号2012041065－02。本文已正式发表于《西北工业大学学报（社会科学版）》2013年第1期，并已征得同意结集出版。依据2015年《食品安全法》，对文中相关法条进行了修订。

** 作者简介：王辉霞，山西财经大学法学院副教授，中国人民大学食品安全治理协同创新中心研究员。研究方向：食品安全法律与政策。

包括食品卫生、食品质量、食品营养等相关方面的内容和食品种养殖、加工、包装、贮藏、运输、销售、消费等环节。食品产业链是指服务于某种特定食品消费需求或进行特定食品生产经营所涉及的从食品的初级生产者到消费者各环节的经济利益主体之间的一系列互为基础、相互依存的上下游链条关系。可以说，食品产业链涵盖了“从田头到餐桌”的全过程。食品能否安全地从生产的源头到达消费者手中，与产业链中的所有参与主体密切相关。因而从产业链角度分析食品安全问题，有利于构建要素齐全、环节紧密相接的食品安全控制体系。只有从产业链做起，控制好产业链的每一环节，将产业链上下游协同一致，才能控制食品安全风险或使风险最小化。

近年来从产业链角度研究食品安全已成为国内外学者持续关注的问题之一。在国外，Adrie J. M. Beulens 等研究发现：由于欧洲持续的食品安全事件，消费者呼吁食物质量诚信、安全保障和透明度；政府积极实施新的食品安全法规；食品供应系统通过体系化管理提高食品质量和保障食品安全，同时确保食品产业链的透明度。在此基础上，提出食品产业链安全和透明需要产业链各个部门之间的合作。① Dimitris Folinas 等认为通过传统技术能够增进信息的交流与传播，介绍了一个通用的可追溯性数据管理框架，作为所有食品生产经营者的操作指南。② Matthew Gorton 等以 Moldova 为例，分析了农民和生产企业之间信息不对称导致了 Moldova（农场）的市场失灵危机。解决办法是牛奶生产企业为更好地监测牛奶质量进行投资，因为牛奶质量监测的成

---

① Adrie J. M. Beulens, Douwe-Frits Broens, Peter Folstar, Gert Jan Hofstede. Food Safety and transparency in food chains and networks: Relationships and challenges. Food Control, Volume 16, Issue 6, July 2005, pp. 481 – 486.

② Dimitris Folinas, Ioannis Manikas, Basil Manos. Traceability data management for food chains. British Food Journal, Vol. 108, Issue 8, 2006, pp. 622 – 633.

本，对避免逆向选择的市场失灵具有重要意义。[①] Rolf Meyer 比较分析了欧洲食物链的未来发展，提出影响食物链的三种不确定性因素，即技术的不确定性、行政上的不确定性、社会发展的不确定性。[②] Peter Raspor 食品安全控制所采用的各种良好做法的不同是由于受到不同文化、历史、生活方式的影响，良好做法主要体现在以下三个领域，即与食品工艺相关的活动、与食品问题相关的活动、与消费者食品处理相关的各种活动。其中为所有消费者提供安全健康的食品是食品良好做法的目标理念。[③] Jacques Trienekens 认为不断出现的食品安全事件以及全球化的食品生产和分配系统，导致了公共和私人领域食品安全质量标准的发展。但是，一方面，来自发展中国家和新兴经济体的企业在遵守这些标准方面存在困难；另一方面，发达国家的企业也因这些标准增加边际成本，这些都要求重新评估认可和认证制度。[④] Dreyer, Marion 等强调更大程度上的预防措施，提出欧盟食品安全综合一体化治理模式。[⑤] G. C. Barker 等提出食品链追溯体系包括产业链技术的整合、食品安全信息、快速检测方法和提供与食源性危害起源有关的数学模型的决策系统。[⑥] Omar Ahumada 回顾了农产品供应链规划模型的应用情形，提出采用更严格的规则和更密切的监测规制供应链的设计和运

---

① Matthew Gorton, Mikhail Dumitrashko, John White. Overcoming supply chain failure in the agri-food sector: A case study from Moldova. Food Policy, Volume 31, Issue 1, February 2006, pp. 90 – 103.

② Rolf Meyer. Comparison of scenarios on futures of European food chains. Trends in Food Science & Technology, Volume 18, Issue 11, November 2007, pp. 540 – 545.

③ Peter Raspor . Total foodchainsafety: how good practices can contribute?. Trends in Food Science & Technology . Volume 19, Issue 8, August 2008, pp. 405 – 412.

④ Jacques Trienekens, Peter Zuurbier. Quality and safety standards in the food industry, developments and challenges. International Journal of Production Economics. Volume 113, Issue 1, May 2008, pp. 107 – 122.

⑤ Dreyer, Marion; Renn, Ortwin (Eds.). Food Safety Governance. Springer Verlag, May 12, 2009.

⑥ G. C. Barker, N. Gomez, J. Smid. An introduction to biotracing in foodchain systems. Trends in Food Science & Technology. Volume 20, Issue 5, May 2009, pp. 220 – 226.

作，修正和改变传统供应链实践。①

在国内，林镝等在分析食品产业链的基础上，针对食品产业主要环节，提出政府职能部门应采取的若干措施。② 汪普庆等研究了农产品供应链组织模式对食品安全的作用，提出供应链的一体化程度越高其提供产品的质量安全水平越高。③ 游军等分析了供应链上食品安全问题发生的主客观两方面原因，针对这两方面的原因提出了食品安全控制的对策：一是要建立供应链上的伙伴联盟；二是要把加工环节作为优先危害控制点，严格执行售前检测。④ 肖静博士在对国内外食品安全保障现状分析基础上，从食品供应链角度构建了我国的食品安全保障体系，提出了实现食品安全保障的四项基本措施：建立预警体系、监控体系、追溯体系和信用管理体系。⑤ 石朝光等根据食品产业链所处发展阶段的不同，分别构建食品质量安全体系，认为现阶段在我国实施食品质量安全管理需要政府行政职能部门和食品产业链各节点的共同努力。⑥ 许启金博士认为，国内食品安全供应链管理效率较低，难以实现食品安全和企业收益双重优化目标，原因是政府管制环境不理想，食品加工企业缺乏应对外部管制的相应策略，以及对供应链成员的协调和激励能力不足等，并提出开展食品安全供应链中核心企业的策略与激励机制研究，提高食品加工企业的食品安全供应链管理能

---

① Omar Ahumada, J. Rene Villalobos. Application of planning models in the agri-food supply chain: A review. European Journal of Operational Research. Volume 196, Issue 1, 1 July 2009, pp. 1 – 20.

② 林镝等："刍议食品产业链中食品安全管理"，载《生态经济》2004 年第 4 期，第 33 ~ 35 页。

③ 汪普庆："农产品供应链的组织模式与食品安全"，载《农业经济问题》2009 年第 3 期，第 8 ~ 12 页。

④ 游军、郑锦荣："基于供应链的食品安全控制研究"，载《科技与经济》2009 年第 5 期，第 64 ~ 67 页。

⑤ 肖静："基于供应链的食品安全保障研究"，吉林大学生物与农业工程学院 2009 年硕士学位论文。

⑥ 石朝光、王凯："基于产业链的食品质量安全管理体系构建"，载《中南财经政法大学学报》2010 年第 1 期，第 29 ~ 34 页。

力，实现食品安全和供应链效益双重优化目标。[①]

综上可见，建立从农田到餐桌的食品安全控制体系，是世界各国的共识和实践框架。食品产业链安全控制，需要以法律作为手段，用程序和制度化来克服人为因素带来的不安全性和不稳定性，即通过法律确定各方的权利义务，来实现对于主体行为的引导。因而，探讨食品产业链安全控制体系及体系内不同主体的权益设置、权益制衡和责任担当的法律关系或制度，发掘不同主体之间的协同机制，有效发挥产业链不同主体间的制衡力量和整合力量，方能实现食品安全的有效控制。《食品安全法》的制定实施，为食品安全问题的化解提供了制度框架和思路，但是，我国食品安全基础薄弱，从根本上解决食品安全问题还面临诸多挑战。其中，从食品产业链角度来看，产业链不完整、不稳定以及上下游经营者之间缺乏协同等产业链断裂问题，是造成食品生产经营者对食品安全负主要责任的机制失灵，难以建立健全食品安全责任追溯制度的重要原因，也是我国食品安全控制的关键因素之一。本文分析了我国食品产业链安全存在的主要问题，对产业链各相关主体之间责权利及互动关系进行解读，寻找产业链安全控制的保障机制，探索适合我国的食品产业链安全控制具体措施和对策。

二、我国食品产业链安全问题分析

（一）我国食品产业链发展不平衡

随着食品产业的工业化、市场化，食品市场呈快速集中趋势，而作为食品原料来源的农业仍处于分散经营状态，造成分散的小农经济与现代食品工业对接失衡。换言之，食品生产加工、销售等下游环节集中度和规模化程度较高，管理水平和可控性也较高，而农资、种养业、农产品加工业以及农产品流通领域等上游环节则处于无序竞争状

---

① 许启金："食品安全供应链中核心企业的策略与激励机制研究"，浙江工商大学2010年博士学位论文。

态，可控性较差。可见，上游小农经济与下游食品工业化发展不平衡，食品产业链缺乏稳定性、协调性，上、下游产业链有效衔接不足，原料提供、生产加工、运输储存、销售服务存在一定程度的脱节，是造成食品产业链安全源头失控的潜在风险。此外，产业链源头落后的分散经营方式，难以形成完整可追溯的产业链，食品质量从源头上得不到有效保障。

（二）食品信息不对称

食品消费者与生产经营者之间信息不对称。消费者选择食品取决于消费者所能获得的食品质量信息充分与否。充分、准确的食品质量信息可以使消费者作出正确的消费决策，消费信息的不足与错误直接影响消费者的决策质量。随着食品科技的发展，新材料、新技术、新工艺的广泛应用于食品产业，消费者难以掌握食品质量和安全方面的全部信息，难以通过传统方法来评估食品质量和风险。消费者无论在消费前还是消费后短期内都很难辨识和感知食品的质量是否安全，消费者购买某类食品主要是基于一种信任，食品属于信用品。①

食品产业链中，原料供应、生产加工、流通储存、分销零售各环节不同经营者之间信息不对称，这将导致食品市场决策与交易主体的防御成本增加、食品市场的效率下降、劣币驱逐良币等不利后果。随着社会分工的细化，食品产业链变得越来越长，控制产业链安全的难度也随之加大，许多生产企业不清楚自己最终产品中所有成分的来龙去脉，出现食品安全问题后，经营者对问题来源一无所知，这是导致食品安全问题的潜在风险。

---

① 飞利浦·尼尔森（Philip Nelson，1970）按消费者获得信息的途径将商品分为三类：搜寻品、经验品、后经验品。经验品，只有在购买之后，才可以通过观察判断质量和特征。搜寻品，在购买之前，可以通过观察判断质量和特征。后经验品，也称信用品，是指一类产品或服务的特征很难被消费者观察判断，即使在开始消费后的短期内，使用后也可能无法知道商品质量全部信息。

（三）食品产业链中上下游经营者之间的利益配置不均衡

食品产业链中的各相关主体之间的利益配置不均衡是食品产业链安全的断裂点，是食品安全矛盾在产业链上的集中体现，这种不均衡的矛盾集中到一定程度必然引发食品安全事故。食品产业链上游环节，尤其是种植、加工环节由于市场竞争较为充分及对消费者信息了解不够敏感，相关产品的附加值低，利润空间狭小。产业链下游由于市场的集中度高以及对消费需求的敏锐，相关产品的附加值高，利润空间大。食品产业流通环节过多、经营成本高，由于物流和销售等中间环节成本的增加与高额的进场费，再加上食品流通环节税收政策调控不足，流通中的成本有时甚至高于食品本身的生产成本。食品制造企业的利润被流通环节的经营者挤压，食品制造企业又对初级农产品生产者的利润挤压。利润分配格局扭曲使成本一再转嫁，引发食品安全恶性事件，最终由社会来买单。如在“三聚氰胺”事件中，一方面，奶站、奶农与奶业之间仅是买卖关系而非利益共同体，奶企、奶站和奶农之间没有做到价值共享。奶企没有将利润与奶站和奶农分享，奶站和奶农缺乏保证原料奶质量的动力；另一方面，奶企为了应对业内的激烈竞争，不断压缩成本，为维持利润将成本转嫁给奶站和奶农，根本不考虑奶站的收购成本和奶农的养牛成本，结果导致了一些收奶站和奶农的不法添加，使产品质量追溯无法进行。可见，只关注上下游企业之间的竞争，而忽视其合作和价值共享，最终将导致产业链及其个体的价值都无法实现。因此，产业链要持续健康发展，上下游必须具有合作的意愿，共享价值链带来的利润，否则，一些从事低附加值环节的经营者就没有动力为其下游经营者提供高质量的产品，进而导致下游经营者的产品质量无法保障，最终价值难以实现。可见，忽视上下游经营者之间的合作和价值共享，最终将导致产业链利益分配失衡，影响食品安全和产业链持续健康发展。

（四）农民和消费者是食品产业链中的弱者

产业链上游的种植、养殖和下游的市场终端消费是食品安全控制的薄弱环节。产业链上游的农民和终端的消费者，是食品产业链中的弱者。一方面，在食品工业化的生产方式下，从农田到餐桌，经过种养、初级加工、生产制造、仓储运输、分销零售等环节的漫长过程。食品生产经营的多环节和多要素，徒增了消费者的信息劣势。在农民和消费者之间有无数看不见的手在操作，农资商、农副产品的收购商、食品加工商、储藏运输商、批发零售商、专家失职、监管失职等，都使得从“农田到餐桌”的食品历程充满了不安全感。另一方面，在市场化的食品供应体系中，食品产业的利润被中间商盘剥，农民的耕作收入不断被挤压，农民从中获利甚微。如即便在美国，农民从消费者的食物消费中所获得的收入还不到食物消费价值的5%。这将造成难以维护产业链上游种养者的权益和难以保障食品的质量安全并存的双重困境。

（五）食品产业规模化程度不高，企业组织结构不合理

近年来，食品制造业食品工业产值在我国国民经济制造业中名列前茅，成为国民经济制造业的重要支柱。但食品产业结构调整是我国食品工业面临的重要挑战。食品工业产值与农业产值之比是衡量一国食品工业发展水平的重要指标。2010年我国食品工业产值与农业产值的比值为0.88∶1，这一标准远低于发达国家3∶1左右的水平。食品企业组织结构不合理，兼并重组力度不够，大中型企业偏少，规模化、集约化水平低，“小、散、低”的格局没有得到根本改变，小、微型企业和小作坊仍然占全行业的93%。[①] 可见，缺乏科学的产业结构和经营模式同样是我国食品产业链安全面临的深层次问题。

三、我国食品产业链安全对策建议

（一）推进食品产业结构调整，完善产业链公平和利益共享机制

食品流通过程的效率，食品的价值增值的合理性以及利润在产业

---

① 国家发展改革委、工业和信息化部《食品工业“十二五”发展规划》发改产业〔2011〕3229号。

链各环节的合理分配，产业链上下游主体间的利益均衡，产业链的公平，产业链上游农民和终端消费者利益的维护，是实现食品产业链安全的必要途径。对食品产业链上各环节的资源投入、利益风险进行调整，由此产生的收益分享或风险分担，需要产业链上下游各环节生产经营者作出恰当的制度安排，需要国家通过法律、政策加以调控。

1. 规制食品产业中的垄断行为

食品产业中的垄断，不仅损害食品市场的公平竞争，而且容易以强势的经济力形成食品业内潜规则，影响食品安全决策，损害食品消费者的利益以及公众健康。食品产业被大公司垄断，这些公司往往把股东利益凌驾于消费者健康、农民生计、工人安全和环境保护等之上，食品产业的发展与消费者所期望的方向背道而驰。在“以股东利益最大化的组织那里，公众健康永远不是一个首要的议题”。[①] 实践中，垄断企业获取了高额利润，政府部门插手市场甚至成为市场中的利益主体从而导致市场运行混乱，引发了掺假造假，行业失信问题。因而，政府不参与市场中的利益分配，规制食品行业垄断，创造公平竞争的市场环境，方能保护消费者健康和食品安全。依据反垄断法，规制食品产业中经营者达成的垄断协议，经营者滥用市场支配地位，具有或者可能具有排除、限制竞争效果的经营者集中，以及行业垄断和地区封锁等行政机关滥用行政权力排除限制竞争的行为。

2. 依据国家产业政策，推进食品产业结构调整

食品产业结构状态与趋势的不协调性，是引发食品安全问题的重要原因，为了保证食品产业的协调发展，针对食品产业链中存在的一些不协调，国家依据相关产业政策法，制定食品产业发展政策，调整食品产业结构，促进产业转型升级，构建符合我国国情的现代食品工业体系。产业政策的重要功能便是在尊重市场机制的基础上对市场机

---

① ［美］玛丽恩·内斯特尔：《食品安全》，程池、黄宇彤译，社会科学文献出版社2004年版，引言。

制配置资源的作用进行优化、补充，特别是对“市场失灵”的领域进行矫治、改善。[①] 依据《中小企业促进法》对食品产业中的中小企业实行积极扶持、引导、服务、规范，保障其权益，为中小企业创立和发展创造有利的环境。巧妙运用《反垄断法》第56条对农业产业的豁免制度制定相关的农业产业政策，引导、支持农业生产者及农村经济组织在农产品生产、加工、销售、运输、储存等经营活动中实施联合或协同行为，提升农业产业在食品产业链的利润空间，实现产业链公平。依据《农民专业合作社法》，实现农业生产者之间的联合。通过财政支持、税收优惠和金融、科技、人才的扶持以及产业政策引导等措施，促进农民专业合作社的发展。同时，政府、企业、农民组成的农业专业合作社，形成了利益共同体，组成共生的产业链系统。增进农户、生产企业、流通环节和零售商之间的纵向联系，促进广大小农户参与食品价值链，提高农业生产和销售过程标准化水平，实现农业产业升级和生产的规模化，逐步转变小农经济模式。这样，既能保护农民的利益，又能从源头上保障食品质量与安全，保护消费者利益。

3. 完善财税金融政策，加大政府补贴农业的力度

源头控制是产业链安全的基础，位于产业链源头的种植、养殖环节如果出问题，后续环节做得再好也于事无补。政府加大对农业的政策支持，保障产业链上游种养者的利益，进而从源头上保障食品安全。

通过础设施投入、农用生产资料补贴、信贷服务和价格支持等政策手段，建立以价格支持为基础、直接补贴为主体的农业补贴支持机制和政策体系。首先，扩大农业补贴的范围。其次，干预采购。当市场价格低于最低支持价格之时，政府采购特定的过剩农产品，并将其进行临时性储存或出口。最后，适当提高进口农产品的进口关税，增加出口补贴额。

---

① 吴宏伟、金善明：“论反垄断法适用除外制度的价值目标”，载《政治与法律》2008年第3期，第42~47页。

通过财政、税收、金融政策引导、支持，降低食用农产品流通成本。一是增加财政投入，加强农产品流通基础设施建设，促进产销衔接，减少流通环节，提高流通组织化程度。二是完善农产品流通税收政策，逐步减免包括粮食、蔬菜等在内的农产品流通环节的增值税。[①] 三是加强对农产品供应链上游企业和农户的信贷支持，解决农户、农民专业合作社和小企业融资担保能力不足问题。

4. 鼓励社区支持农业模式，实现生产者和消费者的联合

发展社区支持农业模式，实现生产者和消费者的联合，形成直接从农田到餐桌的新的食品供应链模式，是化解食品安全问题的新思路。食品生产者和消费者，在互相信任、互相监督的前提下，组建生产合作社和消费合作社。生产者和消费者之间建立一种共担风险、共享收益的关系，消费者会预付生产费用与生产者共同承担在来年农业种植过程中可能会出现的风险并支持使用生态可持续的种植方式。这种模式不仅缩短食物产业链条，而且对食品安全的监督方式转变为自我监督和认证，不需要成本高昂的官方认证或第三方评级。这种食品供应链模式可以帮助底层生产者恢复诚信和道德，也有利于消除公众在饮食安全上的信任缺失。譬如，加拿大温哥华市提倡“可持续性、食品安全和消费当地生长的食品”，通过了一系列鼓励发展“城市农业”的政策措施。美国农业部2011年9月启动“了解你的农民，了解你的食物”行动，使消费者与当地生产者联结。“北京的小毛驴市民农园”和“上海多利农庄”等是可持续生态农业、社区支持农业的成功探索。

5. 产业链中不同生产经营者的合作

食品安全蕴含着食品产业链的安全诉求。参与产业链的每个行为主体都是质量安全管理的决策者或实施者，食品产业链各行为主体的

---

① 2011年12月19日发布的《国务院办公厅关于加强鲜活农产品流通体系建设的意见》提出完善农产品流通税收政策，免征蔬菜流通环节增值税。

质量安全管理水平直接决定着最终产品的质量安全。能否为消费者提供安全的、健康的、富有营养的食品与参与产业链的各个行为主体之间能否通力合作密切相关，产业链的任何一个主体的质量出问题都会对整条链的食品质量安全产生影响。就产业链中的不同经营主体而言，共同的利益诉求和共同的风险是产业链安全的有效激励与约束机制。建立产业链上的伙伴联盟，实现参与主体的合作，使上下游形成一个利益共同体，从而把最末端的消费者的需求，通过市场机制和企业计划反馈到最前端的种植与养殖环节，提高产业链整体效益，强化产业链参与主体的共同责任，保障产业链整体的安全。伙伴联盟属于"中间体组织",[①] 通过纵向的中间体组织进行交易，比如通过形成长期的订货、供货合约，供需交易伙伴形成共同利益最大化的行为倾向，可以有效解决产业链上的利益分配不均衡问题。伙伴联盟使食品产业链上的各参与主体的利益连在一起，只有最终合格安全的食品才能使产业链的整体利益得以实现。安全的食品可以增加产业链的整体效益，食品安全成为各生产经营者追求利益的有效激励。

6. 食品信息公开，提高产业链透明度

充分的食品质量信息可以促进公权机构执法，可以使消费者作出正确的消费决策，这种结果会传导到产业链各个环节，从而在食品安全保障方面形成良性循环。[②] 透明才能产生信任，通过提供更多的信息以消除信息不对称，是建立消费者与生产经营者之间、食品产业链不同经营者之间以及市场主体与政府之间信任关系的最合理的途径。食品产业链的透明和信息公开，是食品安全有效控制的前提和保障。

从"农田到餐桌"的食品产业链全程控制体系能否发挥作用，关

---

① 2009年诺贝尔经济学获得者威廉姆森，提出了"中间体组织"，是一种介于市场与组织之间的体制，既有市场的特点，又具有组织的特点。

② 应飞虎："完善我国食品质量信息传导机制应对食品安全问题"，载《政治与法律》2007年第5期，第24～29页。

键要看它是否具有足够的透明性，即产业链中的各主体应该能够共享关于食品各环节的信息，并且保证信息的真实性、快速性和准确性。要保证链条上各部门之间的合作才能使产业链有效运行，而建立利益方之间的合作关系需要具备以下条件：（1）操作一致：各个参与者在所拥有的信息上要保持一致。（2）交流：定期交流，保持信息之间的共享。（3）信任：公开化，明确彼此的目的、行为、责任和承担的角色。（4）透明性：保证以正当的方式，在合适的时间信息的可应用性。（5）与行政过程相分离。（6）以结论为中心：提交和应用测量结果。[①] 因此，产业链中的食品生产者将产品成分及其来源标得一清二楚，各方信息共享，依据相同的食品安全指标审查食品质量，在一致和共识的基础上通力合作才能改善整个产业链的安全。

（二）完善产业链中生产经营者的食品安全管理体系

完善产业链中生产经营者的食品安全管理体系，提高防御食品安全问题的能力。产业链各环节的食品生产经营者遵循高质高效的食品安全流程，依据相应的质量安全标准，对自身的业务范围和活动过程实施管理，是食品安全有效控制的基础。

1. 把末端检测和过程控制相结合

为有效控制食品安全风险或使这种风险最小化，须改变主要依靠对最终产品严格的末端检验的传统食品安全控制方式，将严格的末端检验和生产过程管理相结合，以生产过程控制为主，末端检测为辅。完全依赖严格的末端检验，由于受技术、制度以及生产过程的信息传递不畅等因素影响，其可靠性和潜在风险并存。生产过程控制关注的重点是产生最终产品的生产体系的安全性及其潜在风险，尽管从理论上来说过程的控制可以保证最终产品的安全，但是在实际执行过程中，由于管理部门的分割对最终产品明确责任的管理方式实际效果并不明

① 周媛、邢怀滨："国外食品安全管理研究述评"，载《技术经济与管理研究》2008 年第 3 期，第 84 ~ 86 页。

显，甚至会流于形式。因此，把末端检测和过程控制结合起来，把最终产品管理和生产过程体系管理结合为一体的全过程管理方式，是加强食品安全管理的最佳选择。

2. 食品行业推行 HACCP 全程监控体系

危害分析与关键控制点体系（HACCP），是通过一整套预防性的措施防止食品产品中的可知危害或将其减少到一个可接受的程度。HACCP 是通过过程控制以保证质量安全的方法，是指通过系统性地确定具体危害及其关键控制措施，以保证食品安全的体系，包括对食品的不同生产、流通和餐饮服务环节进行危害分析，确定关键控制点，制定控制措施和程序。HACCP 体现了预防为主，全程监控的科学理念。HACCP 要求产业链的全过程都制定可操作的规范，使原料的供应、加工生产、包装储藏、销售消费都在统一的规范制约下运转，适用于在食品产业链中所有希望建立保证食品安全体系的组织，无论其规模、类型和其所提供的产品。通过 HACCP 食品安全管控机制，有利于建立高质高效的食品安全流程和可持续产业链。我国《食品安全法》第 48 条规定了 HACCP 体系认证制度，国家鼓励食品生产经营者实施危害分析与关键控制点体系，提高食品安全管理水平，并要求认证机构对通过该体系认证的食品生产经营企业依法实施跟踪调查，对不再具备认证要求的，撤销认证并向监管机构和社会通告。HACCP 强调食品生产企业自身的作用，而不是依靠对最终产品的检验或政府部门的抽样检测和分析来确定食品的安全和质量，以确保食品在生产、流通、食用和消费全过程中的安全和卫生。[①] 实践中，许多企业和消费者并不了解 HACCP 管理体系的内容，有些企业只想利用 HACCP 认证的扩大影响以赢利，对此，政府管理部门应逐步将 HACCP 纳入食品安全的宏观政策内，使企业真正采用 HACCP 管理体系。

---

① 谌瑜等：“从 HACCP 实施中的误区看世界食品安全”，载《标准科学》2010 年第 2 期，第 20~24 页。

3. 构建食品安全产业链风险分析框架

风险分析是对产业链各个环节可能产生的危害进行评估和鉴定，并提出有效的管理方案。对整个食品生产和消费全过程开展风险评估，建立保障和预警体系，是食品安全预防原则的重要体现。风险分析框架包括风险评估、风险管理和风险交流三个方面。国际食品法典委员会（Codex Alimentarius Commission）对风险分析的三个主要组成部分的定义："风险评估是一个以科学为依据的过程，由危害识别、危害特征描述、暴露评估以及风险特征描述四个步骤构成。风险管理是一个在与各利益方磋商过程中权衡各种政策方案的过程，该过程考虑风险评估和其他与保护消费者健康及促进公平贸易活动有关的因素，并在必要时选择适当的预防和控制方案。风险交流是指在风险分析全过程中，风险评估人员、风险管理人员、消费者、产业界、学术界和其他感兴趣各方就风险、风险相关因素和风险认知等方面的信息和看法进行互动式交流，内容包括风险评估结果的解释和风险管理决定的依据。"①

我国《食品安全法》第二章规定了"食品安全风险监测和评估"，确立了风险监测、风险评估、风险管理、风险交流等制度。但目前存在着风险评估机构权威性不足、风险管理透明度不强、风险交流机制缺失的问题。因此完善风险分析框架，一要坚持风险评估与风险管理机构分离的原则，维护风险评估机构的独立性，确保风险评估结果的科学性、公正性、权威性。二要增加风险管理的透明度。三要完善风险交流机制。注重政府、专家、企业、消费者及社会各界的风险信息交流。一方面确保风险信息及时传达到风险评估机构进行分析评判，为风险控制提供决策依据和选择；另一方面搭建风险交流平台，实现政府、专家、企业、消费者及社会各界的风险信息交流、互动，确保

① 孔繁华："论预防原则在食品安全法中的适用"，载《当代法学》2011年第4期，第27～33页。

评估结果准确传达到政府部门妥善实施风险控制，并科学地传达到消费者，使人们正确认识和处理食品安全风险。

4. 完善产业链内部追溯体系

食品安全可追溯性是指在生产、加工及销售的各个环节中，对食品、饲料、食用性动物及有可能成为食品或饲料组成成分的所有物质的追溯或追踪能力。追踪是由源头到末端的跟踪，实现对食品全流程的信息跟踪。从“农田到餐桌”全过程必须做到关键信息的跟踪，以便对关键环节、重点食品进行有效监控。追溯是由末端至源头的信息追溯，通过输入产品的基本信息，如追溯码、生产批号等可以查询到产品的种植作业环节、原料运输环节、基地加工环节、成品运输环节的所有信息。通过追溯，使食品生产经营每个环节的责任主体可以明确界定，一旦出现食品安全问题，能够作出快速反应，通过食品标签上的溯源码进行联网查询，通过产业链向上游环节追溯，查出该食品的生产企业、食品的产地、具体农户等全部流通信息，明确事故方相应的法律责任。建立以企业为主体、从“农田到餐桌”的全过程食品安全追溯体系，确保从采购、运输、贮存、销售各环节都可进行有效追溯，并做好记录，是倒逼生产经营者履行食品安全主体责任的有效机制。《食品安全法》第45条规定，国家建立食品全程追溯制度。国务院食品药品监督管理部门会同国务院农业行政等有关部门建立食品和食用农产品全程追溯协作机制。食品生产经营企业应当依法建立食品追溯体系，保证食品可追溯。鼓励食品生产经营企业采用信息化手段建立食品追溯体系。

完善食品安全追溯体系，一是在产业链各环节逐步建立追溯制度。在食品、饲料、生产食品的动物或其他有意或已经包含在食物或动物饲料的任何物质的加工、生产和流通的各阶段均应建立起追溯制度。只有所有与食品生产有关的企业建立食品质量可追溯制度，才能确保食品安全可追溯。二是提高食品安全追溯信息技术，建立食品安全信息数据库，确保食品来源透明。溯源能力是建立在食品污染物全程监控和信息技术支持之上，因而建立统一的食品信息化管理平台和电子标识技术管理，提升溯源能力。通过种植养殖生产、加工生产、流通、消费的信息化建立起来的信息链接，实现了企业内部生产过程的安全控制和对流通环节的实时监控，达到食品追溯与召回。三是建立健全可追溯标签制度。食品包装、标签是建立追溯重要条件之一，没有包装和标签标志，追溯信息就无从依附。可追溯性标签记载了食品的可读性标识，通过标签中的编码可方便地到食品数据库中查找有关食品的详细信息。可追溯标签相关信息应包括：供货商姓名地址及其供应的产品名称、销售对象姓名地址及销售产品名称、交易或交货日期；产品的交易量、条形码、其他相关信息。四是完善农产品质量安全追溯体系，为及时从源头上查处食品安全问题，提供制度保证。

5. 规范食品标签信息

真实、准确、恰当的食品标识，能够如实反映食品营养和安全信息，是消费者判断食品经济价值和健康价值的重要依据，是消费者选择安全食品的必要信息。维护企业权益，防止假冒伪劣，净化市场。各国通过对食品标签信息监管，一是确保所供应食品的营养与安全；二是防止欺诈消费者。

消费者的消费决策取决于消费者所掌握的食品信息，对于已经在市场上流通的食品而言，需要有一套稳定的质量安全显示体系，增加信息供给。食品标签是消费者可获得的食品信息的最直接载体，适当标签是各国实现食品安全控制的有效方式。食品标签是指粘贴、印刷、标记在食品或者其包装上，用以表示食品名称、质量等级、商品量、食用或者使用方法、生产者或者销售者等相关信息的文字、符号、数字、图案以及其他说明的总称，是食品包装上的图形、符号、文字及一切说明物。内容真实完整的食品标签可以准确地向消费者传递该食品的质量特性、安全特性以及食用、饮用方法等信息，是保护消费者知情权和选择权的重要体现。

生产者对标签、说明书上所载明的内容负责。食品经营者应当按照食品标签标示的警示标志、警示说明或者注意事项的要求，销售预包装食品。食品和食品添加剂的标签、说明书，不得含有虚假、夸大的内容，不得涉及疾病预防、治疗功能。食品和食品添加剂的标签、说明书应当清楚、明显，容易辨识。食品和食品添加剂与其标签、说明书所载明的内容不符的，不得上市销售。预包装食品的包装上应当有标签。标签应当标明下列事项：名称、规格、净含量、生产日期；成分或者配料表；生产者的名称、地址、联系方式；保质期；产品标准代号；贮存条件；所使用的食品添加剂在国家标准中的通用名称；生产许可证编号；法律、法规或者食品安全标准规定应当标明的其他事项。

（三）完善产业链中生产经营者责任体系

食品生产经营者对食品安全负主要责任，是世界各国食品安全法的主要原则之一。对产业链中食品安全违法、犯罪行为依法进行制裁，提高生产经营者违法风险和成本，是食品产业链安全控制的有效约束机制。建立最严格的法律责任制度。综合运用民事、行政、刑事等手段，对违法生产经营者实行最严厉的处罚，对失职渎职的地方政府和监管部门实行最严肃的问责，对违法作业的检验机构等实行最严格的追责，进一步加大违法者的违法成本，加大对食品安全违法行为的惩处力度。

1. 完善民事责任

通过民事责任手段和消费者的维权制衡来增强生产经营者的食品安全意识，是食品安全控制的有效约束手段。强化生产经营者食品安全民事责任：

（1）民事赔偿优先。生产经营者财产不足以同时承担民事赔偿责任和缴纳罚款、罚金时，先承担民事赔偿责任。

（2）落实消费者赔偿首负责任制。依据《食品安全法》第148条第1款规定，消费者因不符合食品安全标准的食品受到损害的，可以向经营者要求赔偿损失，也可以向生产者要求赔偿损失。接到消费者赔偿要求的生产经营者，应当实行首负责任制，先行赔付，不得推诿；属于生产者责任的，经营者赔偿后有权向生产者追偿；属于经营者责任的，生产者赔偿后有权向经营者追偿。

（3）完善惩罚性赔偿制度。依据《食品安全法》第148条第2款规定，生产不符合食品安全标准的食品或者经营明知是不符合食品安全标准的食品，消费者除要求赔偿损失外，还可以向生产者或者经营者要求支付价款10倍或者损失3倍的赔偿金；增加赔偿的金额不足1000元的，为1000元。但是，食品的标签、说明书存在不影响食品安全且不会对消费者造成误导的瑕疵的除外。

（4）明确媒体编造散布虚假信息的责任。依据《食品安全法》第141条规定，媒体编造、散布虚假食品安全信息的，使公民、法人或者其他组织的合法权益受到损害的，依法承担消除影响、恢复名誉、赔偿损失、赔礼道歉等民事责任。

（5）强化民事连带责任。一是生产经营场所等提供者的连带责任。明知未取得食品生产经营许可从事食品生产经营活动，或者未取得食品添加剂生产许可从事食品添加剂生产活动，仍为其提供生产经营场所或者其他条件，使消费者的合法权益受到损害的，应当与食品、食品添加剂生产经营者承担连带责任。明知食品生产经营者从事食品生产经营违法活动，仍为其提供生产经营场所或者其他条件，使消费者的合法权益受到损害的，应当与食品生产经营者承担连带责任。

二是集中交易市场开办者等的连带责任。集中交易市场的开办者、柜台出租者、展销会的举办者允许未依法取得许可的食品经营者进入市场销售食品，或者未履行检查、报告等义务，使消费者的合法权益受到损害的，应当与食品经营者承担连带责任。食用农产品批发市场连带责任，食用农产品批发市场没有按规定配备检验设备和检验人员或者委托合法食品检验机构，未对进入该批发市场销售的食用农产品进行抽样检验；发现不符合食品安全标准，未立即要求销售者停止销售，未向食品药品监督管理部门履行报告义务，使消费者的合法权益受到损害的，应当与食品经营者承担连带责任。

三是网络食品交易第三方平台连带责任。网络食品交易第三方平台提供者未对入网食品经营者进行实名登记、审查许可证，或者未履行报告、停止提供网络交易平台服务等义务，使消费者的合法权益受到损害的，应当与食品经营者承担连带责任。消费者通过网络食品交易第三方平台购买食品，其合法权益受到损害的，可以向入网食品经营者或者食品生产者要求赔偿。网络食品交易第三方平台提供者不能提供入网食品经营者的真实名称、地址和有效联系方式的，由网络食品交易第三方平台提供者赔偿。网络食品交易第三方平台提供者赔偿后，有权向入网食品经营者或者食品生产者追偿。网络食品交易第三方平台提供者作出更有利于消费者承诺的，应当履行其承诺。

四是第三方检验、认证等机构的连带责任。食品检验机构出具虚假检验报告或认证机构出具虚假认证结论使消费者的合法权益受到损害的，应当与食品生产经营者承担连带责任。

最后，广告经营者及推荐者等的连带责任。广告经营者、发布者设计、制作、发布虚假食品广告，使消费者的合法权益受到损害的，应当与食品生产经营者承担连带责任。社会团体或者其他组织、个人在虚假广告或者其他虚假宣传中向消费者推荐食品，使消费者的合法权益受到损害的，应当与食品生产经营者承担连带责任。

2. 强化行政责任

（1）强化食品生产经营者行政责任。食品生产经营者违反食品安全法，根据违法情形和情节，单处或并处没收违法所得和违法生产经营的食品、食品添加剂以及用于违法生产经营的工具、设备、原料等物品，责令停止违法行为，责令改正，罚款，责令停产停业，吊销许可证，拘留等行政处罚。一是增设限制人身自由罚。对违法添加非食用物质，经营病死畜禽，违法使用剧毒、高毒农药等严重违法行为，可以处以行政拘留处罚。二是提高处罚力度。对在食品中添加有毒有害物质等性质恶劣的违法行为，规定直接吊销许可证，并处以最高为货值金额的30倍的罚款。三是重复违法加重。对在一年内累计三次因违法受到罚款、警告等行政处罚的食品生产经营者给予责令停产停业直至吊销许可证的处罚。四是终身禁止从事食品生产经营管理。因食品安全犯罪被判处有期徒刑以上刑罚的，终身不得从事食品生产经营管理工作，也不得担任食品生产经营企业食品安全管理人员。

（2）追究食品中介机构行政责任。追究风险监测与评估机构责任。风险监测与风险评估技术机构和技术人员提供虚假监测、评估信息的，对直接负责的主管人员和技术人员给予撤职、开除处分；有执业资格的，吊销执业证书。

追究检验机构责任。食品检验机构和检验人员出具虚假检验报告的，撤销检验机构的检验资质，没收检验费用，并处罚款；对直接负责的主管人员和食品检验人员给予撤职或者开除处分；导致发生重大食品安全事故的，对直接负责的主管人员和食品检验人员给予开除处分。受到开除处分的食品检验机构人员，自处分决定作出之日起10年内不得从事食品检验工作；因食品安全违法行为受到刑事处罚或者因出具虚假检验报告导致发生重大食品安全事故受到开除处分的食品检验机构人员，终身不得从事食品检验工作。

追究认证机构责任。认证机构出具虚假认证结论，没收所收取的认证费用，并处罚款；情节严重的，责令停业，直至撤销认证机构批准文件；对直接负责的主管人员和负有直接责任的认证人员，撤销执业资格。

3. 加大惩罚，重典治乱

政治学家威尔逊和犯罪学家凯琳提出“破窗效应”理论，如果有人打坏了一幢建筑物的窗户玻璃，而这扇窗户又得不到及时的维修，别人就可能受到某些示范性的纵容去打烂更多的窗户。久而久之，这些破窗户就给人造成一种无序的感觉，结果在这种公众麻木不仁的氛围中，违法犯罪就会滋生、猖獗。我国食品安全领域，执法不严、监管不力，生产经营者违法成本低，违法者先富，越违法越易富，不顾人命者则暴富。我们应当重视已经出现的或可能会形成的“破窗”效应，加大惩罚食品安全犯罪行为。我国于2011年通过《刑法修正案（八）》，对危害食品安全犯罪进行了重大修正，包括对刑罚配置进行了修正，加大了对食品安全犯罪的刑罚力度；对量刑情节进行了完善；增设了食品监管渎职罪。此举为重典治乱提供了制度支撑。此外，建立食品违法犯罪信息数据库，围绕货物、人员、资金、技术的来源和流向，铲除犯罪产业链条。

（1）生产、销售不符合安全标准的食品罪。《刑法》第143条规定，生产、销售不符合食品安全标准的食品，足以造成严重食物中毒事故或者其他严重食源性疾病的，处3年以下有期徒刑或者拘役，并处罚金；对人体健康造成严重危害或者有其他严重情节的，处3年以上7年以下有期徒刑，并处罚金；后果特别严重的，处7年以上有期徒刑或者无期徒刑，并处罚金或者没收财产。明知他人生产、销售不符合安全标准的食品，提供资金、许可证件、经营场所、运输、贮存、网络销售渠道、生产技术等各种帮助或者便利条件的，应当以生产、销售不符合安全标准的食品罪共犯论处。

在食品加工、销售、运输、贮存等过程中，或在食用农产品种植、养殖、销售、运输、贮存等过程中违反食品安全标准，超限量或者超范围滥用食品添加剂，足以造成严重食物中毒事故或者其他严重食源性疾病的，以生产、销售不符合安全标准的食品罪定罪处罚。

（2）生产销售有毒、有害食品罪。《刑法》第144条规定，在生产、销售的食品中掺入有毒、有害的非食品原料的，或者销售明知掺有有毒、有害的非食品原料的食品的，处5年以下有期徒刑，并处罚金；对人体健康造成严重危害或者有其他严重情节的，处5年以上10年以下有期徒刑，并处罚金；致人死亡或者有其他特别严重情节的，依照生产销售假药罪的规定处罚。明知他人生产、销售有毒、有害食品，提供资金、许可证件、经营场所、运输、贮存、网络销售渠道、生产技术等各种帮助或者便利条件的，应当以生产、销售有毒、有害食品罪的共犯论处。

在食品加工、销售、运输、贮存等过程中掺入有毒、有害的非食品原料，销售明知掺有有毒、有害的非食品原料的食品，使用有毒、有害的非食品原料加工食品，在食用农产品种植、养殖、销售、运输、贮存等过程中使用禁用农药、兽药等禁用物质或其他有毒、有害物质，在保健食品中非法添加国家禁用药物等有毒、有害物质，以生产、销售有毒、有害食品罪定罪处罚。

（3）其他危害食品安全犯罪。生产、销售不符合食品安全标准的食品添加剂、食品相关产品，以生产、销售伪劣产品罪定罪处罚。非法生产、销售禁止用作食品添加的原料、农药、兽药、饲料等物质，在食品原料、饲料等生产、销售过程中添加禁用物质，以及直接向他人提供禁止在饲料、动物饮用水中添加的有毒有害物质，以非法经营罪定罪处罚；同时构成生产、销售伪劣产品罪，生产、销售伪劣农药、兽药罪等其他犯罪的，依照处罚较重的犯罪定罪处罚。

违反国家规定，私设生猪屠宰厂（场），从事生猪屠宰、销售等经营活动，以非法经营罪定罪处罚；同时又构成生产、销售不符合安全标准的食品罪，生产、销售有毒、有害食品罪等其他犯罪的，依照处罚较重的规定定罪处罚。

四、结语

生产经营者是食品安全的第一责任人，产业链各环节的生产经营者建立健全食品安全管理体系、责任体系，是食品安全控制的基础。在公平的价值理念下，关注整个产业链的利益均衡和责任均衡，追求生产经营者个体效益和产业链整体效益的统一，确保食品安全可追溯，方能实现食品安全从农田到餐桌的全程控制。

食品安全监管制度在农村地区的实施问题研究[*]

倪　楠[**]

摘要：无论从2004年实施的分段监管制度还是从2013年政府机构改革后实施的统一监管制度，《食品安全法》作为在全国范围内统一实施的法律是不区分城市和农村地区的，但是从2009年《食品安全法》颁布至今，农村地区食品安全事件频发，《食品安全法》在农村地区的实施效果远不如城市。这有我国长期城乡分离的原因，也有农村居民自身生活习惯的问题，但更多的原因主要集中在《食品安全法》缺乏对农村地区食品安全监管的配套制度。对于农村食品安全监管配套制度的研究，有利于完善食品安全监管体系，更好地保护农村地区居民。

关键词：技术监管　配套制度　备案制度　农村食品市场

2015年4月24日，新修订的《中华人民共和国食品安全法》经第十二届全国人大常委会第十四次会议审议通过，从法律层面正式确立我国现阶段对食品安全实施全程监管，将原有的分段监管体制变更

＊　基金项目：2014年陕西省社会科学基金项目（2014F14）；2015年西安市社会科学规划基金项目（15F19）。本文主要内容已正式发表于《西北农林科技大学学报》2016年第6期，已征得作者同意结集出版。

＊＊　作者简介：倪楠，西北政法大学经济法学院副教授，博士，主要研究方向为经济法、食品安全法。

为由农业部门和食药监部门按照不同环节的两段式监管体制，即农业部门履行食用农产品从种植、养殖到进入批发、零售市场或生产加工企业前的监管职责，而在生产、流通和消费环节则由食药监部门实施统一管理。从新中国成立后到现在，按照监管主体的不同可以将我国食品安全监管体系总体划分为五个阶段：1949—1979 年以各主管部门管理为主，卫生行政部门管理为辅；1979—1992 年由行业主管部门负责，卫生行政部门监督；1992—2004 年以卫生部门主导，行政部门参与监管；2004—2012 年，实行各部门分段监管；2013 年至今由食药监部门统一监管。[①] 食品安全监管体系的不断改革和变化，主要是为了满足我国经济高速发展以及食品工业迅速增长的需要，特别是近十年来食品安全事件不断频发，已经危害到广大人民群众的生命健康和社会经济的可持续发展，新法对食品安全监管体系的调整也符合世界范围内食品安全监管的发展趋势。[②] 自 2009 年以来，国家已将食品卫生提升为食品安全国家战略，[③] 随着国家不断加大处罚力度，进一步完善监管制度和大力更新技术检测手段，城市中的食品市场秩序明显得到了改善和规范，广大人民群众的食品安全意识也得到了显著提升。但反观农村地区，食品安全事件仍然不断发生，造成这种状况的原因主要体现在以下两个方面：第一，虽然我国在全国范围内实施统一的《食品安全法》，但由于不同地区的经济和社会发展状况不同，进而造成在农村地区落实《食品安全法》的过程中存在监管能力、资金支持以及检测手段上的巨大差异；第二，2009 年版的《食品安全法》更加关注总体制度的建立，2015 年版的《食品安全法》则是对旧法的升级和进一步细化，两部法律对农村领域的食品安全问题都没有给予更多

---

① 倪楠、徐德敏："新中国食品安全法制建设的历史演进及其启示"，载《理论导刊》2012 年第 11 期，第 103～105 页。

② 倪楠："论食品安全法中的分段监管原则"，载《西北大学学报》2012 年第 6 期，第 155～158 页。

③ 滕佳材："加快制定食品安全国家战略　实现社会共治"，载 http：//www.ce.cn/cysc/sp/info/201602/24/t20160224_9070562.shtml。

有针对性的关注。同时，由于长期在城乡二元结构的作用下农村食品市场普遍存在食品生产领域不规范、流通网络不健全、消费渠道单一以及集市贸易、小商小贩、小作坊和大型聚餐等食品安全问题，这些问题已成为困扰农村地区食品安全监管的顽疾。因此，《食品安全法》在广大农村地区特别是中西部地区，集中表现出落实效果差，监管制度无法落实等问题。[①] 我们认为对该问题的研究是十分必要的，对食品安全监管体系在农村地区配套制度的研究也是十分有意义的，这有利于进一步完善我国现有的食品安全监管体系以保障广大人民群众的生命健康和身体安全。

一、农村地区食品安全监管制度的表现和不足

（一）监管人员设置不合理，缺乏技术支撑，很难形成全覆盖

首先，新《食品安全法》第6条第3款规定："县级人民政府食品药品监督管理部门可以在乡镇或者特定区域设立派出机构。"该条意在解决县级以下广大农村地区食品安全监管中区域较大、经营主体多而分散，监管职能部门人力严重不足的状况。但从2012年党的十八大后，政府消除超编人员、解聘临时人员一直是各级行政机构的一项重要工作。按照国务院资料显示，现阶段我国有11个区公所，19522个镇，14677个乡，181个苏木，1092个民族乡，1个民族苏木，6152个街道，即乡镇级合计41636个。[②] 那么按照新《食品安全法》在乡镇或者特定区域设置派出机构，如果每个机构设置2人，无论是公务员还是事业编制，大致就需要增编8万余人。即使不包括村级监管人员的数额按照每个街道2人的配置，也根本无法应对广大农村食品市场的监管需求，反而会造成地方政府的财政负担。其次，技术监管已成为快速鉴定食品安

---

① 倪楠："农村食品安全监管主体研究"，载《西北农林科技大学学报》2013年第4期，第133～135页。

② 都芙蓉、崔洋："农村食品安全法律制度构建的难点与路径"，载《安徽农业科学》2012年第4期，第135～138页。

全与否的重要手段，随着食品工业的高速发展今天已经不能仅依靠监管人员的个人经验来判断食品是否安全。现阶段，我国大部分农村地区还缺乏快速检测设备，少有检测车等流动性性监测装置。固定的检测和检验中心往往设在大城市，食药监部门在农村集市中一旦发现安全隐患，往往要把样本送到市级检验中心进行检验，这就需要大量的时间和一定的检验周期，常常等到结果出来，集市也早已结束。正是由于监管人员配置结构的不合理以及技术手段的严重匮乏，致使现阶段很难在农村地区落实新《食品安全法》提出的全程监管以及全覆盖。

（二）对不同经营主体，缺乏针对性配套制度

小作坊、小超市、小餐饮、小摊贩、集市贸易以及散装食品售卖和群体性聚餐都是农村地区食品安全监管最薄弱的环节。对于这些不同的经营主体，由于人数不同，流动性不同，生产方式和售卖方式不同而采取一刀切的办证式管理方式是不科学的，也缺乏相应的针对性，无法体现新法提出的预防性监管原则。同时，由于农村地区基础设施、农民的交易习惯以及农村食品市场的现实状况不可能在短期内彻底改变，这些小的经营主体在很长一段时间内依然会是农村食品市场主要的销售主体。那么针对这些不同主体应采取有针对性的分类监管，对正规的要进行规范，对零散的要实施集中，对集贸市场要实施登记，对于流动的要形成新举措进行监管，这样才能形成对农村食品市场不同经营主体的有效监管。

（三）社会力量监管基本缺失

社会共治原则是本次新法的重大举措，是希望在食品安全治理过程中调动社会各方力量，包括政府监管部门、相关职能部门、有关生产经营单位、社会组织乃至社会成员个人，共同关心、支持、参与食品安全工作，推动完善社会管理手段，形成食品安全社会共管共治的格局。[①]

---

① 倪楠：《食品安全法研究》，法律出版社2013年版，第228～229页。

从我国现有的社会监管的主体来看，主要包括监管职能部门、行业协会、新闻媒体以及社会大众广泛参与监管，但在我国广大农村地区社会监管的职能长期处于缺失状态。首先，行业协会监管。行业协会主要是针对本行业内部企业实行自律性管理的社会性自治组织，其主要针对的是本行业内的正规企业和会员单位。现阶段，我国食品企业的行业协会尚没有形成全覆盖，很多省市还没有专门的食品行业协会。同时，农村地区食品经营主体大都是无证的小作坊、小工厂，食品行业协会也很难发挥其作用。其次，媒体监管。近年来，媒体监管在城市改善食品安全环境中起到了重大的作用，往往一些重大食品安全事件都是由新闻媒体首先予以披露的。但在农村领域，新闻媒体往往因路途遥远，提供线索的人员不多以及社会关注度不高等问题，常常忽视对农村市场的关注，农村地区因此也成为媒体监督的盲区。最后，农村居民的自我监管。长期以来法律意识淡薄，诉讼成本高，举报途径匮乏以及奖励机制不健全一直是限制广大农村居民主动举报食品安全不法行为的重要原因，这也使得在广大农村居民中形成了怕麻烦、怕花钱、怕耽误事不愿举报，不愿多管闲事的氛围。同时，现有的激励机制也缺乏有效鼓励农村居民进行投诉和举报的措施。

二、农村地区食品安全现状的成因分析

三农问题，一直是党和国家高度关注的问题，经过近40年的改革开放，我国农村地区得到了巨大的发展，农村居民的经济和生活得到了明显改善，但从经济和社会领域的发展进程相比，农村居民的生活水平和经济增长速度依然要大大落后于城市的发展速度。[①] 在食品市场领域，我国农村人口众多，农村食品市场巨大，但却因长期存在的城乡分离以及受制于农村居民生活方式、交易习惯和生活环境等问题，

---

① 倪楠："后改革时代城乡经济社会一体化：提出、内涵及其现实依据"，载《西北大学学报》2013年第2期，第94~98页。

致使农村食品市场长期存在市场规范不健全，食品安全事件频发以及《食品安全法》在农村地区落实效果不佳的现状。现阶段，造成这种现状的主要原因有：

（一）食品生产、加工环节条件简陋、质量差

作坊式生产，自产自销一直是我国广大农村地区食品生产和加工的代表，其形式主要包括小作坊、家庭作坊以及一些制售一体、制售分离或分离不清的初级农产品加工作坊。[①] 按照2009年国家质量监督检疫总局和标准化管理委员会发布的《食品生产加工小作坊质量安全控制基本要求》的相关规定，小作坊是指："从事食品生产，有固定生产场所，从业人员较少，生产加工规模小，无预包装或简易包装，销售范围固定的食品生产加工（不含现做现卖）的单位和个人。"这种作坊式的生产模式，在改革开放前20年，一直是农民就业增收，丰富农村食品市场以及农村食品来源的主要途径，同时它也是我国长期小农经济的一个缩影。但随着经济的增长，我们已从生存型社会进入到了发展型社会，已经从吃得饱不饱进入到吃得健康不健康的阶段，农村食品小作坊已无法满足现今农村经济社会的发展需求。特别是近些年来，农村小作坊集中表现出从业人员素质较低，卫生条件脏乱差，生熟区难以区分，缺乏必要的消毒设施，没有明确的操作规范以及存在违规使用添加剂的现象，这些问题已经严重危及农村消费者的食品安全。同时，近年来农村地区的小食品工厂也呈现增长势头，这些小工厂绝大多数是以假冒仿冒为主，极大地扰乱了食品市场，对食品安全也缺乏必要的保障。

（二）食品流通环节三无产品多，证照不齐

长期以来，对农村食品市场流通环节的监管一直是一个难题，在农村食品市场中经营主体数量巨大，规模较小，分布较广，这也致使

① 吴春梅、朱靖："农村食品安全监管中的基层政府职能分析"，载《消费经济》2011年第3期，第132~136页。

对农村食品流通环节的监管表现出了一定的混乱。首先，农村食品市场大量存在制售假货，“五无”食品[①]以及变质过期食品较多的状况。由于农村居民长期受到生活习惯和消费能力的局限，价格因素一直是农村居民选购食品的主要考虑因素，这在一定程度上造成农村市场假冒伪劣泛滥，山寨食品“上山下乡”。再加之农村居民辨别能力不强，小商户进货途径不规范，这也为假货生产经营者提供了进入农村市场的条件和渠道。其次，缺乏必要的进货检查，长期存在索证索票和进货台账不全。经营者是保障食品安全权的一道重要关卡，但农村经营者常常存在进货把关不严，只注重价格，不注重质量，更加没有完备的进货检查制度，其货品存放、储藏更是存在极大的随意性。同时，这些食品经营者由于规模较小，往往都是作坊和家庭式经营，再加上自身文化程度不高又怕麻烦，很少有经营户做到票证齐全、台账规范。最后，散装食品规模巨大，市场混乱。散装食品一直是农村食品市场消费的重要产品，在不同区域的农村其销售的散装食品又带有明显的地域特色，深受广大农村居民的青睐。但在实际制作过程中，散装食品大量存在生产加工工艺简单，违规使用添加剂，操作人员流动性强无法保障其健康状况以及卫生条件根本无法达标的问题。

（三）食品消费环节渠道单一、食品安全意识差

在市场经济条件下，企业的逐利性成为经营者追求的主要目标，由于我国农村地区在食品领域的基础设施、产供销体系以及交通条件上都大大落后于城市，甚至在很多领域还存在空白，这直接导致大型商店和正规销售门店很少在县级以下地区设立。这些问题已成为制约农村食品市场走向规模化和正规化的重要因素。首先，从农村销售主体看，小作坊、小摊点、小商店、小超市和集市贸易是农村食品经营主体的全貌。由于长期缺乏必要的基础设施，一般在县级以下地区很

---

① “五无”食品指：“无生产厂家、无生产日期、无保质期、无食品生产许可、无食品标签。”

难见到正规的大型超市，再加上农村居民粗放的选购方式、先尝后买的交易习惯也往往造成大型超市不愿进入农村市场。其次，销售渠道单一，可选择的途径不多。商务部日前公布的数据显示，2015年1~9月，我国电子商务网络零售交易额接近2.6万亿元，其中农村网购规模约为1830亿元，但其中主要消费品多为大件家用电器并主要集中在县级以上地区。[①] 据相关数据统计，刚刚过去的"双十一"，进行购物的大多是城市居民，这主要是因为我国大部分村镇还没有快递集散中心，这就决定了今后在很长一段时间内，小经营者、集市贸易依旧是农村食品消费的主要渠道，生存型消费依旧是农村消费的主要内容。最后，农村居民自我保护意识差，鉴别能力不强，维权意识不足。近10年我国食品工业迅猛发展，大量造成食品危害的因素已不简单是依靠农村消费者能够用肉眼发现的。同时，广大农村居民由于存在严重的信息不对称，导致农村居民自身鉴别能力明显不足，当出现食品安全问题后也往往意识不到自己已经受到侵害，自身的维权诉求也明显没有城市居民强烈，这在一定程度上也加剧了假货泛滥和食品事件频繁的状况。

三、完善食品安全监管配套制度的法律对策

（一）组建层次分明，布局合理的农村食品安全监管队伍

农村食品市场区域大，经营者分散，流动性强，执法力量严重不足，已成为农村食品监管的缩影，这也是实际情况。2015年11月，国务院食品安全办等五部门下发了《关于进一步加强农村食品安全治理工作的意见》（食安办〔2015〕18号）以加强对农村领域的食品安全监管。农村食品安全监管是我国食品安全监管的重要组成部分，其涉及人口多，范围广，未来很长一段时间都将是食品安全监管工作的

---

① 央广网："'双十一'城市网购狂欢，农村网购快递送不到"，载http://news.cntv.cn/2015/11/10/ARTI1447122771712241.shtml。

重点和难点。长期以来，由于历史和现实的原因造成农村地区食品安全监管形势复杂，监管难度大，监管设施老旧以及监管人员严重不足的状况。为了破解这一难题，我们认为应从以下几方面解决：首先，将食品安全监管产生的经费纳入同级财政统筹拨付。食品安全是关系百姓生命健康和生产生活的头等大事，同级政府作为地方行政机关应统一规划，充分协调城市和农村地区发展，实现城乡基础设施一体化以及城乡食品安全监管设备一体化。同级财政应设专项经费支持农村食品监管技术设备更新，增补监管人员编制以及专项打击各种违反《食品安全法》的不法行为，真正做到从财政上给予农村食品安全监管配合和支持。其次，组建自治性食品安全监管队伍。新《食品安全法》已明确提出，可以在乡镇设置食品安全监管派出机构。但我们认为，该机构应定位为指导性机构、协调性机构，为县乡村常设的食品安全监管队伍做好技术上的支持。未来应成立“县—乡—村”三位一体的农村食品安全监管体系，同时在不过度增加地方财政负担和人员编制的基础上，在县和乡设置由食药监局直接管理的稽查大队，该大队对县乡食品经营者进行巡查，而在村级则成立食品安全自治委员会负责本村的食品安全巡查。村级食品安全自治委员会由本村村委会成员或村民代表组成，这些成员熟悉本村村情，有利于方便管理本村的经营者，特别是可以强化对流动商贩的监督和检查。最后，加强联动机制。新《食品安全法》确立了统一监管的新食品安全监管体系，但它并不意味着农业、工商、质检等相关部门退出食品市场的监管。在广大农村地区，更需要各部门在自己的权限和管辖范围内对违法行为进行打击，并且应该更多地进行有针性的专项整顿和打击，各部门要形成有效的联动机制，相互协调形成合力，这样才能在分散的经营户中形成有效的监管。

（二）构建具有农村特色的食品安全监管配套制度

2009年后，国家不断通过加大惩罚力度来治理食品安全事件频发的状况，经过多年的重点防治城市的食品安全状况已得到明显改善，但在广大农村地区却表现出了相反的状况。这主要是由于农村食品经营者与城市相比规模较小、非常分散且流动性较强，这对监管本身带来了巨大的困难。同时，两版《食品安全法》都将主要精力集中在制度的创建和完善上，没有给予农村食品市场更多的关注，也没有专门为农村食品市场监管设计有针对性的配套制度，这在一定程度上也削弱了《食品安全法》在农村地区的执行力。下一步，应根据农村不同的食品经营主体和重点食品安全隐患设置专门的配套制度。首先，建立集市贸易和大型聚餐备案制度。集市贸易一直是我国广大农村地区居民进行商品交换的初级贸易市场，它长期以来是农村居民生产生活的重要组成部分，有的大型村镇每周都会有集市，集市开集时周围村镇的居民都会来进行商品买卖。但这种存在了上百年的贸易形势，在现代市场经济下却集中成为“五无”产品集散地、假冒伪劣聚集区，特别是在食品安全领域大量充斥着不合格食品和违规使用添加剂的现象。因此，应对集市贸易进行管理和规范，要在法律的范围内实施监管。我们认为对集市贸易应推行备案制，一是在工商局备案，二是在食药监局备案。备案的意义在于，每当开集时工商部门可以来检查产品标示，食药监部门可以通过快速检测或检测车对相关食品进行抽样检查，迅速作出判断，更好地保障集市贸易的合法、安全。同时，对农村大型聚餐也应采取备案制，主要备案的机关为食药监部门。大型聚餐是农村地区的习俗，无论婚丧嫁娶还是家有喜事都要举行少则 1 日多则 1 周的聚餐活动，这种大型聚餐往往涉及人员众多。食药监部门进行备案后，应对超过一定人数规定的聚餐予以抽检，以预防群体性中毒事件发生。其次，建立流动商贩登记制度。流动商贩走街串巷式的叫卖是我国农村地区，特别是西部农村地区贩售杂货或小食品的一种主要形式，由于上门叫卖的商品大都是农村居民比较受欢迎的小物品，价格一般比较低廉，至今深受消费者喜爱。但在食品领域，这种流动式商贩绝大多数没有经营许可证，没有个人卫生许可证，无法提供产品的来源，更加无法保障原材料的无毒无害。现阶段，不可能一刀切的禁止农村流动商贩这种形式，但首先应该对这些流动性的商贩进行登记。登记的内容主要包括：个人基本信息、经营范围、健康状况以及产品原材料进货途径。我们可以通过数字化进行管理，将这些信息进行登记录入后即方便监管者日常管理、抽查和检验，普通消费者也可以通过读取流动商贩的数字信息进行识别。最后，规范小餐馆、小作坊审批制度。小作坊、小餐馆一直是农村食品市场的主要经营者，不能因为其规模小就忽视对其监管，放宽监管标准。于这些食品经营主体要严格落实《食品安全法》相关规定，严格规范其经营和生产过程，使其真正做到符合法律所规定的生产要求。

（三）实现技术监管和信息化管理

自改革开放后，特别是近十年，我国食品工业迅猛发展，如今的食品安全问题已不简单地是“三无”食品问题，对食品安全的监管已不能简单地停留在依靠监管人员根据手摸、眼观和品尝来进行判断。未来，食品安全技术监管应成为食品安全监管的重要组成部分，成为保障食品安全的重要手段，技术监管是落实新《食品安全法》事前监管原则的核心手段。[①] 一直以来，我国农村与城市之间，农村与农村之间在基础设施和食品监管技术配置上因地域不同而存在着很大的差异性。一些农村地区，特别是绝大多数西部农村地区，还不具备快速检测能力，还没有配置流动检测车辆，食品检测体系尚未形成，这就在一定程度上限制了监管的效果。下一步应把技术监管纳入到食品安全监管体系中来，充分发挥技术监管的优势，更好地保护广大人民群众的利益。特别是在农村地区，技术监管能够有效地监管集市贸易、流动商贩和大型聚餐中的不安全因素并能快速作出反应。首先，建立食品安全技术监管检测体系。该体系应依托省市级农产品食品检验检测研究中心，在各县市区成立相应的农产品食品检验检测中心，在大

---

① 倪楠：“对RFID在食品安全法可追溯机制中应用的研究”，载《陕西教育》2013年第3期，第63~64页。

型的集贸市场所在的镇设立小型的农产品食品检验室。这样的设置可以使技术监管成为一个体系，在体系内可以实现信息共享、技术指导和安全预警，促使监管更具有科学性，对存在的食品安全风险可以作出更准确和及时的预警。其次，要逐步实现农村食品经营者信息化管理。现今，全国许多大型城市已在广泛试点网格化管理和信息化监管，这种信息化监管在农村食品安全领域的应用更为重要。由于农村食品安全经营主体过于分散，规模较小，流动性较大，那么采取信息化管理较之传统的登记办证模式更加快捷便利，也方便消费者查询经营者的相关信息和资质。食药监部门应采取核准制，为登记申请的经营者发放技术性条码，该条码记录经营者生产销售食品的范围、进货信息以及个人信用等相关资料，这样有利于对流动性经营者进行监管和检验，也有利于实现追溯机制。

（四）充分发挥社会共治的作用

食品安全社会共治的形成包括两个方面：一方面由单一主体变为多元主体，即改变政府单一食品安全监管者的状况，吸引更广泛的社会力量，如非政府组织、消费者、公众、企业等共同参与到食品安全治理中，形成强大的治理合力；另一方面由监管方式变为治理方式，改变自上而下、被动的监管方式，构建自下而上的、主动的、多元主体合作共赢的协同运作机制。我国农村地区比城市更加需要在食品安全领域形成社会共治，以解决在农村食品安全监管中监管力量明显不足、经营主体缺乏责任意识以及新闻媒体关注度不够的问题。首先，在规范经营主体资格后，通过加大处罚力度，明确经营者的主体责任。现阶段，农村地区的经营者主要表现为小作坊、小餐馆、小食品工厂和小超市等，在我们对其主体资格进行规范后，应不断加大惩处力度打击假冒伪劣、“五无”产品和违规使用添加剂等违法行为，要使这些经营者变被动接受监督为主动参与，要使经营者对自己的行为进行自律，使经营者之间形成相互监督的机制，要严格落实新《食品安全法》将经营者设立为第一责任人的基本原则。其次，组建规范的食品行业协会，提供更多的下延式服务。食品行业协会应是食品行业的自律性监管机构，食品行业协会应形成合理的服务体系，更多地为农村正规食品企业提供信息服务和技术上的帮助，使其成为更加符合市场经济要求的现代食品企业，使其自觉按照《食品安全法》的规定约束自己。再次，媒体监管应给予农村食品安全更多的关注。随着农村经济的不断发展，农村媒体建设和网络建设都已经达到一个很高的标准，广大农村居民也更加渴望通过新闻媒体来了解世界和身边发生的事，新闻媒体应起到重要的传播和宣传作用。在食品安全领域，新闻媒体有责任也有义务为保障农村居民身体健康和生命安全发挥媒体的责任。最后，拓宽检举揭发的途径，完善激励机制。1993 年《产品质量法》颁布的时候，掀起了全国打击假冒伪劣产品的浪潮，全国出现了许多职业打假人，这为日后产品质量的改善起到了很大的作用。但反观 2009 年《食品安全法》诞生后，即便是设立了 10 倍赔偿的激励机制也并没有掀起揭发不安全食品的浪潮。这主要是因为现有检举揭发的渠道过少，激励机制明显不足，下一步相关部门应设置专项的举报渠道和专门的奖金，大力鼓励农村居民进行举报和投诉，使广大农村居民主动参与到食品安全社会共治中来，更好地维护自身的权益。

垂直管理是我国出入境食品安全管理的内生需求[*]

夏 薇 朱信凯 谢众民[**]

摘要：在最新修订的《食品安全法》中明确规定，“县级以上地方人民政府实行食品安全监督管理责任制；国家出入境检验检疫部门对出入境食品安全实施监督管理。”出入境食品安全的垂直管理与内地食品安全属地管理监管模式形成了鲜明对比。本文基于对垂直管理与属地管理两种管理方式在理论基础、内在机制和绩效评估等方面的对比分析，结合食品安全内外监管职责、内容和范围等差异，总结对出入境食品安全管理实行垂直管理的四点必要性。

关键词：食品安全 出入境动植物检验检疫 垂直管理 属地管理

一、引言

为保证我国食品安全，营造良好、安全的食品环境，全国人大常

---

* 基金项目：国家质量监督检验检疫总局研究项目2014ik108，“建设中国特色出入境食品安全监管体系研究”；国家博士后基金项目2015M580163，“技术性贸易措施对产业竞争优势和产业安全的影响”。

** 作者简介：夏薇，博士后，中国人民大学国际学院（苏州研究院）讲师，研究方向：农产品贸易、技术性贸易措施和粮食市场研究。

朱信凯，中国人民大学农业与农村发展学院教授，研究方向：食物经济理论与政策、技术性贸易措施与农产品国际贸易。

谢众民，中国人民大学农业与农村发展学院博士研究生，研究方向：技术性贸易措施与农产品国际贸易。

委会于2015年4月审议并通过了新修订的《中华人民共和国食品安全法》（以下简称《食品安全法》）。在最新修订的《食品安全法》中明确规定，“县级以上地方人民政府实行食品安全监督管理责任制；国家出入境检验检疫部门对出入境食品安全实施监督管理。”国家出入境检验检疫部门与地方政府分别对出入境食品安全检验检疫以及内地食品安全监管模式形成了鲜明对比。导致两种截然不同的监管模式的理论基础、内在机制和绩效评估值得研究。另外，国际上在出入境动植物检验检疫体制方面存在多种管理模式，例如美国和欧盟就存在显著的不同。我国出入境动植物检验检疫体系经过多年的发展，在与国际接轨的同时，形成了独具特色的管理模式。垂直管理作为我国出入境动植物检验检疫体制最大的“中国特色”之一，十分有必要对此种管理模式进行综合研究探讨，以评估对其他国家的借鉴意义。本文在对垂直管理与属地管理两种管理方式的比较分析基础上，结合内地食品安全监管与出入境食品安全监管的不同，尝试探讨对出入境动植物检验检疫实行垂直管理的必要性。

二、垂直管理与属地管理

垂直管理是行政管理组织中一种较为常见的管理方式，它的主要特点是纵向一体化，将管理过程中的“决策与执行”合一。实行垂直管理的行政部门具有相对独立性，其日常的行政管理直接由其上级主管部门统筹规划，不受地方政府的行政干预。垂直管理制度的优点主要包括：(1）有利于保证政府职能部门的工作独立性，最大限度地避免地方政府对其行政工作的干预，加强执法部门的权威性，确保政府职能部门意志与中央政府意志的一致性，保证政令畅通；(2）有利于政府职能部门能够迅速直接地向中央政府反映全国大部分基层地区的真实情况，让中央政府更加充分地了解基层的实际状况，从而提高中央政府决策的全面性与科学性；(3）有利于中央政府及有关职能部门更加有效地整合行政执法资源，优化资源的配置，提高行政执法的效率。[①] 然而，垂直管理体制也有其不足之处，主要体现在：（1）由于垂直管理部门的权利相对独立与分化，容易造成垂直管理部门与地方政府之间权力分散、各自为政，进而导致政令不通，影响工作执行效率；（2）由于垂直管理部门的权力相对独立与分化，容易导致垂直管理部门与地方政府之间出现因利益纠纷产生的权力相争或者权责不清等问题，进而激化中央政府与地方政府之间的利益冲突与利益矛盾；（3）由于垂直管理部门的权力相对独立与封闭，容易滋生腐败和权利滥用等问题。[②] 在我国，垂直管理是中央政府管理中的一大特色，是国家主权完整与国家权力高度统一的象征，具有正当合法性与广泛的群众基础。作为中央对地方实行管理与调控的主要方式，垂直管理体制在我国的行政体制改革中不断地被巩固与强化，如工商行政管理总局和国家税务总局等几个负责市场监管与经济管理的重要政府职能部门主要实行垂直管理制度。[③]

与垂直管理相对应的是属地管理，一般是指将原有职能部门所属的部分行政管理权划分到各省、市、自治区、直辖市，由地方人民政府代理行使。属地管理体制的一大特点是“双重领导”，即地方职能部门既要听从地方政府的行政命令，也要服从上级部门的指令。[④] 然而在日常的行政管理中，上级主管部门对地方职能部门的命令指示更多地会受到地方政府的干扰。属地管理制度强调各级行政部门各负其责，其优点在于：（1）有利于充分调动地方政府工作的积极性和主观

---

① 金亮新：“我国政府垂直管理制度探讨”，载《理论与改革》2008 年第 1 期，第 137 ~ 140 页。

② 皮建才：“垂直管理与属地管理的比较制度分析”，载《中国经济问题》2014 年第 4 期，第 13 ~ 20 页。

③ 孙发锋：“垂直管理部门与地方政府关系中存在的问题及解决思路”，载《河南师范大学学报（哲学社会科学版）》2010 年第 1 期，第 63 ~ 66 页。

④ 尹振东：“垂直管理与属地管理：行政管理体制的选择”，载《经济研究》2011 年第 4 期，第 41 ~ 54 页。

能动性，更好地激发地方发展的经济活力；（2）有利于地方政府根据自身实际情况制定合理相应的政策，采取因地制宜的方针。属地管理制度的缺点主要包括：（1）地方政府权力的相对独立容易削弱中央对地方的宏观调控能力；（2）地方政府权力的相对独立容易导致地方政府的“利益保护主义”问题；（3）地方政府权力的相对独立容易引发地方局部问题的出现，如区域性的环境污染和食品安全等问题。从新食品安全法的规定可以看出，中央政府进一步明确了内地食品安全监管中地方政府的属地管理职责。

三、出入境食品安全监管与内地食品安全监管的区别

出入境食品安全监管与内地食品安全监管存在监管内容、监管主体、监管任务等多方面的差别。

1. 监管内容

在我国，出入境食品安全监管需要对“出入境食品”进行双向监管，既要确保我国企业出口食品的安全，也要确保我国进口食品的安全。近年来，我国食品农产品出入境规模增长迅速。仅在2014年，我国出入境食品农产品贸易总额高达1928亿美元，其中，根据《2014年全国进口食品质量安全状况》白皮书显示，2014年我国进口食品贸易额已达482.4亿美元，近十年年均增长率高达17.6%。目前我国国内的食品与农产品需求遭遇结构性短缺问题，进口食品可作为居民消费的适当补充，预计在未来的一段时间内食品农产品进口增长的态势仍将会持续。因此，预期未来确保进口食品的安全在出入境食品安全监管中的比重会更大。内地食品安全监管主要负责食品在国内的生产、流通和消费。

2. 监管主体

食品安全责任主体所涉及的利益相关方因在食品供应链上所处的地位和发挥的作用不同，其所负有的责任和义务存在差异。根据责任性质，食品安全社会共治责任分为主体责任与监管和监督责任。主体

责任针对食品供应链上的生产经营者、消费者等直接利益相关方；监管和监督责任为间接利益相关方，主要包括政府的监管责任以及社会组织、新闻媒体的监督责任。内地食品安全供应链的主体责任及监管和监督责任都在本国范围内，监管对象也在本国范围内。而出入境食品安全供应链中直接利益相关方不仅包括国外的食品生产者、加工者、运输者、出口代理商等，还包括国内的食品进口商和国内消费者；监管主体不仅包括我国的出入境监管机构，还必须包括出口国政府的相关监管机构；监督主体还包括国际认证机构、国际组织、海外媒体等，所以出入境食品安全供应链的主体责任及监管和监督责任超出本国范围内，甚至牵涉多个国家以及世界贸易组织（WTO）、世界卫生组织（WHO）等国际组织，涉及的范围更广，主体更多样化。

3. 监管任务

根据我国新《食品安全法》所明确的出入境动植物检验检疫的管理职责以及世界贸易组织的《实施动植物卫生检疫措施的协议》中与动植物检验检疫有关的规定来看，出入境食品安全监管既包括控制农产品和食品质量安全风险，还包括动物疫情和植物有害生物入侵传播控制、维护国家安全、应用WTO规则调节出入境农产品贸易等，间接在国家对外交往、国际政治发挥重要作用，对于协助解决外交分歧，争取和维护国家利益方面有重要作用。此外，“三检合一”后，根据《出入境商品检验法》，需要实施商品检验的部分动植物产品，也划归出入境动植物监管。相比较而言，内地食品安全监管任务比较单一，重点在于保证国内食品安全，保障公众身体健康和生命安全。

四、出入境动植物检验检疫实施垂直管理的必要性

基于以上分析，出入境动植物检验检疫职能有特殊性，垂直管理是出入境动植物检验检疫体制的内生需求：

1. 实行垂直管理体制才能更好地体现国家意志与展现国家主权行为

出入境动植物检验检疫是一项国家主权行为，它以保护国家和社

会的长远利益为根本任务，以行使国家主权方式防止动植物疫病疫情的输入输出，预防不明外来物种的入侵，严格监控出入境农产品的质量安全，起到维护“国门生物安全”的作用。[①] 首先，出入境动植物检验检疫部门直接代表国家意志对入境动植物商品进行合法控制。通过把握进口市场的准入进程调控农产品进口品种和进度，延缓或禁止对国内农产品市场有强烈冲击的农产品进口。对首次入境的农产品实施风险分析和市场准入制度；对入境农产品在口岸强制实施检验检疫，对不符合要求的农产品采取检疫除害处理措施，发布禁令，暂停贸易。可见，出入境动植物检验检疫工作在国际农产品贸易中具有很强的调节能力。当一国或地区发生动植物疫情时，相关贸易国可以采取停止贸易往来与关闭口岸等措施来防止疫情入侵。最后，出入境动植物检验检疫工作在国家政治外交中也发挥着重要的作用。作为具有一定政治敏感性的国家主权行为，出入境动植物检验检疫工作必须为本国的政治经济发展与国家的外交、外贸大局所服务，在具体执行时既要坚持依法科学地进行检验检疫工作，也要合理利用国际规则，服从国家经济发展和政治外交政策。综上，只有实行垂直管理体制，才能使出入境动植物检验检疫工作更好地体现国家意志，更好地代表国家行使主权，真正做到保障国家与社会的共同利益。

2. 实行垂直管理体制才能有效规避地方政府的“地方保护主义”问题

在我国，地方政府拥有“双重代理”的身份。一方面，它是中央政府在地方行政管理中的委托代理人，自上而下地执行中央政府的命令，推行中央政府颁布的政策，受中央政府的管理与监督。另一方面，它是地方行政区域的管理者，管理管辖区域内的经济、文化、教育等相关事务，负责实现地区经济的发展和社会稳定，成为地方经济与社

---

① 张晓燕：“论中国特色进出境动植物检验检疫的根本任务”，载《植物检疫》2013年第2期，第28~30页。

会利益的代言人。中央政府在考察地方政府政绩时，主要考察的指标是地方经济的发展水平，即人们常说的GDP增长速度，这使得地方政府在行政管理过程中更多的是考虑如何提高当地的经济发展水平，忽视了经济发展过快过程中可能产生的问题。同时，部分地方政府正逐渐由中央政府委托代理人的身份向地方管理者的身份发生转变，它们在不断追求地方经济高速发展的同时，开始考虑如何更好地维护地方的利益，考虑如何使辖区在区域发展竞争中"突围而出"，为地方人民谋取更多的经济福利，如此一来既可顺利完成中央政府的考核指标，获得中央政府的认可，也可获得地方人民的支持，巩固其地方管理者的地位。在这委托—代理的利益博弈过程中，身兼中央政府代理人与地方利益代理人的地方政府容易在角色转会之间产生利益冲突，从而衍生出"地方保护主义"问题。[1] 如果我国出入境动植物的检验检疫工作推行属地管理模式，则"地方保护主义"问题容易对出入境动植物检验检疫工作带来严重干扰，出现地方政府为了追求地方利益最大化，为了维护本地政府与当地人民的利益而不顾甚至损害国家或其他地方的利益，通过放松对出入境动植物检验检疫监管的方式来追求地方性的短期利益，对本地动植物出口企业在食品安全领域制假售假等违法行为"睁一只眼，闭一只眼"，严重干扰我国出入境动植物检验检疫的正常工作。只有实行垂直管理体制才能有效规避在出入境动植物检验检疫过程中出现的"地方保护主义"问题。

3. 实行垂直管理制度才能克服由于地区财政不平衡所引起的检验检疫监管漏洞

在我国，最新实行的《食品安全法》明确了"内地食品安全监管中地方政府的属地管理职责"，[2] 而且根据《食品安全法》的相关规

---

① 尹振东、桂林："垂直管理与属地管理的监管绩效比较——基于事中监管的博弈分析"，载《经济理论与经济管理》2015年第4期，第5~12页。

② 《中华人民共和国食品安全法》，载《中华人民共和国全国人民代表大会常务委员会公报》2015年第3期，第368~393页。

定，监管机构在进行固定抽检时并不能向企业收取任何费用，以此来防止地方的食品安全监管部门以抽检为名对企业进行违规收费，给企业带来额外成本与沉重负担。然而，在进行食品安全监管的过程中，相关部门的日常管理、队伍建设与检验设备的购置维护等支出需要地方财政给予支持。由于地方政府之间的财政能力相差较大，因此，不同的地方政府对其辖区范围内食品安全监管的能力也不尽相同。[①] 在一些经济较发达地区，由于当地政府的财政状况相对良好，能较好地给予当地的食品安全监管部门足够的财政支持，从而能够保证相关部门的日常管理与运行。但对于部分经济欠发达的地区来说，当地政府可能没有足够财力来支持当地食品安全监管部门的日常管理费用。如此一来，财政能力较弱的地方政府往往倾向于以牺牲食品安全监管为代价将有限资金分配到其他更为迫切急需的用途上。同样在出入境动植物检验检疫的问题上，如果推行属地管理模式，容易引起由于地区财政不平衡导致的出入境动植物检验检疫监管漏洞，而且相对于内地食品安全监管的强制性而言，出入境动植物的安全性由于有企业的信誉作为背书，使得出现检验检疫监管漏洞的可能性更大，从而容易引发严重的出入境食品安全问题。此外，与“国防、外交”等公共品相类似，出入境动植物检验检疫工作是用来满足社会公共需要的公共品，能使整个国家的社会公众普遍受益，具有显著的非排他性与非竞争性的特点。因此，由地方政府承担日常出入境动植物检验检疫工作的行政管理费用不尽合理，应由国家财政承担财政供给的职责。对出入境动植物检验检疫实行垂直管理制度有利于国家出入境检验检疫部门进行科学统筹，合理有效分配资源，保证全国各地区出入境动植物检验检疫工作的一致性与统一性，保障与强化我国出入境动植物检验检疫的监管效果。基于上述分析，本文认为对出入境动植物检验检疫实行

---

① 张磊：《组织逻辑与范式变迁：中国食品安全监管权配置问题》，上海人民出版社2015年版。

垂直管理制度才能有效克服由于地区财政不平衡所引起的检验检疫监管漏洞。

4. 实行垂直管理体制才能更好地保障出入境动植物检验检疫工作的高效快捷与公平公正

对出入境动植物检验检疫实行垂直管理制度，即将全国各地出入境动植物检验检疫的行政资源、人力资源与技术资源等统筹到国家出入境检验检疫部门，由国家出入境检验检疫部门对出入境动植物检验检疫负有垂直管理职责，有利于提高检验检疫工作的资源使用效率；有利于保证检验检疫工作的政策统一与政令畅通；有利于集中力量与资金完善我国出入境食品安全技术体系的建设，强化对检验检疫人员的专业培训，提升检验检疫队伍的整体素质，从而使得检验检疫工作更为高效快捷。此外，与地方政府相比，中央政府更加关注国家整体利益与社会稳定，致力于国家与社会的持续长远发展，而地方政府则更重视地方利益，主要关注的是区域经济增长、税收增加等短期经济利益。加强出入境动植物检验检疫工作必然会对中央政府和地方政府的利益产生不同影响：强化出入境动植物检验检疫工作有利于营造公正、公平的出入境贸易环境，既能保障我国出入境食品的安全，也能提高我国的国际形象与企业的国际地位，从根本上符合我国长远利益的发展要求；弱化检验检疫力度则有利于扩大出入境动植物贸易，增加地方财政，符合地方政府短期利益的需求。对出入境动植物检验检疫实行垂直管理制度有利于中央政府自上而下地直接介入出入境动植物安全问题的治理，克服地方政府的在检验检疫领域的机会主义，营造更加公正、公平的出入境贸易环境，进而改善出入境食品安全事故频发的状况。

五、总结

垂直管理与属地管理是行政管理组织中两种最为常见的管理方式，本文就基于对垂直管理与属地管理两种管理方式的特点与各自优缺点的分析，结合内地食品安全监管与出入境食品安全监管的“四点不同”，阐述了对出入境动植物检验检疫实行垂直管理的四点必要性：(1) 实行垂直管理体制才能更好地体现国家意志与展现国家主权行为；(2) 实行垂直管理体制才能有效规避地方政府的“地方保护主义”问题；(3) 实行垂直管理体制才能克服由于地区财政不平衡所引起的检验检疫监管漏洞；(4) 实行垂直管理体制才能更好地保障出入境动植物检验检疫工作的高效快捷与公平公正。结论认为，垂直管理是出入境食品安全监管的内生需求。出入境动植物检验检疫部门的工作职能和性质与内地食品安全监管部门有着显著的区别。如果未来国家相关职能的顶层设计需要调整，从本文结论来看，随着未来进口农食品的增长和国际贸易壁垒的加剧。出入境动植物检验检疫部门的相关管理和服务职能，不但不能弱化，相反需要加强，尤其要加强与海关、商务部在保障国家安全和维护国家利益方面的紧密合作。

食品安全追溯制度的法律建构[*]

——基于功能、角色和机制的思考

朱梦妮[**]

摘要：食品安全追溯制度建设现已上升为我国的一项重大战略决策。在法律主导和技术先行的基本路径选择上，食品安全追溯制度的构建应重在法律顶层设计层面的统筹规划，即厘清制度功能定位，明晰参与角色权责，并选择科学、合理的追溯实现机制。网络食品交易第三方平台在食品安全追溯体系中承载着特殊的角色职能，可以将其作为运行试点平台，探索契合我国国情和实践需要的食品安全追溯制度。

关键词：食品安全　追溯制度　网络食品交易第三方平台

近年来，一系列食品安全事件接连曝光：这一方面使广大群众感到焦虑和恐慌，影响到公民的生活安全感；另一方面也使相关企业受到打击和重创，波及产业的可持续发展。面对食品安全这一举国关注的重要民生问题，习近平总书记直言：能不能在食品安全上给老百

---

* 原文已正式发表于《福建行政学院学报》2015年第6期，并已征得作者同意结集出版。本文略有修改。

** 作者简介：朱梦妮，法学博士，中国矿业大学（北京）文法学院讲师。研究方向：证据法学、刑事诉讼法学、食品安全法、物证技术学。

姓一个满意的交代，是对我们执政能力的重大考验。[①]

那么，怎样才能切实保障民众“舌尖上的安全”呢？食品安全工作是一项需要社会共治的系统工程，牵扯面极广、延伸度极大，而在这其中，“食品安全追溯”无疑是备受瞩目的热门关键词。经过党和国家多次重大会议的强调[②]和被称为“史上最严”《食品安全法》的专款规定[③]，食品安全追溯制度建设现已上升为我国的一项重大战略决策。作为一项复杂的系统工程，食品安全追溯的有效实现涉及法律规制、政府监管、技术保障、标准跟进、民众参与、社会共治等方方面面，而就导向方针来说，则可划分出技术先行和法律主导两条基本路径——前者关注技术领域的探索发展，后者则强调法律层面的统筹指引。

不可否认，食品安全追溯制度离不开追溯技术，但其成败更取决于法律建构的合理性和可行性，即制度功能定位是否完备、参与角色权责是否明细以及最为重要的——追溯的具体实现机制是否契合我国国情和实践需要。因为，食品安全追溯系统能够达成的功能间有主次之分，同时，系统内不同利益相关者意欲达成的目的间又并非完全同向，这就导致不可能存在一个“完美”的追溯机制足以迎合所有的预设功能和满足各方的主体需求。故追溯实现机制的权衡和选择问题也

---

① 在2013年年底召开的中央农村工作会议上，习近平总书记强调，能不能在食品安全上给老百姓一个满意的交代，是对我们执政能力的重大考验。也是在这次会议上，针对食品问题的“四严”要求（最严谨的标准、最严格的监管、最严厉的处罚、最严肃的问责）被正式提出，以确保广大人民群众“舌尖上的安全”。

② 例如，在2013年11月党的十八届三中全会上通过的《中共中央关于全面深化改革若干重大问题的决定》就指出要“建立食品原产地可追溯制度和质量标识制度”；在2014年3月第十二届全国人民代表大会第二次会议上，李克强总理所作政府工作报告中明确提出要建立从生产加工到流通消费的可追溯体系。

③ 参见2015年新修订的《食品安全法》第42条：“国家建立食品安全全程追溯制度。食品生产经营者应当依照本法的规定，建立食品安全追溯体系，保证食品可追溯。国家鼓励食品生产经营者采用信息化手段采集、留存生产经营信息，建立食品安全追溯体系。国务院食品药品监督管理部门会同国务院农业行政等有关部门建立食品安全全程追溯协作机制。”

就应运而生。而本文正是立足于此，就食品安全追溯制度的法律建构展开系统性研析。

一、法治视野下的食品安全追溯制度

提到“食”，有两句话国人可谓耳熟能详：民以食为天，食以安为先。前者出自《汉书·郦食其传》，后者则是社会经济发展为其添加的现代注解，它们在一定程度上恰恰体现出人们对食品问题从侧重数量保证到强调质量安全的转变和跨越。① 现今，在世界范围内，健康、营养、无毒、无害层面的质量安全成为通常意义上所指的食品安全，我国《食品安全法》也采用着这一内涵。②

（一）食品安全追溯制度的构建缘起

20 世纪 80 年代以来，全球范围内接连爆发的疯牛病事件、二噁英污染事件、禽流感事件等食品安全事件，让人们意识到食品安全治理迫在眉睫。前期，国际上主流的解决思路多落脚在加强官方的食品安全监控、建立卫生监督检查、强化风险快速预警和健全食品召回制度方面，③ 配套技术方法的重心主要在于对食品的生产、加工环境等进行静态控制。④ 但不久，它们仅仅针对食品供应链上单一行为主体

---

① 1974 年，联合国粮农组织（FAO）在国际上第一次提出“食品安全”概念时，仅赋予其数量足够的要求；1983 年，FAO 对概念进行了修正，指出“安全”应当意味着既买得到、又买得起；而 1996 年，FAO 在《世界粮食首脑会议行动计划》中对食品安全作出了第三次阐述，明确“只有当所有人在任何时候都能够在物质上和经济上获得足够、安全和富有营养的粮食来满足其积极和健康生活的膳食需要及食物喜好时，才实现了粮食安全。”

② 我国 2009 年首部《食品安全法》第 99 条就规定，“食品安全，指食品无毒、无害，符合应当有的营养要求，对人体健康不造成任何急性、亚急性或者慢性危害。”2015 年新修订的《食品安全法》继续沿用了该内涵定义。

③ 2004 年，FAO 和世界卫生组织（WHO）联合召开了“第二届全球食品安全管理人员论坛”，会议主题为建立有效的食品安全系统，主要就是围绕“加强官方的食品安全监控机构”和“建立食源性疾病的流行病学监视和食品安全快速预警系统”这两个分论题展开。

④ FAO/WHO. Second FAO/WHO Global Forum of Food Safety Regulators. Bangkok, Thailand, 12 - 14 October 2004. http://www.fao.org/docrep/meeting/008/ae325e.htm.

的不足便凸显出来。人们发现，伴随着食品生产方式的专业化、加工流程的复杂化、流通空间的扩张化、贸易模式的多元化和外部诸多影响因素①的不确定化，上述治理举措缺乏对食品从生产、到流通、再到消费终端的全程动态化监控，无法在发生食品安全事故后快速、准确地找出问题根源并明确责任主体，从而往往“连累”本身并不存在质量安全隐患的同一厂家、同一区域甚至同一国家的其他同类食品，②引发“一颗老鼠屎坏了一锅粥”的株连效应。

1997 年，也许是受到质量管理和质量保证领域做法的启发，③ 欧盟国家开始在牛肉产业运用基于整个食品供给链条的食品追溯机制。2002 年，法国等国家在国际食品法典委员会（CAC）关于“生物技术与食品生产”的政府间特别工作组会议上提出，应当建立一种旨在加强食品安全信息传递、控制食源性危害和保障消费者利益的信息记录体系，即食品可追溯性制度（Food Traceability System）。这立刻引起与会各方的广泛关注，很多发达国家和地区纷纷付诸实践，并取得显著成效、获得积极推广。④ 现在，正如 CAC 的评价所言，可追溯性已经成为各国“食品安全风险管理的关键”。⑤

（二）食品安全追溯制度的法律治理

食品安全追溯制度及相关系统建设在我国早已不是新鲜事物。我国加入 WTO 后，为了更好地融入全球食品贸易市场，对食品供应链的全过程进行追踪和溯源变得势在必行。于是从 2004 年开始，我国负责食品安全监管的各部门就逐步开展起食品安全追溯制度构建的试点示

① 这里的“外部诸多影响因素”包括外部环境因素，例如受污染的水源、土壤对农作物质量安全的影响；新兴技术因素，例如转基因食品对人体健康的潜在风险；等等。

② Patricia Farnese. Tracking Liability—Traceability and the Farmer. Alberta Law Review, 2007(45:1).

③ 因为“可追溯性”是质量管理和质量保证领域的专业术语。

④ 董银果、邱荷叶：“追溯体系对食品国际贸易的影响分析”，载《浙江工商大学学报》2011 年第 6 期。

⑤ 胡维佳：“从餐桌到田间：食品安全追溯如何实现”，载《中国经济周刊》2014 年第 3 期。

范工作。[①] 在实际运行中，追溯制度所需之科学技术往往成为关注的主要重点，主管部门似乎认为有效落实追溯的重中之重就是解决其中的追溯技术问题。相应地，我国关于食品安全追溯制度的学术研究也呈现出如下趋势：有的将重心仅仅停留在微观的技术探索领域，围绕食品安全追溯之信息载体、采集工具、编码规则、标识方法、具体应用等内容展开后即戛然而止；有的虽然将视阈提升到追溯平台或模式的高度，但落脚点仍在技术层面，即如何建立信息数据库及保障追溯过程中的技术控制等相关问题；而为数不多的将方向转至法律规制领域的研究，却又常常裹足于域外追溯经验的简单介绍和国内现有实践的零散总结，缺乏整体化的系统研究和有建设性的对策建言。

上述实践导向和研究现状，在一定程度上反映出我国食品安全追溯制度的建设有些焦点模糊甚至本末倒置了。实际上，我国当前的食品安全追溯技术已与国际发展水平趋于同步。通行的条形码技术、二维码技术、RFID 技术、DNA 技术、GPS 技术等追溯技术本身已并非难题，真正的挑战更在于我们到底需要什么技术、它们如何才能更好地契合我国的现实需要？这些，无疑需要法律层面的运筹帷幄和全盘规划。就处于重大抉择地位的食品问题治理导向而言，域外的经验值得我们参考。以欧盟国家为例，其历来关注相关立法建设，且在 2005 年的全面改革后，欧盟放弃了借助制定指令进行协调的通常方式，而建立了一套全新、完整、更具有操作性的法律法规体系，[②] 包括《食品基本法》（178/2002 号法规）《关于建立活牛识别和登记系统以及牛肉和牛肉产品标签条例》（1760/2000 号法规）《关于转基因生物的可追溯性和标签以及由转基因生物生产而来的食品和饲料的可追溯性规

① 例如，作为食用农产品的主管部门，农业部启动了八城市农产品质量安全追溯系统建设；2004 年 4 月起，以国家食品药品监督管理总局牵头的肉类食品追溯制度和系统建设试点项目开始运行；2004 年 6 月起，国家条码推进工程办公室在山东潍坊开始实施蔬菜安全可追溯性信息系统研究及应用示范工程；等等。

② ［法］弗朗索瓦·高莱尔·杜迪耶乐等：《欧盟食品法律汇编》，孙娟娟等译，法律出版社 2014 年版。

定》（1830/2003号法规）以及《关于建立识别和登记绵羊和山羊系统的规定》（21/2004号法规）等。

由此可见，食品安全追溯制度的构建应当以法律顶层设计为主导和先行，如此高屋建瓴，才能建立长效机制。更进一步来说，该法律综合治理主要旨在解决的，是追溯实现机制的选择问题，而这又以制度功能定位的厘清和参与角色权责的明晰为前提。

二、食品安全追溯制度的基本功能解读

作为食品安全追溯制度中的基础概念，“可追溯性”① 本是质量管理和质量保证领域的专业术语。具体到食品安全治理领域，CAC将可追溯性解释为能够追溯食品在生产、加工和流通过程中任何特定阶段的能力，并将“食品可追溯性制度”阐释为食品供应各个阶段信息流的连续性保障体系。② 由此可知，追溯功能与食品信息的流动密切相关。

（一）追溯制度的关键因子

梳理各国法律法规就“可追溯性”赋予的规范含义会发现，在该问题上，欧洲和美国形成了两大不同阵营。欧盟国家一般偏好使用Traceability术语，并在《食品基本法》中明确指出追溯是在生产、加工和流通的所有阶段，对食品、饲料、食源性动物以及任何供食用或基于合理预期将用以食用的任何物质，进行跟踪和追踪的能力（the ability to trace and follow）。美国则倾向于强调Product Tracing这一概念，且并未在有关食品安全的法律法规中对追溯进行直接定义；而在食品科技协会（IFT）根据美国各追溯试点的实际状况向美国食品药品监

---

① 如在我国的推荐性国家标准GB/T 6583—1994《质量管理和质量保证——术语》中，可追溯性被定义为“根据记载的标识，追踪实体的历史、应用情况和所处场所的能力”。

② 韩杨、乔娟：“食品安全追溯体系形成机理及研究进展”，载《农业质量标准》2009年第4期。

督管理局（FDA）提交的一份官方报告中，追溯被简明阐释为在生产、加工和流通的所有阶段，对食品向前和向后的运动轨迹予以记载，这里，向前和向后被大致区分为了跟踪（trace forward）和溯源（trace back）。[1]

但无论是强化静态追溯能力的欧盟立法，还是凸显动态追溯过程的美国实践，食品安全追溯的实质对象明确且一致，即是食品供应链所有环节上与食品安全密切相关的各项信息，追溯效果的关键正取决于信息是否完备记载且有效传播。

（二）追溯系统的功能设置

建立食品安全追溯系统的根本目的，是将食品及其生产原料、加工成分等特定化，以便在发生食品质量事故后，能够快速查明问题源头，确定责任主体，并采取有效措施消除或减少危害后果。为了实现该预期目标，食品安全追溯系统一般均会设置信息记录、信息共享、信息标识和信息查询这四项功能。其中，前两项属基本功能，后两项则为辅助功能。

首先，就信息记录来说，对食品处于生产、加工和流通等不同环节上之对应的原料构成、外观状态和前后流动等重要信息，真实、准确且完整地予以录入和有效保存，是实现食品安全追溯的根本基础。这不仅涉及对供应链之关键节点及对应数据信息的确定，更与信息记录者的信用休戚相关，即须确保没有虚假填报或事后擅改等情况。其次，就信息共享来说，它是食品可追溯性能否顺利实施的重要保障。食品追溯制度要顺利完成“定位”食品质量问题源头的预期目标，必须依赖于关键信息的贯通和整合度。假如食品供应链上有任何节点出现了信息断流，前后链节间无法紧密相扣，则整个跟踪或溯源系统就会功亏一篑。而由于食品供应链越来越长、部分节点间的联系较为脆

① Colin Mieling. Are You Really Going to Eat That? Product Tracing, the Food Safety Modernization Act, and the Promise of RFID. Journal of Law, Technology & Policy, 2014(1).

弱且记录标准较难统一，故信息共享往往是“兑现”难度最大的功能。[①] 最后，对于信息标识和信息查询，不同于很多学者将其归类为系统的基本功能，[②] 笔者认为它们的价值只是扩展性的。因为，标识的作用仅在于利用特定的“身份”代码在实物与标签间形成对应，从而完成快速定位。但是，纵然不对节点信息进行编码和标识，依靠足够的记录档案我们同样能够实现追溯。而查询功能在很大程度上是面向消费者而设置的，即通过提供一个人机交互的平台，让消费者能够了解和掌握食品的生产原料、加工流程、运输储藏等相关信息，以此增强对食品安全的信赖和信心。试想，随着市场信用环境的大幅改善和食品安全质量的整体提升，该功能在追溯制度中的必要性将会越来越小。

（三）实现追溯的方式

厘清食品安全追溯制度的功能定位后，我们不难看出，与食品安全相关的诸项要素信息主要可以通过下述方式与食品本身关联起来，进而为追溯制度打牢地基。

其一，建立档案。这是较为基础性的追溯方式，即就农作物种植、牲畜养殖、食品生产、加工、流通、销售等各个供应链环节中的时间地点、人员环境、操作过程、技术方案等相关信息予以如实、完整地记录，再将记录归档整理，建立食品安全档案。档案既可以采取纸质形式，也可以使用电子方式。例如，美国 FDA《食品安全现代化法案》（2011 年）第 2 章第 204 条就专门对如何加强食品及其档案记录的跟踪和溯源进行了规定；再如，日本要求对米面、肉制品和乳制品等食品的生产者、农田所在地、使用的农药和肥料、使用次数和收获日期等信息予以详细记录。

其二，形成标签。该追溯方式充分借助了条形码技术、二维码技

① 方炎、高观、范新鲁、陈华宁：“我国食品安全追溯制度研究”，载《农业质量标准》2005 年第 2 期。

② 赵林度、钱娟编著：《食品溯源与召回》，科学出版社 2009 年版。

术、RFID 技术、DNA 技术、GPS 技术、GIS 技术等现代科技手段，即先挑选出食品生产、流通、销售等各个节点中与食品安全密切相关的关键信息，再对它们予以采集、录入、整理、分析和交换等，最后在零售终端形成电子标签以便消费者随时查询。欧盟国家较为强调并较多运用这一方法，《食品基本法》第 18 条“追溯”第 4 款明确规定，共同体内正在销售或可能入市销售的食品或饲料应当被适当贴注标签（labelled）或特定化，以提高其可追溯性；此外，欧盟还特别针对牛肉产品、羊肉产品和转基因食品等的标签问题制定了相应法规。

此外，在没有建立档案或形成标签的情况下，我们可以且只能借助传统查案的方式实现信息追溯。即在发生食品安全事故后，通过对疑似有毒有害或者伪劣食品的成分进行理化分析，对相关责任人进行隔离讯问、询问等，查明案件事实，必要时，还需要根据证明责任分配的有关规定，① 明确责任主体。毋庸置疑，这是在缺乏档案或标签等食品安全事前预防和信息跟踪措施的情况下，迫不得已而为之的一种追溯方式。

三、食品安全追溯制度的参与角色梳理

为了实现餐桌与农田间的无间隙贯通，食品安全追溯制度必然是一个多层次、立体化的系统工程，在设计构建和运行落实过程中需要多种角色的参与和协作，包括政府、企业、消费者和其他组织机构。这些利益相关者在整体追溯架构中的作用地位、角色性质以及具体行为，②

---

① 如《侵权责任法》第 42 条所规定的“销售者不能指明缺陷产品的生产者也不能指明缺陷产品的供货者的，销售者应当承担侵权责任”；再如最高人民法院《关于审理食品药品纠纷案件适用法律若干问题的规定》第 6 条规定：“食品的生产者与销售者应当对于食品符合质量标准承担举证责任。认定食品是否合格，应当以国家标准为依据；没有国家标准的，应当以地方标准为依据；没有国家标准、地方标准的，应当以企业标准为依据。食品的生产者采用的标准高于国家标准、地方标准的，应当以企业标准为依据。没有前述标准的，应当以食品安全法的相关规定为依据。”

② 这就涉及利益相关者理论在食品追溯体系建设中的具体应用。

对于终端食品的可追溯性及追溯体系本身的有效性影响巨大。[①]

（一）政府：制度的供给者与监管者

食品安全是国民生存和社会发展最为根本的基石，因此，政府在食品安全追溯制度中必然应当肩负起一定的义务和职责。换言之，保障食品安全信息的可追溯性是政府提供公共产品服务、追求社会福利最大化的一个重要方面。

在食品安全追溯制度中，政府所承载的角色属性可分为两种：其一，制度供给者，此时，政府以具体执行和实施者的身份建设食品安全追溯系统，尤其是构建并管理中央数据库形式的追溯信息平台，并保证在数据库内实现食品安全信息的顺利对接、高度整合、安全保管和便利查询等；其二，制度监管者，即政府抽身于食品追溯信息平台的建设，由食品企业自主沿着供应链方向建立链式追溯系统，政府的职责主要在于政策制定、消费引导，并重点负责监管食品信息是否能够有效追溯及系统整体是否正在良性运转。

应当看到，政府之“制度监管者”身份是不能推卸的，但是其是否扮演“制度供给者”的角色则有一定的选择性。当政府采用的多种管制手段已经足以保障食品企业层面的链式追溯系统能够满足“向前溯源到产品之直接来源、向后追踪到食品之直接去向”的效果时，基于管理成本最小化、行为措施重点化、监管手段必要化等因素的考虑，政府往往不会亦无须再承担“制度供给者”之职能。

（二）企业：制度的最基本构成细胞

对食品安全追溯制度而言，食品原料供给者、食品生产者、食品加工者以及分销零售者等具体食品企业无疑是追溯体系得以构建和真正运转的最基本细胞。因为，无论是建立政府层面的中央数据库，还是架构企业层面的链式追溯平台，与食品安全相关的各项信息均源于

① 张勇、魏向：“基于利益相关者视角下的食品安全问题研究”，载《山西农业大学学报（社会科学版）》2011年第10期。

企业自身，第一手信息的采集、录入和保存只能依靠企业行为才能完成。

在一定意义上，食品安全追溯制度之于企业来说，是一种“自证清白”的重要武器。但站在成本—收益的经济角度，单一食品企业不会从整体上考虑“武器”的功效，换言之，其并不在意整个食品供应链上的追溯信息是否贯通和完整；它更为关注与之有直接业务联系的上下游企业间的信息交互能否畅通和透明，也就是说，该“武器”只要能在发生食品安全事故、需要查明责任主体时，保障其可以在证明自身不存在质量问题的同时、顺利提供问题食品之上游直接来源企业的有效信息，从而免除自身责任即可。

纵然实施食品安全追溯制度与食品企业实现长远发展的目标相一致，但这终究是一项繁杂浩大的长期工程，短期内的可见利益较小。[①] 加上类似“食品安全事故就算发生也不会落到自己身上”等侥幸心理的存在，以及担心建立追溯体系所要求的某些涉及重要商业秘密的特定信息可能会被泄露，所以大部分企业都不愿意承担加入政府构建之追溯体系带来的相关成本，[②] 更不谈与上下游企业进行沟通、合作以建立链式追溯信息平台那样更为巨大的成本投入。[③]

（三）消费者：制度的助推动力源泉

毋庸置疑，构建和实施食品安全追溯制度的终极目标在于提高食品安全水平、保障居民健康权益。然而可惜的是，作为追溯体系的主要受益者，我国消费者却往往未能化身推动食品安全追溯制度良性运转的动力源泉，反而成为阻碍体系进一步向前迈进的消极力量。

---

① 乔娟、韩杨：“中国实施食品安全追溯制度的重要性与限制因素分析”，载《中国禽业导刊》2007 年第 4 期。

② 例如，虽然政府通过包括安排财政资金对已建成追溯系统的农贸市场给予资助、将食品安全信息追溯与其他扶持政策捆绑、解决企业实际问题以获取企业支持等方式推进企业参与肉类、蔬菜等的追溯制度建设，但生产和销售企业的积极性仍然不高。

③ 杨鲜翠、陈雨生、房瑞景：“青岛市食品安全追溯体系建设现状、问题与对策研究”，载《农村经济与科技》2013 年第 12 期。

一方面，我国消费者的某些消费观念和消费习惯，在一定程度上造成了企业对食品安全的忽视，而将主要关注点聚焦于增产技术和推广噱头等方面；另一方面，纳入食品安全追溯体系之食品的价格相对较高，这在我国居民收入差距较为明显的背景下，难免导致大量中低收入的消费者在购买食品时会在购买力和安全需求之间进行权衡，并往往不得不向前者妥协而舍弃后者。[①] 而这些就需要政府或社会组织等力量的介入，来从食品安全的认知度、食品追溯的重要性等方面进行必要的消费行为指引。

（四）行业协会：制度落实的重要辅助者

行业协会是介于政府与企业之间，为它们提供服务、咨询，并具有一定监督、自律和调控机能的社会中介组织。食品安全追溯体系本身的特殊性、复杂化和庞杂度，决定了行业协会在其中不可或缺。从基本层面来说，食品行业协会在食品安全追溯制度中肩负着纵向沟通和横向协调的职责。

纵向上，它在参与相关立法工作时，可以代表食品企业把在食品安全追溯中的利益诉求和权利主张迅速传递到政府面前，同时也能把政府决策过程中的信息及时反馈给会员企业。[②] 例如中国连锁经营协会《2007年食品安全可追溯研究阶段报告》就全面反映了当时我国食品安全追溯体系存在的主要障碍，并提出了推动制度实施和完善的建议构想。

横向上，行业协会是在食品供应链中的上下游企业间进行利益协调、矛盾化解，并最大限度促进追溯信息之贯通和整合的中坚力量。此时，由食品行业协会主导而在行业内部自然生发和形成的追溯“私序”，对于政府在进行食品安全追溯监管和规制时难免产生的疏漏或

① 乔娟、韩杨：“中国实施食品安全追溯制度的重要性与限制因素分析”，载《中国禽业导刊》2007年第4期。

② 吴碧林、眭鸿明：“行业协会的功能及其法治价值”，载《江海学刊》2007年第6期。

局限来说，就成为弥补追溯功能不足甚至替代政府管理职能的一种重要手段。例如美国奶制品行业协会2013年9月发布的《增强奶制品可追溯性指导手册》，就从追溯体系的组成部分、模范示例、标签标识、记录保存等方面进行了综合性的规范引导。

（五）网购平台：身兼多重属性的特殊角色

在食品安全追溯制度中，还有一个承担着特有作用和功效的角色值得引起关注，即网购平台。众所周知，诸如淘宝、京东、易趣等电子商务企业，通过构建、经营第三方交易平台并保证其良性运行，为网购食品交易活动中的买卖各方提供了虚拟交易空间使用、交易居间撮合、技术服务支撑以及相关的配套服务。虽然法学理论界和实务界关于交易平台经营者的法律地位至今仍众说纷纭、未有定论，[①] 但抛开争议表象而从整个网购食品交易过程的实质出发进行解析，我们就会发现平台经营者之复合身份的不同侧面：其一，网购交易撮合者，此时，平台经营者显然需要承担对网购食品交易安全的监管义务和对消费者的合理保护义务；其二，技术服务提供者，这一角色要求平台经营者在发生食品安全事故后，应履行提供平台系统、必要交易记录或凭证等相关信息，并运用技术手段协助消费者维权的义务；其三，交易过程见证者，若侧重该身份并以之为起点设计权利义务，则网购平台在食品质量纠纷中担负着提供相关交易过程情况、卖家售卖记录和入网注册信息等内容的责任。

依上述分析可知，网购平台融合了政府、当事人和行业协会等不同类型主体的追溯职责——它不仅是网购食品安全追溯制度中的“小政府”，也是消费者在合法权益受到损害时维权和求偿的重要对象（当事人），还身兼对入网食品卖家展开内部自律的“小行业协会”之角色。

---

① 李德健：“论第三方交易平台经营者的法律地位——基于对《第三方电子商务交易平台服务规范》的考察”，见张海燕主编：《山东大学法律评论》，山东大学出版社2012年版。

透过网购平台多重的身份属性，我们惊喜地发现了其所具有的一项独特“潜质”，即可以成为食品安全追溯制度构建的难能可贵的试点空间。

四、食品安全追溯制度的实现机制研析

国际实践经验和我国应用案例表明，食品安全追溯制度的实现机制主要可分为三种模式，即政府主导型、企业主导型和混合兼容型。在不同追溯模式下，政府、企业等主体具有不同的权责划分，机制本身的实效性也面临着不同的障碍挑战。

（一）政府主导型

在政府主导的食品安全追溯机制下，政府创建并管理食品安全信息数据库，食品供应链上的企业或者监管食品安全的部门，则要对食品安全追溯法律法规所明确要求必须采集、录入的食品信息，如实、完整地予以记录、归集并上传至中央数据库，以便在数据库内实现相关信息的传递、交换和整合，保障食品安全的可追溯性。

欧盟有关农产品及食品的安全追溯机制就采用了政府主导型模式。具体来说，欧盟建立了覆盖联盟内部市场的食品安全监管机构即欧盟食品安全管理局，其对欧盟范围内的所有与食品安全相关的事务进行统筹监管。在该追溯机制下，根据有关食品安全追溯的法律法规，生产、加工企业需要记录生产、加工信息并建立档案，包装、销售企业则需要标识品名、产地、生产者、生产日期等信息，同时，他们还承担着将上述追溯信息告知、汇总至主管当局的职责；成员国主管当局和欧盟食品安全管理局则负责监管食品企业使用追溯系统的情况，实行日常检查，以确保追溯机制的有效运行。①

我国部分省市也采取了政府主导型的食品安全追溯机制。例如，甘肃省建立了以电子标签为主要手段的追溯机制。根据《甘肃省食品

---

① 房瑞景、陈雨生、周静：“国外食品安全溯源信息监管体系及经验借鉴”，载《农业经济》2012年第9期。

安全追溯管理办法（试行）》（以下简称《办法》）的规定，甘肃省食品药品监管局负责建设以条码、二维码、自编码和追溯卡为技术手段的食品安全追溯信息平台，并及时将各监管部门和食品生产经营者采集、上传的关于经营主体、食品信息、索证索票、进销货台账等信息整合至数据平台，实现食品安全的全程追溯和监管。再如，上海市建立的是以信息档案为主要手段的追溯机制。按照《上海市食品安全信息追溯管理办法》的设计，追溯食品和食用农产品的生产经营者需要建立追溯电子档案，准确、完整地记录包括名称、数量、批号、来源与流向、进货与销售日期、供应商资质、检验检测结果等在内的食品安全信息，并将它们上传至由市食品药品监管部门建设的、全市统一的食品安全信息追溯平台。同时，《办法》也将行业协会、第三方机构纳入到政府主导的食品安全追溯管理中，成为其中的服务力量。

应予注意的是，政府主导型食品安全追溯机制面临着来自两方面的问题和挑战——财政资金压力与商业泄密担忧。前者是指政府需要施以巨大的财政投入和管理成本来构建、维护追溯信息平台。后者则主要体现为食品企业往往会担心上传至官方数据库中的、内含重要商业秘密的档案与标签信息被不慎或恶意泄露，故不情愿或抵制提供完整的追溯信息，从而导致较难建立完备而理想的食品安全追溯体系。其实，应被收录至政府食品安全信息数据库中的信息范围，一直是实施政府主导型追溯机制的各国所面对和研讨的主要问题。目前，一般认为政府数据库中只应收录足够进行监管的必要（essential）信息，且政府只能在有“管理需求”（regulatory need）时方可接触这些追溯信息。①

（二）企业主导型

在企业主导的食品安全追溯机制下，有关食品安全之所有信息的

① Margaret Rosso Grossman. Animal Identification and Traceability Under the US National Animal Identification System. Journal of Food Law & Policy, 2006(2).

采集、录入、标识、交换以及后续的保存、管理等，均由企业自主、自律完成。

美国就是典型的采取企业主导型食品安全追溯机制的国家。根据美国FDA发布的《食品安全追溯条例》，美国国内所有与食品生产、加工、销售以及涉及食品运输、配送和进口的企业都须构建食品质量安全可追溯制度，尤其是建立并保全关于食品生产、流通等的全过程记录，并在正常营业时段和夜间、周末时段随时准备好应对FDA开展的信息记录备查。总体上看，美国食品安全追溯制度的应用主要由经济利益刺激而自发推动，这也是其不容忽视的重要特征。换言之，美国食品公司建立追溯机制是为了改善食品供应链管理，强化食品的安全属性，增大自身产品对广大消费者的购买吸引力，从而使追溯成本转化为企业更大的净收益。① 同时，美国对食品企业实施追溯机制状况的监管也具有一定特色。除了农业部、FDA、国家环境保护署等政府机构会对企业记录的追溯信息与食品真实情况的相符程度进行不定期抽查外，其还充分发挥第三方认证的作用来分担监管机构的执法负荷和公共执法资源的稀缺，而食品领域的各行业协会也会通过制定追溯工作计划、建立自愿性追溯体系等方式参与食品安全追溯的监督和管理。②

我国也有实施企业主导型食品安全追溯机制的实例，其又可以分为两种不同情况。一种是针对集食品生产、加工、销售为一体的大型企业，其通过防伪查询服务平台提供产品的可追溯性服务，典型代表即酒类企业。据估算，诸如五粮液、茅台等知名酒厂每年投入的打假费用都在数亿元左右，这还不包括各地经销商的打假成本。而溯源系统的建立可以有效防伪，所以业绩良好、资金充足的酒企均愿意投入

---

① 樊孝凤、周德翼："信息可追踪与农产品食品安全管理"，载《商业时代》2007年第12期。

② 韩永红："美国食品安全法律治理的新发展及其对我国的启示——以美国《食品安全现代化法》为视角"，载《法学评论》2014年第3期。

大量资金配置网络及相关识别设备，以建设追溯体系。[①] 另一种则适用于实力有限或仅专注于食品供应链某一环节的食品企业，他们通常采取结盟共建的方式实现食品安全追溯。例如，某些大型食品批发市场与上下游企业联合，对上明确食品来源信息，对下厘清食品流向信息，从而以自身为中心，建立食品信息来源可追踪、去向可查证的追溯信息平台。同时，我国部分省市的食品药品监督管理局也制定了行政法规，明确要求企业建立自我主导的食品安全追溯系统。如《黑龙江省食品生产加工企业质量安全追溯管理制度（试行）》就要求食品生产加工企业必须真实、准确、及时、完整地记录（纸质、电子形式均可）食品质量安全追溯制度的相关信息，建立追溯记录档案，并将各环节的质量安全记录统一归档管理，且保存期限不得少于两年；《广西壮族自治区食品生产企业质量安全追溯管理制度（试行）》也明确食品生产企业是食品生产质量安全追溯制度建设的责任主体，要求企业以文件记录为主线，以条形码、二维码和电子标签等信息化技术手段为辅助，实现对食品生产加工质量安全的可监控、可查询和可追溯。

而同样应予重视的是，企业主导型食品安全追溯机制的建设和发展也存在着实质性障碍。在没有政府介入的情况下，处于食品供应链中下游的中小型加工、分销企业一般不具有话语权，很难对其上游供应商的食品安全相关信息提出整合要求，这就导致追溯体系难以贯通整个食品产业链，所谓“追溯”徒有虚名。[②] 更为突出的问题在于诚信隐患，即食品养殖、生产、加工和销售企业的“狸猫换太子”式档案或标签造假。尤其在我国，社会的整体信用环境严重缺失，故上游食品企业不做账或做假账、下游厂商对可疑信息“熟视无睹”、面对执法检查不提交原始可信的食品档案……已成为一种实际上的潜规则，2014 年曝光的福喜事件即为典型例证。当然，该难题也有化解“招

① 例如，五粮液就已在高端系列的酒类品牌中使用 RFID 防伪追溯系统。

② 我国现阶段的食品安全追溯产业就是如此，即仅仅围绕一个企业或者环节实施，并没有实现全供应链的可追溯。当然，导致该问题产生的原因是多方面的。

式”，即可运用科技手短，如校验技术、时间戳技术、数字水印技术等电子防篡改技术，来解决电子文件的可信性问题。①

（三）混合兼容型及其在网购平台的试运行

制度构建必须考虑环境土壤。在我国，针对食品建立可追溯性机制的最大难题在于从原料生产到成品销售需要经过多个环节，而食品种类的多样，相对应生产、加工和分销方式的各异，以及整个供应链上繁杂且松散的各个分支，使食品信息很难得到有效传递、对接和整合。同时，我国大量家庭作坊式食品企业的存在，以及追溯基础设施的薄弱，更致使实行全方位、一元化的食品安全追溯机制难上加难。因此，我国食品安全追溯制度的建成绝不可能一蹴而就，必须循序渐进、稳步推进。而这意味着在很长一段时间内，我国都应当也只能实行混合兼容型的食品安全追溯机制，且有必要选择现实场景进行试点运作，② 并根据试错情况不断改进和完善追溯制度。

一方面，就混合兼容而言，其包含有两层含义：一是政府主导与企业主导的并重。“一般认为，对于大规模生产的、关系国计民生的食品，应当由政府实施追溯码与数据库的建设；而对于广大中小作坊的食品生产和销售，不妨交由企业或业主负责食品档案的管理。”③ 而从国家对“十三五”开局时的食品安全重点工作部署来看，重点行业和重点区域被特别予以强调，其中就包括“推进重点产品追溯体系建设，确保无缝衔接、不留死角”。④ 二是大体系与小农商的并存。追溯体系在保障食品安全的同时也会产生一定的副作用：它们对从事农业

---

① 刘品新：“诚信档案是食品安全治理的基础”，载《人民法院报》2014年7月31日第2版。

② 应当看到，“试错”是很多国家建设食品安全追溯制度的推进路径。例如美国FDA《食品安全现代化法案》（2011年）第204条（a）项就明确规定政府主管部门应当与食品产业协调建立试点项目，以探索和评估追溯方法和机制的实效性等。

③ 刘品新：“食品安全追溯需法治设计”，载《法制日报》2014年4月30日第10版。

④ “牢固树立以人民为中心的发展理念　落实‘四个最严’的要求 切实保障人民群众‘舌尖上的安全’”，载《人民日报》2016年1月29日第1版。

的大资本有利，但却给小资本、小农商带来了很大的负面冲击。[①] 正是考虑到追溯机制应用下企业经营成本的必然提高，因此，短期内不分条件、不加区别的强行要求所有食品都纳入追溯体系绝非明智之举。相反，我们必须给这些农户的小规模食品生产留下必要的缓冲空间，允许“二元市场”的客观存在。[②]

另一方面，就试点选择而言，如前所述，笔者认为我国应当看到网购平台作为食品安全追溯机制运行试点的迫切需求和独特优势。首先，随着社交网络的勃兴，在网购平台购买各类食品已经成为一种充满“腔调”的新生业态，越来越多的网购食品开始涌向餐桌。因此，实现网购食品的可追溯性以保障其安全就显得十分必要。其次，网购平台所身兼的小政府、当事人和小行业协会等多元主体身份，使在其上试行追溯机制可以最大限度地囊括各类追溯角色，演练各个治理主体的权责属性，并从中发现问题、解决问题。再次，网购平台也具备实施混合兼容型食品安全追溯机制的先天条件。针对诸如酒类、奶粉和保健品等高价值、高关注度同时也有高投诉量的食品，网购平台可以充当既供给制度又监管制度的“小政府”角色，即自行建立并管理与食品安全密切相关的追溯信息数据库，要求食品卖家必须采集、录入并上传关于食品进货、检验、销售台账等供应链上关键环节的追溯信息，并向食品买家提供查询服务，否则不授予其入网售卖资质；而针对其他种类的食品，网购平台可以借鉴日本在食品安全追溯机制中所采用的“品牌授信”方式，[③] 即扮演类似行业协会的角色，鼓励食品卖家自行构建食品安全追溯机制，并对实施安全追溯的食品卖家予

① 胡维佳：“从餐桌到田间：食品安全追溯如何实现”，载《中国经济周刊》2014年第3期。

② 为小资本、小农商在食品安全追溯制度的构建过程中预留过渡时间和相关条件，是很多国家在设计食品安全追溯的法律法规和指导意见时均考虑到的一个问题。如《美国2009年食品安全加强法案》第102条就规定，应考虑本部分的指导意见和规定对小型企业产生的影响，以及应发布指导意见帮助小型企业符合本部分的要求及修订内容。

③ 仝新顺、刘洪民：《食品安全：跟踪、预警与追溯》，河南人民出版社2013年版。

以特别标识，以作出区分、引导消费。[①] 最后，我们还能通过观察网购平台上试行食品安全追溯机制的效果，进一步明晰网络食品交易第三方平台在国家整体的食品安全追溯制度架构中实际能够且应当承担的责任。应当看到，新修订的《食品安全法》第62条、第131条就是对网购平台经营者在食品安全追溯中应负什么责任所作出的规定，但这一规定是否合理、可行，其中的审查义务、有效信息提供义务及连带责任到底应如何理解和具体操作，都有待深入分析和论证。[②] 由此可见，将网络食品交易第三方平台作为运行试点，观察和调试追溯实现机制在其中的运转状态，可以很好地探索并实践既符合我国国情，又满足法治规范要求的食品安全追溯制度。

五、结语

总而言之，食品安全追溯是一个需要综合治理和协同创新方能实现的社会目标。相关制度建设需要技术，但技术只是依托；更为核心的，还是在已明确制度功能、角色权责和具体机制基础上的建构模式确立和开拓规划设计等法律问题，而它们，无疑应当沿着法治轨道稳步前行。这是贯彻全面推进依法治国这一国家战略部署的必然要求，也是落实推进国家治理体系和治理能力现代化这一全新执政理念的应有之义。

---

① 日本农产品的食品质量安全JAS认证，一般由政府授权的行业协会承担。希望获得JAS认证的食品生产经营者可以向其提出申请，经认证产品符合要求，则允许食品贴上JAS标志。

② 笔者对交易第三方平台进行调研后发现，它们多认为该第62条、第131条施加予网络食品交易第三方平台的责任不太合理。同时，其对该条的具体实施也存在一定困惑，包括：第一，“实名登记”和“审查其许可证”中，审查义务的标准是什么？是实质审查还是形式审查？第二，若是实质审查，显然它们作为一个第三方平台是做不到的；而如果是形式审查，那么肯定难以在发生食品纠纷后准确提供经营者的“真实名称、地址和有效联系方式”？第三，在审查义务的标准无法确定的情况下，《食品安全法》对交易第三方平台规定的“连带责任”是否过大？之于其中的详细问题和论证研究，囿于篇幅所限，此处不再展开。

■风险社会中的食品安全再认识

■风险感知、政府公共管理信任与食品购买行为

——对中国消费者品牌与安全认证食品购买行为的解释

■食品防护情境下内部举报行为机理研究

风险社会中的食品安全再认识*

孙娟娟**

摘要： 近年来，食品安全无疑是一个被高度聚焦的话题。但是，食品安全与其他食品相关概念，如粮食安全、食品质量等概念的关联和区别却经常被混淆。就食品安全概念本身而言，尽管从科学视角所达成的定义已经成为共识，即食品安全是指食品无毒、无害、符合应当有的营养要求、对人体健康不造成任何急性、亚急性或者慢性危害，但是，在涉及具体的案例时，如转基因食品，上述的科学定义依旧无助于解决这些在规制实践中所出现的冲突问题。究其原因，值得指出的是随着风险社会的到来，对于"技术风险"的重新认识已经影响到了对于安全的判断，由此对食品安全认识所产生的影响是：食品安全的定性在于确认可接受风险水平这样一个既涉及科学又涉及价值的判断，以及用以判断的以风险评估为主要内容的科学原则和以谨慎行动优先保障健康为主旨的风险预防原则，进而分别应对决策判断中的风险不确定性和科学不确定性。

关键词： 风险社会　食品安全　科学原则　风险预防原则

---

* 本文原文已发表于《财经法学》2015年第3期，已征得同意结集出版。

** 作者简介：孙娟娟，中国人民大学法学院博士后，欧盟食品法项目 Lascaux、中国人民大学食品安全治理协同创新中心及中国法学会食品安全法治研究中心研究员。主要研究方向：风险规制，食品法，农业法。

2013年令欧洲食品卷入丑闻的“马肉风波”被最终定性为食品欺诈而非食品安全问题，因为相关掺杂食品的检测中并没有发现会导致健康问题的保泰松（bute，一种动物用的消炎药）。而当中国消费者对食品安全的恐慌集中在滥用化学物质的问题上时，陈君石院士业已指出“微生物引起的食源性疾病才是我国食品安全的头号杀手”。为此，食品安全规制应该尽早重视这一由微生物污染引发的食品安全问题。面对这些对食品问题和食品安全问题的不同判断，值得反思的是：食品安全的科学判断已经成为规制食品安全的基本标准，即食品安全是指食品无毒、无害、符合应当有的营养要求、对人体健康不造成任何急性、亚急性或者慢性危害。然而，食品/食品安全基本法对于这一概念的认同是否足以解决与食品安全相关的问题？以转基因食品为例，即便有科学证据可以证实某一转基因食品的安全性，但无论是科学界还是公众团体依旧存有质疑，甚至相左的判断。

带着上述问题，本文通过梳理食品安全的渐进式认识、风险社会对于安全定义的重塑来阐述应将“食品安全”视为可接受的风险水平这样一个定义，而这不仅仅只是一个科学判断，更是一个价值判断。至于如何进行这一判断，则不仅需要借助以风险评估为主要内容的科学原则，也需要适用应对科学不确定性的风险预防原则（precautionary principle），后者的意义就在于明确在缺乏确凿科学证据的情况下应采取行动优先保障公众健康。

一、食品安全的渐进性认识

从茹毛饮血到开袋即食，我们对食品的认知与先人迥然不同。然而，毫无疑问的一点是：通过农业活动所获取的植物和动物产品依旧是食品的主要来源。作为食用农产品，其成分比较单一，往往只有一种农业投入品。然而，我们目前食用更多的则是食品产品，即通过食品技术的深加工，实体发生转变，进而无法通过某一主要农业投入品界定其成分构成。[1] 相较而言，国际食品贸易中加工食品的贸易额增长速度远远高于农产品。这是因为消费者对于食品的要求日益集中于以下三个方面：便捷、多样和高品质。相应地，高附加值的产品也比食品原料更受关注，包括新鲜果蔬等农产品以及高附加值的食品产品。[2] 与此同时，因为生活节奏的加快，外出就餐也成为了工作之余的便利选择。

因为加工程度的不同，食品呈现的方式也各有差异。例如，橙子是一种农产品，而橙汁则是加工后的食品产品。即便如此，它们都是由物质所构成且用于人类消费。因此，国际层面通用的食品定义为：指任何加工、半加工或未经加工供人类食用的物质，包括饮料、口香糖及生产、制作或处理“食品”时所用的任何物质，但不包括化妆品或烟草或只作药物使用的物质。[3] 相应地，无论是食用农产品还是食品产品抑或餐馆佳肴都符合上述这一食品定义。有鉴于此，本文就采用了符合上述概念的“食品”这一术语，使其内容覆盖从农场到餐桌这一食品供应链的全过程，其目的在于强调该食品供应链中的所有食品从业人员都应共享保障食品安全的责任。而论及食品的问题，可以从数量和质量两个角度加以概括。

就数量而言，一如中国所说的“民以食为天，国以民为本”，食品供应的目的不仅维持着个人的生存，同时也决定了国家的命运。在这个方面，粮食安全（food security）的保障就强调了：只有当所有人在任何时候都能够在物质上和经济上获得足够、安全和富有营养的粮食来满足其积极和健康生活的膳食需要及食物喜好时，才实现了粮食

---

① Bunte, F., The Food Economy of Today and Tomorrow, in, Bunte, F. and Dagevos, H. (ed.), The Food Economy: Global Issues and Challenges, Wageningen Academic Publishers, 2009, p. 49.

② Bunte, F., The Food Economy of Today and Tomorrow, in, Bunte, F. and Dagevos, H. (ed.), The Food Economy: Global Issues and Challenges, Wageningen Academic Publishers, 2009, pp. 48 - 49.

③ 国际食品法典委员会《程序手册》，第19版本，第19页。

安全。[①] 为了实现这一目标，各国的法律义务包括尊重、保护和履行（便利和提供），以便确保逐渐且充分地实现适足食物权。其中，尊重现有的取得适足食物机会的义务要求国家避免采取任何会妨碍这种机会的措施。保护的义务要求国家采取措施，确保企业或个人不得剥夺个人取得适足食物的机会。履行（便利）的义务意味着国家必须积极切实地展开活动，加强人们取得和利用资源和谋生手段的机会，确保他们的生活，包括粮食安全。最后，如果某人或某个群体由于其无法控制的原因而无法以他们现有的办法享受取得适足食物的权利，国家则有义务直接履行（提供）该权利。这项义务也适用于自然灾害或其他灾害的受害者。[②]

就质量而言，食品质量也是一个备受关注的话题，且可以从多个方面加以强调，例如卫生、营养、享用和使用等。[③] 即便对食品质量缺乏统一的定义，但就质量而言，有两个互为补充且各不相同的概念值得一提。第一，有关质量应有一个“阈值”的概念，用以判断食品是否可以用于人类消费，即合格与否。第二，质量差异这一概念是指以不同的质量特征，诸如感官、口味、材质、原料或产地等区别各类食品。此外，除了这一横向的差异化，质量还可以等级化，一如中国针对农产品进行的无公害、绿色和有机的标准划分。当不同的质量特征或等级可以单独或者混合使用以便通过质量的差异化满足消费者不同的需求或偏好时，质量阈值的确定主要是从卫生的角度加以规范，确保食品的安全可

---

① Declaration on World Food Security and World Food Summit Plan of Action, World Food Summit, November 13 - 17, 1996.

② The Right to Adequate Food, The UN Economic and Social Approved General Comment 12, May 12, 1999, point 14 and 15.

③ FAO, Legislation Governing Food Control and Quality Certification, Rome, 1995, p. 4. 事实上，就食品质量而言，一直没有统一的观点。但在各种定义中，相同的一点是食品质量涉及多个方面的内容。参见，Hooker, N. and Caswell, J., Trends in Food Quality Regulation: Implications for Processed Food Trade and Foreign Direct Investment, in, Journal of Agribusiness, 1996, 12(5), p. 412.

靠。有鉴于此，食品卫生/食品安全[①]一直被作为食品进入市场的基本要求，在此基础上，可以通过其他增值的方式实现食品的质量差异化。

随着生活质量的提升，许多质量特征都被用以生产高附加值的食品产品，例如营养强化食品或有机食品。尽管如此，食品安全问题的多发使得食品安全成为了消费者高度关注也日益敏感的问题。事实上，即便从数量的角度而言，食品安全也是不容无视的问题。因为在存在饥饿和营养不良问题的时候，食品的供给和消费往往更容易受到微生物或化学物质的污染。[②] 例如，为了增加粮食产出，农药被大量用于粮食生产，而超量的化学物质残留可能会导致健康风险。因此，无论是从数量还是质量的角度而言，安全要求都是最基本的，因为食源性危害会对人类的健康产生危害，甚至对生命构成威胁。有鉴于此，食品安全已经从质量的某一特征独立出来，成为了食品规制领域内一个独立的规制对象。[③] 一如欧盟的经验，在一系列的食品丑闻后，食品安全本身就构成了一个应优先考虑的政策。[④]

作为食品问题中的一个基础内容，食品安全的认识与食品安全问题的变化息息相关，而不断变化的食品安全问题也推动了相关立法内容的发展。以美国为例，食品安全认识上的一个渐进性变迁主要有以下三个阶段。

---

① 就这两个概念而言，值得一提是最初对于食品安全的认识就等同于食品卫生，因而，两者都被定义为在食品的生产、加工、储存、流通和制备中用于确保食品安全、可靠、卫生和适于人类消费者的所有条件和措施。参见，FAO/WHO, The Role of Food Safety in Health and Development, Expert Committee on Food Safety, 1984, p. 7。然而，随着食品安全立法的发展，食品卫生和食品安全成为了两个不同的概念。在这个方面，我国以《食品安全法》替代原《食品卫生法》被认为是一个进步，因为前者的概念比后者更为全面，不仅包括微生物危害，同时也涉及化学性乃至营养性危害。

② FAO/WHO, The Role of Food Safety in Health and Development, Expert Committee on Food Safety, 1984, p. 12.

③ Sun, J., The Evoling Appreciation of Food Safety, in, European Food and Feed Law Review, 2012, 7(2), pp. 84 - 85.

④ Broberg, M., Transforming the European Community's Regulation of Food Safety, Swedish Instittue for European Policy Studies, 2008, available on the Internet at: http://www.sieps.se/sites/default/files/64 - 20085.pdf, p. 8.

第一，鉴于化学物质的滥用，1906年的《纯净食品法》规定了联邦政府对食品安全规制的权力，其中重点监管的对象就是食品的掺假掺杂，如规定禁止使用有害于健康的有毒、有害成分。而在化学工业蓬勃发展的五六十年代，为了规范化学物质在食品中的使用，联邦政府进一步制定了针对食品添加剂的修正案，规定了“安全即可使用”的规制原则，即就新食品添加剂的安全性而言，由生产者承担举证责任，一旦被证实，其就可以被用于食品生产。

第二，食品的卫生条件也会导致食品安全问题，因此，1938年的《食品、药品和化妆品法案》进一步规定了禁止在不卫生的条件下制备、包装和持有食品。此外，20世纪80年代后由于沙门氏菌和大肠杆菌导致的食品安全问题增多，使得人们意识到了食品安全与微生物危害的密切关联性。为此，美国食品药品监督管理局于1973年要求低酸罐头食品企业中落实60年代发展而来的危害分析和关键控制点（HACCP）体系，以便预防微生物污染，而如今HACCP体系已经成为预防食源性危害、保障食品安全的基本管理体系。

第三，为了促进健康，越来越多的营养食品进入市场。尽管“营养不足”一直是粮食安全致力于解决的问题，但是需要指出的是无论是营养不足还是营养过剩都能导致食品安全问题，尤其是慢性的食源性疾病。因此，从食品安全的角度开始了对营养信息的监管。在这个方面，随着1990年实施的《营养标识和教育法案》，营养标识对于所有用于消费者消费的包装食品而言都是强制性要求。这一要求被编入《食品、药品和化妆品法》，要求必须提供一定的营养信息，例如，食品的分量或者其他常用的剂量单位，热量的总重量等。如果没有符合这些法定规定，食品将被认定为错误标识食品。

综上，可以说是危害健康的因素发生了变化，如化学危害、微生物危害、营养危害等，才进而转变了对食品安全的认识。当科学技术的进步有助于提高处理化学、微生物和营养危害的水平时，对于食品安全的一个科学定义可以总结为：食品无毒、无害、符合应当有的营养要求、对人体健康不造成任何急性、亚急性或者慢性危害。相应地，危害是指食品中存在的可能对健康生产不良影响的某种微生物、化学或物理性物质或条件。而风险则是指食品中某种（某些）生产某种不良健康影响的可能性及严重程度。[①] 有鉴于此，安全被认为是一个量化的因素，在毒理数据的最低担忧水平和根据规制允许人类暴露水平之间确定安全的边界。[②] 而在这个方面，科学技术的发展不仅为确定危害和风险提供了识别手段，同时也为预防、管理这些危害提供了方案。然而，值得指出的是，尽管人类从科学技术的发展中受益匪浅，但是作为代价，公众的健康安全也同样受到了技术风险的威胁。而这些存在于科学技术的发展过程中的技术风险就是指物理、化学和生物等危害发生的可能性。正因为如此，以"科学技术进步"为显著特征的风险社会需要对"安全"的定义进行重新审视。

二、安全：可接受的风险水平

生活中充满了风险，而风险也并不是现代社会所仅有的。尽管如此，以科学技术显著发展为特点的现代化重新定义了风险的内涵，使得我们进入了一个风险社会，[③] 而上述所谓的技术风险具有以下特征：

（1）威胁性。从乐于接受风险到极力规避风险，早期的风险挑战意味着勇气可嘉，因此人们乐于通过接受这些风险发现或者促进社会发展。相反，技术风险具有毁灭性，即便它还没有发生，但是其威胁性是不能忽视的，因此需要以前瞻性的方式加以管理。作为一种威胁，

---

① 国际食品法典委员会《程序手册》，第19版本，第78页。

② Walker, V., A Default-logic of Fact-finding for United States Regulation of Food Safety, in, Everson, M. and Vos, E. (ed.), Uncertain Risks Regulated, Routledge-Cavendish, 2009, p. 143.

③ Beck, U., Risk Society, towards a New Modernity, Translated in English by Ritter, M., SAGE Publication, 1992. 下文有关技术风险特点的分析参照了本书作者对风险的一些观点。

广泛传播的技术风险会将公众健康置于危险之地，[①] 因此，人们会竭尽全力规避这一风险。

（2）无处不在。从个人风险到全球风险，技术风险的广泛传播性使其不再局限于其始发地。例如，随着食品供应链从地方延伸至全国乃至全球，某一食品厂内的食品安全问题可能会危及全球的人类健康。此外，除了空间上的广泛传播性，不仅是当代人的健康，同时，下一代的健康也可能遭受影响，因为一些毒素具有长期的潜伏期。

（3）“民主性”：从穷人到富人，所谓的“民主”是指在技术风险面前人人都是平等的。诚然，通过更为优越的居住环境或是更健康的食品，有钱人在规避技术风险方面具有更多的可能性和能力，但是随着风险的扩散，当所有的一切都具有危害性后，这些有钱人也无法逃避威胁。

（4）传播：所谓的“飞来飞去效应”是指在一些需要承担风险的活动中，一些人可以无视其活动对他人造成的危害而获益，但是或早或晚他都会成为受害者。例如，当某一化学物质用于提高生产率后，其对环境造成的污染也最终降低生产率。

有鉴于此，在对这些新出现的技术风险进行管理时，需要考虑以下这些挑战。

第一，对于安全的认识需要考虑风险社会这一大环境。当风险是指不利结果发生的可能性时，安全则意味着在一定条件下，一些物质不会引起不利效果的肯定状态。因此，安全与风险是互为对应的一组概念。[②] 事实上，并不存在零风险的行为，换句话说，就是无法实现绝对安全。以食品为例，人类食用的一些食品本身就带有毒素，如蘑

---

① Fourcher, K., Principe de Précaution et Risqué Sanitaire, Thèse de Doctorat en Droit Public, Université de Nantes, sous la Direction du Professeur Helin, J. and Romi, R., 2000, p. 13.

② Luhmann, N., Risk a Sociological Theory, Translated in English by Rhodes, B., Aldine Translation, Fourth edition, 2008, p. 19.

菇、花生酱，这意味着要找到一种既能满足人类饮食需要又没有任何风险的食品是非常困难的。[①] 因此，安全食品通常是指足够安全的食品。[②] 此外，可以对风险进行管理但不能完全消除风险，[③] 因此，面对风险不确定性，安全确认的目标并不是风险本身是否存在，而是其所带来的不利结果。[④] 从风险角度来说，衡量安全的意义在于确定风险（不利结果）的可接受性，或者说，足够安全。

第二，要确定风险的可接受水平，最为困难的一点是如何处理风险不确定性。确实，当某一决定涉及未来时，由于当下无法观测到未来，因而不确定性总是难以避免的。而对于技术风险，上面所述的那些特征又加剧了对其不确定性预测的难度，包括它们发生的可能性、规模和严重程度。因此，对于风险技术的特点而言，其中最为突出的一个就是它们结果的不确定性。[⑤]

第三，尽管个体愿意倾尽所有以便对这些风险不确定性进行预测，从而避免这些对生命和健康构成威胁的风险，但是对于这些风险的管理已经超出了他们的能力范围。就食品来说，现在的食品生产特点是集中化和规模化，而且随着全国甚至全球范围内的食品流通，健康风险传播的范围也将难以预计。因此，这类风险已被视为公众风险，远远超出个人对于风险承受的理解力和控制。[⑥] 毫无疑问，对于在风险事件中遭受损失的受害者来说，传统通过侵权诉讼惩罚犯错者补偿受害者的矫正公义方式[⑦]也仍可以保护这些受害者的利益，但是，考虑到技术风险的复杂性，受害者会在采取法律诉讼方面会缺乏足够的信

---

① Ruckelshaus, W., Risk in a Free Society, Risk Analysis, 1984, 4(3), pp. 161 - 162.

② FAO/WHO, The Application of Risk Communication to Food Standards and Safety Matters, Report of a Joint FAO/WHO Expert Consultation, Rome, February 2 - 6, 1998, p. 10.

③ Randal, E., Foodrisk and Politics, Manchester University Press, 2009, p. 2.

④ Steele, J., Risks and Legal Theory, Hart Publishing, p. 166.

⑤ Ibid, p. 22.

⑥ Huber, P., Safety and the Second Best: The Hazards of Public Risk Management in the Courts, The Columbia Law Review, 1985, 85(2), p. 277.

⑦ 傅蔚冈："对公共风险的政府规制"，载《环球法律评论》2012 年第 2 期，第 146 页。

息或者动机，而且，鉴于食品安全规制中的教训，事后规制的方式也无法有效保障公众健康。因此，对于食品安全问题进行前瞻式的规制已经达成共识，而这也能更为有效的挽回公众的信心。对此，当规制干预对于公共风险来说是不可或缺时，有必要通过前瞻式的方式决定可接受的风险水平。

就针对公共风险的决策来说，决策者可能是立法者、规制者或法官。尽管这些决策，例如针对风险预防的立法或者应对紧急事故的行政决定，都是为了解决风险这一问题。事实上，风险已经重构了决策模式，其目的是为了重新分配公平和责任。[①] 考虑到风险的性质，它对于决策的挑战主要有：在无法知晓未来走势的情况下，如何衡量这一可接受的水平，尤其是如何应对不确定性？对于这个问题，标准是关键也是最难的问题所在。作为对于未来的一种投射，法律最初是通过适用规范解决存在的冲突，从而针对“孰是孰非”提供判断依据。然而，基于科学和技术的进步，就如何确定风险的可接受水平需要在受益和风险之间进行协调，对此，科学证据已经被视为客观的评判标准。

总体来说，科学是指可以逻辑合理解释某一话题的所有可信知识。狭义来说，最早被人认为科学的是思考地球和人类性质的哲学，但是到了17世纪，仅仅只是自然哲学被视为科学。自此，科学领域被划分为了两个类型，包括研究自然现象的自然科学和研究人类行为和社会的社会科学。[②] 作为社会科学的一个分支，法律也是一种科学，被称为法理学，其进一步被分为多个具体学科，例如民法或者刑法。[③] 此外，法律决定在解决法律问题的时候也借鉴自然科学和社会科学的知识。因此，法律和科学之间的互动可以概括如下：通过借用科学规则

---

① Steele, J., Risks and Legal Theory, Hart Publishing, p. 8.

② Manoj, G., History of Science, Journal of Science, 2(1), pp. 26 *ets*.

③ Timasheff, N., What Is “Sociology of Law”, American Journal of Sociology, 1937, 43(2), p. 225.

制定法律规则，科学被内化到法律中；而通过赋予科学家和其他专家在法律决策中的权力，法律问题的解决也被外化到科学中。[①]

鉴于不确定性是风险的主导特征，诸如立法、执法和司法等法律决策已经开始运用科学，将可靠的科学事实作为决策的依据，从而避免因为不确定性的存在而无法作出决策的问题。仅此，贝克指出在决策过程中无论是自然科学还是社会科学都起着重要的作用：缺乏社会理性的自然理性是空洞的，而缺乏自然理性的社会理想则是盲目的。[②]就自然科学而言，以风险评估为形式的科学研究已经被用于确定危害的可能性和特性，例如量化风险，进而为决策提供客观的证据。在这个方面，量化风险分析最早被用于环境政策中，以便制定规范的标准，解释解决某一风险的特定方式和规制框架之间的关联性。[③] 类似的，食品安全规制中也已经采用风险评估方式，对此，科学专家已经发挥了决定性的作用。

三、食品安全：科学判断和价值判断

对确保食品安全而言，科学对于食品安全规制的贡献是值得肯定的，例如，提供制定标准的科学依据，通过在生产中控制关键点预防微生物的污染或者通过最终产品的测试确保其符合预设的标准要求。当食品安全规制成为风险规制的一个子领域，危害和风险的确认以及相应的管理方式必须有科学的依据。对于这一点，通过引入风险评估，已然确立了科学在决策中的咨询地位。此外，随着法律把科学评估作为应对食品安全问题的基本方法，确保决策的科学基础已经具有了强制性。例如，针对国际食品贸易，世界贸易组织下的《实施动植物卫

---

① Feldman, R., The Role of Science in Law, Oxford University Press, 2009. Also see the Online Publication, The Role of Science in Law, Available on the Internet at: http://www.law.depaul.edu/centers_institutes/ciplit/ipsc/paper/robin_feldmanpaper.pdf, p. 27.

② Beck, U., Risk Society, towards a New Modernity, Translated in English by Ritter, M., SAGE Publication, 1992, p. 30.

③ Steele, J., Risks and Legal Theory, Hart Publishing, pp. 163 – 164.

生检疫措施的协议》就规定各成员应确保任何动植物卫生检疫措施的实施不超过为保护人类、动物或植物的生命或健康所必需的程度，并以科学原理为依据（第2.2条）以及各成员应确保其动植物卫生检疫措施是依据适应环境的对于人类、动物或植物的生命或健康的风险评估，并考虑到由有关国际组织制定的风险评估技术（第5.1条）。

根据这一规定，世界贸易组织的成员国都应确保其动植物卫生检疫措施的科学依据。考虑到科学是一中性的价值观，对于科学原则的确认其意义在于确保决策中的价值中立。然而，当食品安全意味着可接受的风险水平时，仅仅自然科学的专业知识是不足够的，除此之外，还需要社会科学的专业知识。作为一个简单的例子，基于疯牛病、三聚氰胺等食品安全危机的教训，各国纷纷强化其食品安全规制体制，这一事实表明：对于风险，一个显著的案例可以影响到公众对于风险的认知。以疯牛病危机为例，它极大地影响了欧盟公众对于风险的认知，以至于公众对于食品安全的公共管理产生了极大的不信任。有鉴于此，欧盟食品安全规制在疯牛病危机后的一个主要目标就是恢复公众的信任，为此，欧盟的食品安全立法对食品安全的规制采取了谨慎的做法。[①] 尽管数据统计未必会反映出上述问题，但是公众参与决策的必要性在于通过了解他们的观点，制定一个可以广为接受的决策。[②] 因此，公众参与对于获取他们对于风险的认知、观点是必须的，但对于这些观点的评估和解释仍需要借助科学知识，一如风险认知研究的作用。

尽管社会科学理性的重要性不亚于自然科学理性，但是社会科学对于达成一致性是提供了更多的可能性还是挑战依旧是存在争议的，因为与自然科学相比，社会科学本身具有更多争议。在这个问题上，

---

① Bemauer, T. and Caduff, L., European Food Safety: Multilevel Governance, Renationalization, or Centralization?, Center for Comparative and International Studies (ETH Zurich and University of Zurich), Working paper No. 3, 2004, pp. 7 – 8.

② Randal, E., Foodrisk and Politics, Manchester University Press, 2009, p. 129.

值得一提的是价值在决策中的作用。事实上，价值中立是很难实现的，即便在科学评估中也是如此。例如，面对不确定性，科学评估更多的是对风险进行估计，而科学家本身的价值观会使得其得出一个即有科学依据又具有实践性的结论。正是因为如此，即便科学评估者在面对相同数据的时候也会作出不同的结论。①

法律的目的在于实现一些社会目标，而这些目标都是根据价值判断确定的，换言之，就是对价值的评估。作为手段，法律规范是为了实现所确立的目标。② 作为主观价值评估，价值的主观性与特定的历史时期或者特定的社会情况相关，而这些背景都会影响法律决策。③此外，对于决定哪一个价值应该优先考虑，例如自由还是安全，价值冲突也将不可避免。因此，面对价值冲突，决策者并不是判断对与错，而是选择一个相对偏好的价值。④ 然而，一方面，食品安全立法的历史演变已经说明：即便在公众健康面临风险威胁的时候，也有决策者将经济自由这一价值凌驾于安全保障之上。另一方面，对科学原则的坚持也说明了法律仅仅只是反映了科学理性而不是社会价值这一事实。

对于食品，价值是多元的，包括安全、营养、公平、传统等。在这些价值中，安全总的来说是第一位的。⑤ 尽管每个国家都会有自己的社会情况以及不同的食品偏好，但是面对风险社会的挑战，对于安全的优先考虑可以说是共同的价值所在。因此，食品法典委员会在有关食品安全规制的原则中就指出：决策不仅要考虑科学意见，还要考虑那些与消费者健康和促进公平贸易相关的其他合法因素。相应的，

---

① Ruckelshaus, W., Risk in a Free Society, Risk Analysis, 1984, 4(3), p. 158.

② Bodenheimer, E., Jurispudence, Harvard University Press, Third Edition, 1970, p. 339.

③ Freeman, M., Lloyd's Introduction to Jurisprudence, Sweet & Maxwell Limited, Seven Edition, 2001, pp. 50 - 51.

④ Ruckelshaus, W., Risk in a Free Society, Risk Analysis, 1984, 4(3), p. 161.

⑤ Lusk, J. and Briggeman, B., Food value, American Journal of Agricultural Economics, 2009, 91(1), p. 191.

基本食品法优先考虑的目标就是健康的保障，而这也是公众利益所在。此外，随着大众消费的发展，消费者与生产者相比，是弱势群体，因此，加大对消费者的保护也是“矫正公平”的意义所在。

就食品安全规制而言，目前决策的确定性仅仅只是根据可靠的自然科学事实，例如《落实动植物检疫措施协议》中确定的科学原则，但其并不认可风险认知作为立法依据。[①] 因此，有人质疑根据上述协议作出的决策意在借助科学证据逃避决策失败的责任。[②] 此外，即便可靠的科学证据和诸如成本/收益等的经济分析可以确保法律的有效性，但是法律是否被公众接受依旧面临着挑战，因为对于风险的接受依旧有赖于社会理性，例如风险认知的作用。正因为如此，学界的反思指出即便科学可以为法律问题带来清晰、肯定的解决方式，尤其是自然科学的作用，但贸易领域中依旧存在诸多争端，作为答案，食品安全规制之所以挑战重重就是因为从风险规制的角度来说，食品安全并不只是科学判断，同时其也是一个价值判断。

四、应对科学不确定性的风险预防原则

对于科学在包括食品安全在内的风险规制作用，值得指出的是，在识别和定性风险的过程中，要预知一些因素必须通过科学证据予以确定，然而不容忽视的一个问题是科学本身也具有不确定性，例如，缺乏足够信息时的难以决断性，无知或科学争议。因此，根据科学评估所确定的风险性质，对于风险可以有以下几种分类：（1）未知风险：由于当前科学技术的局限我们不知道该风险的存在；（2）疑似风险：由于科学不确定性的存在，我们不知道该风险是否会发生或者其

① Alemanno, A., Public Perception of Risk under WTO Law: A Normative Perspective, in, van Calster, G. and Prévost, D. (ed.), Research Handbook on Environment, Health, and the WTO, Edward Elgar, 2012, also Available on the SSRN at: http://papers.ssrn.com/sol3/papers.cfm?abstract_id=2018212, p. 2.

② Feldman, R., The Role of Science in Law, Oxford University Press, p. 6.

严重性的程度；（3）已知风险：根据科学证据我们可以确定该风险及预防这一风险的方法；（4）发生风险：我们已经遭受了损失并可以对此进行补偿。[①]

作为一个普通概念，英语 prudence 源于 pro-videre，该术语意味着前瞻性。[②] 对于不确定性，应对方式可以是事前谨慎或事后补偿，又或两者共有之。传统来说，法律对于这一点的规定是着眼于事后补偿，即当不确定性明确后，对受害人进行补偿。然而，风险性质的改变使得这类风险的应对应该考虑科学的不确定性并着眼于事前的预防，从而避免发生不可逆转的损失。由此，应该通过前瞻性的方式处理这类风险，一如环境保护中根据预防原则（preventive principle）采取的预防性保护措施和根据风险预防原则（precautionary principle）所采取的谨慎性保护措施。

值得一提的是，预防性的保护措施和谨慎性的保护措施并不一致，根据如下分类，他们所依据的风险性质和落实的谨慎程度是不一样的：

（1）通过免责原则应对未知风险；

（2）通过风险预防原则应对疑似风险；

（3）通过预防原则应对已知风险；

（4）通过赔偿原则应对发生风险。

随着对技术风险认识的加深，在第一种和第四种情况中的民事责

---

① Collart Dutilleul, F., Rapport sur le Principe de Précaution (Report on the Precautionary Principle), Éditions du Conseil National de l'Alimentation (Ministère de l'agriculture), 2001, p. 14.

② 尽管英语“prudence”和“precaution”都有意在以前瞻性的方式应对未来的意思，但还是有观点认为两者之间是有差异的，简单来说，“prudence”是鼓励决策者在具有风险性的决策中就采取风险性的行动承担责任，而“precaution”则是通过避免采取风险性的行动来规避责任。See, Chanteur, J., “A philosopher's view”, in, Servie, L., (ed.), Prevention and Protection in the Risk Society, 2001, pp. 134 – 135. 这一点的论述在对应的英语论述中涉及以下三个类似概念，包括“prudence”“precaution”“prevention”，其中“prudence”被视为一个一般性的概念，而“precaution”和“prevention”分别演变成不同的风险规制原则，即风险预防原则（precautionary principle）和预防原则（preventive principle）。文章中会对两者的差异做进一步的说明。

任也发生了转变。简单来说，在第一种情况下，根据风险发展辩护理论，民事责任可以免除，而在第四种情况下，即便不存在过错，也要承担民事责任，例如在产品责任的追究中。但是对于第二和第三种情况，风险预防原则和预防原则的差异往往被无视。事实上，科学、预防和谨慎三者在结构化的风险规制决策中都起着重要的作用。

就风险规制而言，它最初是凭借科学识别和定性风险并进而通过前瞻性的方式采取保护措施。因此，诸如环境风险评估、食品风险评估等陆续发展起来，由此确立了科学原则在风险规制中的基础作用。此外，即便出现不确定性时，也要求在实质性危害发生前，规制行动必须等待确凿证据的支持。① 尽管科学研究和评估工作可以为风险预防提供确定性，但是科学研究本身也因为不确定性的存在而伴有风险，进而带来危险。② 正是因为如此，风险预防原则的引入就是为了应对这些存在的不确定性。然而，与科学原则的主导地位相比，风险预防原则被认为是对科学创新存在偏见的决策过程，③ 尤其是对于生物技术的使用，④ 因为根据风险预防原则，只有没有风险的行为才能被许可。⑤

事实上，根据谨慎采取的保护行为并不对科学技术的进步构成威胁，相反，它与科学在风险规制中的角色起着互补的作用。⑥ 因为一

---

① Wiener, J., Comparing Precaution in the United States and Europe, Journal of Risk Research, 2002, 5(4), p. 318.

② Luhmann, N., Risk a Sociological Theory, Translated in English by Rhodes, B., Aldine Translation, Fourth edition, 2008, p. 205.

③ Miller, H., and Conko, G., The Science of Biotechnology Meets the Politics of Global Regulation, Issues in Science and Technology, The University of Texas at Dallas, October 9, 2000, pp. 48 – 49.

④ Sandin, P., The Precautionary Principle and Food Safety, Journal of Consumer Priotection and Food Safety, 2006, 1(1), pp. 3 – 4.

⑤ Chanteur, J., A philosopher's view, in, Servie, L., (ed.), Prevention and Protection in the Risk Society, 2001, pp. 134 – 135.

⑥ Dreyer, M., et al., General Framework for the Precautionary and Inclusive Governance of Food Safety in European, Final Report of the Project Safe Food, June 30, 2008. p. 11.

方面当公共健康、环境等遭遇危险时，一味强调等待科学证据才采取行动的做法并不明智，而在实践中谨慎应对科学不确定性的做法并不罕见。因此，科学原则和风险预防原则的结合是为了确保通过行动应对科学不确定性，从而避免由于不作为而招致不可挽回的损失。另一方面根据谨慎所采取的行动依旧要受到科学的审议，因为无论是采取谨慎行动还是事后的审议都要根据当下所得到的科学信息进行。正因为如此，以科学为基础的风险分析体系就将谨慎视为是该体系本身就具有的因素。①

根据预防采取的行动和根据谨慎采取的行动都是出于审慎的态度应对潜在损害。但不同的是，预防所应对的是已知风险，而谨慎所应对的是疑似风险。有鉴于此，在针对风险进行决策的时候，第一步是通过科学工作为处理风险提供确定性，包括识别风险确定预防行动。事实上，只有在确定的情况下才能对风险进行定性和定量分析，从而以前瞻性的方式加以预防。② 相反，当存在不确定性时，针对疑似风险应该采取谨慎性的行为，而不是不作为的等待直到风险成真后追悔莫及。因此，风险预防原则的关键就是尽可能地通过行动而不是以坐以待毙的方式应对不确定性。③

比较而言，根据科学证据，预防行为可以是短暂的也可以是长期的。在这个方面，风险管理往往是实现通过应急措施控制危害。例如，中国国家食品安全应急方案将风险分为了四个等级，每个等级都有相应的应急方式，诸如组织风险评估、控制危害、提供医疗等。因此，

① FAO/WHO, Working Principles for Risk Analysis for Food Safety for Application by Governments, 2007, p. 4.

② 尽管在一般用于中保护（prevention）和谨慎（precaution）的用语并没有严格的区别。但在欧盟，保护原则和风险预防原则并不相同。See, Recuerda, M., Dangerous Interpretations of Precautionary Principle and the Foundation Values of European Union Food Law: Risk versus Risk, Journal of Food Law and Policy, 2008, pp. 3 – 4.

③ Kourilsky, P. and Viney, G., Le Principe de Précaution, Report for the Primary Minister, October 15, 1999, p. 5.

当风险被识别并被分级后，就可以落实相应的应急措施了。然而，谨慎行为只是短暂的。[①] 它的执行一方面要进行跟踪审议，另一方面则需要进行及时调整。[②] 也就是说，根据后续搜集到的科学信息，要对所采取的谨慎行为进行跟踪审议，如果风险可以识别那么就要确定相应的预防措施，相反，风险一旦被认为是不会发生的，那么先前的谨慎行为就要取消。

最后一点，具体采取哪些原则，要根据风险的可能性来确定。而所采取的保护行为也会因为风险的危害程度有所差异。一般来说，就预防性和谨慎性的措施，可以通过公共执行的方式落实，并告知公众。对于一个已知的风险，如果其是公共风险，那么它将是消费者无法通过自身的理解和控制进行预防的，因此可以通过禁止或许可某一行为的方式控制这一风险的发生。相反，当消费者可以很好地识别风险并由他们自身决定是接受还是拒绝这一风险的时候，那么仅仅通过提供信息就能帮助他们在知情的情况下作出符合自身偏好的选择，对于这一点，典型的就是针对酒精和烟草的使用控制。相似的，在应对严重和不可逆转的损害时，针对疑似风险的谨慎行动也可以大范围的展开。但是，如果疑似风险并不会带来严重或者不可逆转的损害时，又或者它不会对公众而只是给部分人群带来损害时，也可以通过告知消费者，由其自由选择预防风险方式。[③]

尽管风险预防原则在食品安全监管中的应用尚处争议中，但是保护人类免于食品风险的威胁是每个人都乐见其成的事，对此，谨慎处

---

① CollartDutilleul, F., “Le Principe de Précaution Dans le Règlement Communautaire du 28 Janvier 2002”(The Precautionary Principle in the Community Regulation of January 28 2002), Prodottiagricoli e Sicurezzaalimentare (dir. A. Massart), Ed. Giuffre, 2003, p. 252.

② Kourilsky, P. and Viney, G., Le Principe de Précaution, Report for the Primary Minister, October 15, 1999, p. 68.

③ Collart Dutilleul, F., Rapport sur le Principe de Précaution (Report on the Precautionary Principle), Éditions du Conseil National de l'Alimentation (Ministère de l'agriculture), 2001, p. 18.

理食品风险并不鲜见。例如美国 20 世纪 50 年代的时候就对化学物质的监管采取了谨慎方式，在国际层面，谨慎被用作科学原则的例外规定，以求在贸易发展的同时保障公众健康，而欧盟则更是激进一步，已将其确定为一项食品法的基本原则。即便中国并没有明确说明运用这一规制理念，但是从 2011 年 5 月 1 日开始将过氧化苯甲酰和过氧化钙作为面粉增白剂的禁令也显示了主管部门在应对科学不确定性时采取了谨慎的做法。尽管实践中依旧是挑战不断，但是这些挑战的应对也为该原则在食品安全规制方面的运用奠定了基础。

五、总结

结合上文的分析，不难看出即便食品安全的科学定义少有争议，但是涉及实践的具体规制问题，如转基因食品，各国对食品安全的判断并不仅仅只是依据单纯的科学结论，同时也会考虑到其他涉及经济、文化、环境等因素，而这些考虑的背后无疑又反映了各国在选择背后的价值追求。以美国和欧盟的转基因争议而言，美国更在意的是与转基因技术相关的科技实力、经济实力，而欧盟则更倾向于从社会、环境等方面谨慎应对转基因技术。而在最近转基因大豆的审批中，中国农业部则以“公众接受度低”为理由暂停审批某转基因大豆。[①] 由此可见，尽管各国以及国际组织都致力于协调全球食品安全规制，促进国际食品市场的发展，但正是因为食品安全不仅仅只是科学判断，同时也是价值判断，才使得基于食品安全的贸易纠纷不断。对此，只有真正认识食品安全的内涵，证实风险认知、价值选择等内容对于食品安全判断的影响，才能进一步促进食品安全规制的全球协调。

---

① 网易新闻：“农业部以民意为由暂停进口国外一款转基因大豆”，载 http：//news. 163. com/14/1019/13/A8U3PMVU00014SEH. html，2015 年 3 月 25 日访问。

风险感知、政府公共管理信任与食品购买行为*

——对中国消费者品牌与安全认证食品购买行为的解释

王二朋　高志峰**

摘要： 中国消费者抢购名牌商品现象不断增加，在食品市场中也有类似的表现。同时，越来越多的消费者开始了解食品安全认证，购买具有安全认证标签的食品。本文通过构建一个包含消费者食品安全风险感知、政府公共管理信任的分析框架，解释了中国消费者的品牌与安全认证食品的购买行为，在此基础上通过GSEM模型分析了风险感知、政府公共管理信任与食品购买行为之间的关系。研究发现，消费者购买品牌食品与安全认证食品的机制并不一样。品牌是企业质量担保，食品安全风险感知是影响消费者品牌食品购买次数的重要因素；而安全认证是政府质量担保，政府公共管理信任是影响消费者安全认证食品次数的重要因素。同时，不同性别、年龄、教育程度消费者的食品安全风险感知与政府公共管理信任具有显著差异。

关键词： 风险感知　政府公共管理信任　品牌食品　安全认证食品　购买行为

---

* 基金项目：国家社会科学基金重大项目（12&ZD204）；教育部人文社会科学青年基金项目（13YJC790138）；教育厅社科基金资助项目（2013SJB790028）；国家自然科学基金（71301073）。本文已发表于《南京工业大学学报（社会科学版）》2016年第3期，已征得同意结集出版。

** 作者简介：王二朋，南京工业大学经济与管理学院讲师，博士，研究方向：食品安全的经济分析与政策研究。

高志峰，吉林农业大学，University of Florida副教授，研究方向：消费者行为。

引言

近年来，中国消费者疯狂追逐名牌商品的报道屡见不鲜。与发达国家相比，中国消费者狂热购买名牌商品的现象，与中国消费者收入水平并不一致。为什么中国人喜欢购买名牌？有分析人士认为中国人喜欢购买名牌是因为文化因素，例如炫富、攀比等。[①] 值得注意的是，这种品牌消费行为也表现在食品市场。越来越多的消费者增加品牌食品的购买，是不是大品牌成为消费者食品购买决策的重要参考指标。

与此同时，随着消费者食品安全意识的提高，越来越多的消费者开始关注有机认证食品、绿色食品。即使目前我国消费者对有机、绿色认证食品的认知和信任还处于较低水平[②]，大量带有有机、绿色等食品安全认证标签的食品仍然销售旺盛。例如，目前国内有机食品的年销售额已达到50亿美元左右，销售额的年增长率在20% ~30%[③]；绿色食品企业总数已达到7696家，年销售额3625.2亿元[④]。

那么，如何理解消费者品牌食品与安全认证食品的购买行为？哪些因素影响消费者对品牌食品与安全认证食品的购买？其影响机制是否一致呢？在我国食品安全还无法充分保障、政府食品安全监管存在漏洞的背景下，哪些因素影响消费者食品购买行为？该问题的回答对于政府制定食品市场管理政策和企业制定食品营销策略具有参考价值。

---

① 周凤梅："青年文化在消费主义时代的嬗变与当代建构"，载《江淮论坛》2016年第2期，第31页。

② 王二朋、周应恒："城市消费者对认证蔬菜的信任及其影响因素分析"，载《农业技术经济》2011年第10期，第69~77页。杨波："消费者对生态标签低信任度下绿色食品市场的运行和消费者行为选择"，载《经济经纬》2015年第3期，第73~78页。

③ "有机食品销售额呈20%以上增长"，载http://money.163.com/15/0929/01/B4L3630R00253B0H.html。

④ "中国绿色食品年销售额逾3620亿元"，载http://business.sohu.com/20140325/n397197209.shtml。

因此，本文构建了一个包含消费者食品安全风险感知、政府公共管理信任的分析框架，分析消费者食品安全购买行为，并比较消费者购买品牌食品与安全认证食品的机理差异。在此基础上，利用江苏省消费者660份问卷调查数据，构建广义结构方程模型（GSEM），估计了相关参数，分析了消费者食品安全风险认知、公共管理信任与品牌食品、安全认证食品之间的关系，为完善我国食品安全管理，优化企业食品营销策略提供政策建议。

一、理论分析与模型设计

1. 理论分析

（1）食品安全风险感知对食品购买行为的影响。消费者食品购买行为是消费者选择具有不同属性的食品，以实现效用最大化的过程。目前，消费者关注的食品属性既包括色泽、新鲜度、口感等搜寻品与经验品属性，也包括营养、健康、安全等信任品属性。消费者对食品健康、安全、环境友好和动物福利等属性的需求不断增加。[①] 研究表明，食品的非经济属性在消费者食品购买决策中的权重越来越高。其中，食品安全是消费者关注的重要食品属性之一，但是食品安全属性有其特殊性。首先，食品安全具有信任品属性，由于食品安全信息的缺乏以及现实消费者分析信息能力的有限性，无论消费之前还是消费之后，消费者一般都无法知道食品实际的安全程度。[②] 他们的购买选

① Horskά E, Ürgeovά J, Prokeinova R. Consumers' food choice and quality perception: Comparative analysis of selected Central European countries. Agric. Econ. –Czech, 2011, 57: 493–499. Hocquette J F, Botreau R, Legrand I, et al. Win-win strategies for high beef quality, consumer satisfaction, and farm efficiency, low environmental impacts and improved animal welfare. Animal Production Science, 2014, 54 (10): 1537–1548. de Jonge J, van Trijp H C M. Meeting heterogeneity in consumer demand for animal welfare: A reflection on existing knowledge and implications for the meat sector. Journal of agricultural and environmental ethics, 2013, 26 (3): 629–661.

② 周应恒、霍丽玥："食品质量安全问题的经济学思考"，载《南京农业大学学报》2003年第3期，第91~95页。

择更多受到对各种食品属性心理主观感受的影响，而不是产品物理属性本身。[①] 消费者无法了解食品安全客观风险水平，Slovic 认为应用风险评估来估计各种有危险的事物时，主要是依赖直觉的风险判断即风险感知。[②] 同时，公众与专家的认知也存在差异，Savadori 等考察了公众与专家对生物技术应用的风险感知，研究发现：与专家相比，公众认为生物技术应用有更大的风险[③]。

梳理相关文献可以发现，学者对消费者食品安全风险感知的研究越来越丰富。目前越来越多的研究开始关注消费者如何感知食品质量安全以及消费者的风险感知如何影响食品购买的决策。[④] 可以认为，风险感知是连接供给与需求的一个重要因素，也是影响消费者购买行为的重要因素，只有消费者感知到产品的相关属性时，才能转化为现实购买行为。例如，法国消费者不愿意购买产自中国的水果，因为他们对产自中国水果的风险感知非常高[⑤]。目前国内学者开展了对我国消费者食品安全风险感知的研究，分析了消费者食品安全风险认知规律及影响因素，[⑥] 发现家庭年收入与职业类别对于消费者的食品安全风险认知

---

① Rozin P, Vollmecke T A. Food likes and dislikes. Annual review of nutrition, 1986, 6 (1): 433 -456. Gao Z, Li C, Bai J, et al. Chinese consumer quality perception and preference of sustainable milk. China Economic Review, 2016.

② Slovic, P. Percept ion o f risk. Science, 1987, 236: 280 -285

③ Lucia Savadori. Et al. Ex per t and Public Perception of Risk from Biotechnology . Risk Analysis. 2004, 24(5) : 1289 -299

④ Grunert K G. Food quality and safety: consumer perception and demand. European Review of Agricultural Economics, 2005, 32 (3): 369 -391. Nesbitt A, Thomas M K, Marshall B, et al. Baseline for consumer food safety knowledge and behaviour in Canada. Food Control, 2014, 38: 157 -173.

⑤ Gao Z, Sing Wong S, A. House L, et al. French consumer perception, preference of, and willingness to pay for fresh fruit based on country of origin. British Food Journal, 2014, 116 (5): 805 -820.

⑥ 王二朋："消费者食品安全风险认知与信任构建研究"，载《农产品质量与安全》2012 年第 3 期，第 56 ~58 页。于丽艳、王殿华、徐娜："影响消费者对食品安全风险认知的因素分析——基于天津市消费者乳制品消费的实证研究"，载《调研世界》2013 年第 9 期，第 14 ~18 页。

有显著正效应，而教育的影响并不显著，[①] 新知识的积累和新信息的搜索都可以显著地促使消费者降低对奶制品的感知风险，[②] 认为信息公开是缩小食品安全信息与消费者认知之间偏差的前提条件。[③]

然而，食品安全风险感知在食品购买决策中的权重并不稳定。Grunert 认为，当食品安全事件发生时，食品安全风险感知在食品购买决策中的权重会无限放大，成为食品购买选择的首要考虑因素。[④] 但是当食品安全得到基本保障时，食品安全风险感知在食品购买决策中的地位又会下降。[⑤]

食品安全风险感知对消费者食品购买行为的影响机理是：当消费者感知到食品安全风险超过一定限度时，就会采取措施降低风险暴露，具体措施包括减少食品购买或进行替代。品牌和安全认证都是具有食品安全担保的形式，我们可以认为消费购买品牌食品、安全认证食品都是消费者为降低风险暴露的行为。

考虑到目前我国食品安全还无法得到充分保障、政府食品安全监管漏洞依然存在的背景，可以认为食品安全风险感知仍然在我国消费者食品购买决策中发挥重要作用。因此，本文提出如下假设。

假说1：食品安全风险感知是影响消费者食品购买行为的重要原因。

（2）政府公共管理信任对食品购买行为影响。发达国家的经验表明随着食品安全意识的提高，消费者会增加对带有安全认证标签食品的购买。通过食品安全认证标签来增加食品市场的信息，降低食品市

---

① 于铁山："食品安全风险认知影响因素的实证研究——基于对武汉市食品安全风险认知调查"，载《华中农业大学学报（社会科学版）》2015年第6期，第101~108页。

② 全世文、曾寅初、刘媛媛："消费者对国内外品牌奶制品的感知风险与风险态度——基于三聚氰胺事件后的消费者调查"，载《中国农村观察》2011年第2期，第2~15页。

③ 张文胜："消费者食品安全风险认知与食品安全政策有效性分析——以天津市为例"，载《农业技术经济》2013年第3期，第89~97页。

④ Grunert K G. Food quality and safety: consumer perception and demand. European Review of Agricultural Economics, 2005, 32(3): 369–391.

⑤ Brunsø K, Fjord T A, Grunert K G. Consumers' food choice and quality perception. The Aarhus School of Business Publ., Aarhus, Denmark, 2002.

场信息不对称问题，将具有信任品属性的食品安全转化为搜寻品。这是完善食品安全管理的重要途径。

然而，信任是决定这一机制能否发挥作用的基础，也是消费者基于相关知识和经验进行推断的基础。[①] 消费者往往依靠经验和信任作为食品购买决策的判断依据。[②] 所以，信任在消费决策中起到重要作用，如果消费者不信任相关信息，即使再多的信息供给，也不能解决食品安全市场的信息不对称问题。

在我国，消费者对政府公共管理的信任非常重要，因为各种食品安全认证都是政府部门实施的。消费者对政府公共管理的信任是以政府信任为担保的各种食品质量信号发挥作用的基础。然而，“三聚氰胺事件”的发生，使消费者对政府公共管理信任大幅降低。

因此，识别政府公共管理信任对消费者食品购买行为的影响，并且识别不同消费者群体的政府公共管理信任差异，对于提高我国政府公共管理信任非常有意义。考虑到我国安全认证食品的市场规模不断扩大，但是近期一些著名企业卷入食品安全污染事件，同时媒体不断曝光各种食品安全认证机构的欺诈事件，正在损害政府公共管理信任。因此，本文提出如下假说。

假说2：消费者对政府公共管理的信任是影响食品购买行为的重要因素。

同时，考虑到消费者异质性，不同性别、年龄和教育程度消费者的食品安全风险感知和对政府公共管理信任存在差异。识别消费者的异质性，能够有效区分不同消费群体，以实施差异化的市场营销策略。本文提出如下假设。

假说3：性别、年龄和教育程度不同的消费者对食品安全风险感

---

① Selnes F, Troye S V. Buying expertise, information search, and problem solving. Journal of Economic Psychology, 1989, 10(3): 411 -428.

② Olson J. Cue utilization in the Quality Perception Process: A cognitive Model and an Empirical Test doctoral dissertation. Purdue University, 1972.

知和政府公共管理信任存在差异。

2. 实证计量模型设计

消费者的食品购买行为取决于各种食品购买选择中获得的效用水平。假设消费者的购买品牌或安全认证食品的效用，是消费者食品安全风险感知和政府公共管理信任的函数。当消费者感知到目前市场食品安全风险越大，那么购买具有质量安全保证的品牌食品和安全认证食品所获得的效用就越大，表现在行为上消费者就会增加品牌食品或安全认证食品的购买。当然，在目前我国食品安全信任非常缺乏的背景下，政府公共管理信任发挥重要影响。当消费者信任政府公共管理时，才会把相关政府担保的食品安全质量信号作为食品购买的依据。同时，消费者食品安全风险感知和政府公共管理信任受到消费者个人特征的影响。

本研究设置的消费者品牌食品与安全认证食品购买行为是消费者自评的购买次数，被解释变量购买次数分为“1 = 非常多，2 = 比较多，3 = 一般，4 = 比较少，5 = 非常少”符合有序 Logit 模型的要求，因此本研究用有序 Logit 模型来进行计量分析。同时，考虑到消费者食品安全风险感知和政府公共管理的信任由个人特征内生决定的，而食品安全风险感知、政府公共管理信任与消费者收入水平共同影响了消费者食品购买行为。因此，本文基于以上分析框架，构建广义结构方程模型进行分析（见图1）。

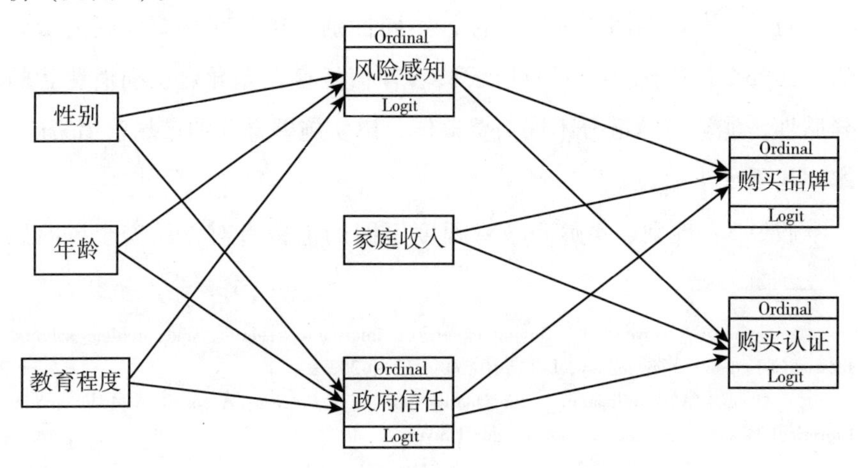

图1 广义结构方程（GSEM）模型

二、数据来源与描述分析

1. 问卷设计

本文主要研究消费者购买品牌食品和安全认证食品的影响因素，重点考察风险感知与政府公共管理信任的影响。品牌食品不是一个客观概念，而是指消费者个人主观认定的大品牌食品，尤其是消费者生活中经常接触到的占有一定市场份额和经常进行广告宣传的食品，从而形成“品牌过硬”的观念。安全认证食品是指带有食品安全认证标签的食品，例如有机食品、绿色食品等。

本研究具体问卷设计如下：（1）消费者的品牌食品和安全认证食品的购买行为，用消费者自评的方法进行测量购买次数。这主要是考虑到不同消费家庭的食品购买的数量存在较大差异，消费者主观自评能够反映其购买倾向及品牌、安全认证食品购买在整体食品购买中的比重。（2）消费者食品安全风险感知，也是采取消费者自评的方法，因为消费者主观感受直接影响食品购买决策。设计的问题是“您对目前食品安全风险的判断是什么”。（3）消费者政府公共管理信任水平的测量，设计的问题是“您对目前政府公共管理信任水平如何”。

2. 数据来源与样本基本情况

本文采用的数据资料来源于南京工业大学的本科生在2014年寒假期间在江苏省徐州、盐城、淮安、宿迁、南京、常州、泰州、扬州、连云港等市开展的消费者问卷调查。本次调查采取代填式访谈问卷的形式，主要询问了消费者食品购买行为，并询问了消费者食品安全风险感知、政府公共管理信任、个人特征等问题。人口统计学特征包括被调查者的性别、年龄、教育程度和家庭月人均收入。调查共收回有效问卷670份问卷，剔除遗漏关键信息及出现错误信息的问卷，最终获得有效问卷660份。具体变量定义及变量赋值如表1所示，调查地点的样本分布如表2所示，调查样本的人口统计学特征如表3所示。

表1　变量定义及变量赋值说明

	变量定义	变量赋值
被解释变量		
	购买品牌食品的频率	1=非常多，2=比较多，3=一般，4=比较少，5=非常少
	购买安全认证食品的频率	1=非常多，2=比较多，3=一般，4=比较少，5=非常少
解释变量		
风险感知	食品安全风险感知	1=非常严重，2=比较严重，3=一般，4=比较不严重，5=非常不严重
信任因素	政府公共管理信任	1=非常信任，2=比较信任，3=一般，4=比较不信任，5=非常不信任
人口统计学特征	性别	0=男，1=女
	年龄	具体年龄整数
	家庭人均月收入	1=3000元及以下，2=3000~6000元，3=6000元以上
	教育程度	1=初中及以下，2=高中，3=大学及以上

从样本分布看，样本性别比例接近1∶1，年龄分布主要集中在60岁以下的消费者群体，其中30~59岁的被调查者占总样本的53.03%，是家庭食品的主要购买者，具有一定的代表性。从教育程度看，高中及以上的被调查者占80.60%，这样的教育程度有利于对问卷问题的理解。

表 2　调查地点的样本分布　　单位:%

调查地点	样本分布
常州	8.79
淮安	11.06
连云港	7.88
南京	14.24
宿迁	10.61
泰州	6.52
徐州	10.60
盐城	8.94
扬州	10.76
溧阳	10.60

表 3　调查样本的人口统计学特征　　单位:%

	样本特征	样本分布
性别	女	50.15
年龄	30 岁以下	41.67
	30～59 岁	53.03
	60 岁以上	5.30
教育程度	初中及以下	19.39
	高中	28.18
	大学及以上	52.42
家庭月均收入	3000 元及以下	42.53
	3000～6000 元	48.03
	6000 元以上	8.94

三、计量分析结果与讨论

根据表 1 中选择的解释变量，基于理论分析构建广义的结构方程模型，采用 stata14.0 计量统计软件进行估计。估计结果如表 4 所示。

表4　估计结果

	系数	z值	P值
模型1. 品牌食品购买频率			
风险感知	0.300***	3.370	0.001
政府公共管理信任	0.025	0.310	0.758
家庭人均月收入（2）	-0.390**	-2.390	0.017
家庭人均月收入（3）	-0.762***	-4.030	0.000
模型2. 安全认证食品购买频率			
风险感知	0.098	1.090	0.276
公共管理信任	0.189**	2.240	0.025
家庭人均月收入（2）	0.018	0.110	0.916
家庭人均月收入（3）	-0.376**	-2.010	0.045
模型3. 食品安全风险感知			
性别	-0.316**	-2.120	0.034
年龄	-0.003	-0.460	0.647
教育程度（2）	-0.768***	-3.380	0.001
教育程度（3）	-0.991***	-4.350	0.000
模型4. 政府公共管理信任			
性别	0.053	0.360	0.716
年龄	-0.025***	-4.180	0.000
教育程度（2）	0.141	0.660	0.510
教育程度（3）	0.522**	2.420	0.015

注：***代表1%水平显著，**代表5%水平显著。

表4中模型1是消费者品牌食品购买行为的分析模型，结果显示，消费者风险感知程度与购买品牌食品的次数存在显著的正相关关系。基于前文分析，消费者购买品牌食品是一种食品安全风险规避行为，消费者感知到的食品安全风险水平越高，越会增加品牌食品的购买，以降低家庭食品安全风险的暴露程度。同时，收入越高的消费者购买品牌食品的次数越多，因为通过购买品牌食品来规避食品安全风险的

行为需要家庭收入的保障。然而，政府公共管理信任对品牌食品购买次数的影响不显著，主要因为品牌食品的食品安全担保是企业行为，是通过企业宣传和市场信誉实现的。

模型 2 是消费者安全认证食品购买行为的分析模型，结果显示，政府公共管理信任、家庭人均收入水平（3）对购买安全认证食品具有显著影响，而食品安全风险感知的影响不显著。这是因为购买安全认证食品的消费者具有较强的食品安全意识，即使感知到食品安全风险比较低的情况也会购买具有食品安全认证的食品，这更是消费方式的改变。类似于发达国家中食品安全基本能够得到保障，但是消费者仍然愿意购买具有食品安全认证标签的食品，表现为食品安全偏好。同时可以发现，政府公共管理信任对安全认证食品的购买频率影响非常显著，主要是因为目前我国食品安全认证以政府为主导。这说明，政府对食品安全认证管理的规范性已经影响了我国食品安全市场的健康发展。

模型 3 和模型 4 把食品安全风险感知和政府公共管理信任作为被解释变量进行计量，结果显示：首先，性别、教育程度与消费者食品安全风险感知存在显著的负相关关系。女性消费者的食品安全风险感知更高，可能是女性作为家庭食品购买者更关注食品安全问题，往往会高估食品安全风险。同时，教育程度越高的消费者，食品安全风险感知越高，说明我国食品安全风险水平比较高。其次，年龄、教育程度与政府公共管理信任有显著的相关性。年龄越大的消费者越信任政府公共管理，而年轻人对政府公共管理信任比较缺乏。大学及以上教育程度的消费者更不信任政府公共管理。

四、结论与政策含义

本文构建了食品安全风险感知、政府公共管理信任对食品购买行为影响的分析框架，并在对江苏省消费者调研数据基础进行了实证分析。根据本文的分析得到以下结论：其一，从模型分析看，消费者的食品安全风险感知是影响食品购买行为的重要因素，当消费者感知到足够大的食品安全风险时，就会采取食品安全风险规避行为，包括购买具有企业质量担保的品牌食品。同时，即使在食品安全风险水平比较低的情况下，随着收入水平的提高，消费者也具有食品安全需求，会购买安全认证食品。因此，消费者购买品牌食品与安全认证食品的影响机制并不一致。其二，计量分析发现，食品安全风险感知是影响消费者品牌食品购买频率的显著因素，而风险感知受到性别、教育程度的影响，与年龄的关系不显著；政府公共管理信任是影响消费者购买安全认证食品次数的显著因素，而政府公共管理信任受到年龄和教育程度的影响。

本文的研究结论具有以下政策含义：首先，品牌食品市场与安全认证食品市场的机制并不一样。当社会食品安全风险水平比较高的时候，消费者会增加品牌食品的购买来规避风险，这也能够解释为什么我国消费者热衷购买品牌。然而，食品安全需求是随着居民食品安全意识提高而不断增加的。政府严格监管我国食品安全认证体系，能够有效增加消费者对安全认证食品的购买，从而有效发挥安全认证标签的质量信号作用，降低食品安全市场的信息缺乏问题。其次，针对女性消费者的食品安全风险感知水平更高，而年轻的消费者对政府公共管理信任更缺乏的现实，要建立健康的食品市场，就需要针对这些人群进行有效沟通。政府要在制定食品安全政策时，增加政策解读和宣传，提高政策执行效率，增加消费者对政府公共管理信任。此外，食品企业的营销策略制定要考虑到不同性别、年龄与教育程度消费者群体的差异。

食品防护情境下内部举报行为机理研究*

位珍珍　周清杰**

摘要：由恶意掺杂使假、蓄意污染所引起的食品防护问题是我国食品风险的一个重要来源。由于恶意掺杂使假、蓄意污染具有故意性、有组织性、隐蔽性等特征，导致监管和市场约束明显滞后，给消费者的健康和生命带来了严重威胁。而食品企业内部知情人的举报是解决食品防护问题的一个可行途径。本文构建了监管部门和食品企业内部知情人的纯策略博弈模型与混合策略博弈模型，求出了知情人最优举报概率与监管部门最佳监管概率，并找出影响两者的因素。文章最后运用蒙特·卡罗模拟，定量分析内部举报问题，并得出了相关分析结果。

关键词：食品防护　举报　博弈　蒙特·卡罗模拟

由恶意掺杂使假、蓄意污染所引起的食品防护问题是我国食品风险的一个重要来源。从2008年出现的三聚氰胺毒奶粉，到后来的瘦肉精猪肉，以及这两年曝光的福喜过期肉、甲醛白菜、僵尸肉等，都显

---

* 本文为国家社科基金“食品防护情境下内部举报行为之激励机制研究”（15BJL032）、国家社科重大项目“食品安全风险社会共治研究”（14ZDA069）的阶段性成果。

** 作者简介：位珍珍，中央财经大学国防经济与管理研究院硕士研究生，研究方向：国防经济学、国防工业。

周清杰，北京工商大学经济学院教授，博士，研究方向：产业发展与政府规制、中国宏观经济。

示出我国食品防护问题是比较严重的，而且在食品产业链的各个节点上都存在。由于恶意掺杂使假、蓄意污染具有故意性、有组织性、隐蔽性等特征，导致监管和市场约束明显滞后，给消费者的健康和生命带来了严重威胁。而食品企业内部知情人的举报是解决食品防护问题的一个可行途径。根据我们2014年对北京地区消费者进行的一项问卷调查，在4300多个受访对象中只有18.1%的人对食品安全“比较满意”，对食品中非法添加表示担心的占33.1%。

信息不对称、专业知识壁垒是监管者、消费者以及媒体外界无法及时获得食品中恶意掺杂使假、蓄意污染等违法犯罪行为的主要根源。如何破解信息不对称、专业知识壁垒是食品防护的难点和关键。2014年，卧底的媒体记者经过缜密调查发现的福喜过期肉事件给我们带来了极大的启发。本文认为，要实现食品防护的目标，应该设计一套行之有效的制度，鼓励食品生产加工企业的内部知情人举报（whistleblowing）企业的不法生产行为。因为相对于监管部门、消费者以及媒体，内部人具有显著的信息优势和专业知识优势，他们第一时间获悉企业恶意掺杂使假、蓄意污染等违法犯罪行为。与外部监管或其他形式的社会共治相比，内部举报具有时间及时、信息精准、治理效率高等多重优势，是提高食品安全水平的有效途径。

本文基于经济学的相关理论，在食品防护背景下，构建了以食品监管部门和食品企业内部知情人为主体的纯策略博弈模型与混合策略博弈模型，得出内部知情人最优举报概率与监管部门最有效监管概率，并找出影响两者的因素。在文章的最后，我们通过蒙特·卡罗模拟，定量分析了内部举报问题，并得出了相关分析结果，从而为构建高效率的食品防护问题找到一条可行的解决途径。

一、文献综述

随着社会对食品安全水平的重视，国内外学者也高度关注由于人为故意原因所导致的食品防护问题。王耀忠（2005）指出随着现代科学技术的进步和工业化的发展，食品的生产和消费逐渐从自给自足的生产模式转变为规模化的工业化生产模式。但同时，食品生产技术和组成成分的复杂化也使得食品越来越脱离人们原来已有的知识和经验范围，人们越来越难以把握食品的质量安全状况，从而导致消费者和企业之间严重的信息不对称。从历史经验看，19 世纪 80 年代末至 20 世纪 90 年代初是现代科技的高速发展阶段，这一阶段食品掺假、造假问题极其严重。以美国为例，据 1902 年美国农业部的调查，当时掺假、造假事件非常普遍，几乎所有食品均存在掺假、造假现象，牛奶的掺假比例甚至高达 50%（Law，2004）。同样，英国 1860 年食品掺假法案的出台即源于当时食品掺假、造假现象的频发（Draper et. al.，2002）。Holand（2000）认为，复杂适应系统的宏观变化必须从微观个体的行为规律中找到根源。食品安全治理作为一项复杂的系统工程，如果仅仅从某一主体的角度来设计治理机制，往往会出现"一叶障目，不见泰山"的问题。必须发挥各种社会力量的作用，构建有效聚合监管机构、大众媒体、消费者、社会组织的协同治理机制，为解决食品安全问题寻找新的突破点。

国内外不少学者对内部举报行为的关注多集中在反腐败、公司治理领域。不少学者试图对举报行为给出准确的定义。例如，Barnett 等（1993）给出了这样的解释：举报人就是那些属于某一组织内部成员并将组织内部受控于其雇主的非法或不道德行为揭露给能够对这些行为产生影响的内部或外部人的行为者。Eaton 等（2007）指出，举报是将组织内部的不道德或犯罪行为向内部或外部的对该不道德或犯罪行为具有约束力的团体如内部的董事会和外部的媒体、监管部门等。Vicki（2008）认为，举报即是成员在发现组织内部存在非法或不道德行为时，寻求组织内部解决渠道无果转而采取的向公众、媒体或监管者揭露本组织的非法行径的行为，举报人就是面对组织的非法或不道德行为，站在组织对立的立场，采取举报行为的人。胡玉浪（2013）提出了"劳工揭发"这一概念，用来表示劳工对于其雇主控制下所进行的违法或者违反道德规范或者不正当的事情，向能够对该行为采取有效作为的人或组织团体进行揭露的行为，他认为“企业内部劳工具有专业背景，并且熟悉组织内部运作，因此劳工揭发能最有效地及早发现、制止企业的不法行为，同时也是阻止企业不法行为的最后一道防线”。

也有一些成果揭示了内部举报对防范公司治理丑闻的积极作用。审计领域的国际组织发现，在舞弊被发现的原因中，内部举报占比第一，是公司治理丑闻的主要功臣（ACFE，2006）。周清杰（2007）总结了安然事件、世通公司丑闻中内部举报人的作用，并试图构建一个内部举报行为的数理模型。

在食品领域，对内部人举报在食品安全保障体系或社会共治体系中的作用的研究还处于起步阶段。陈思等（2010）认为“存在信息不对称和利益冲突的情况下，我国食品防护监管的核心是提高监管效率”。因此。食品企业的内部人举报对于食品防护来说是很重要的一环。戚建刚（2011）研究指出，“由于食品生产加工企业是风险食品的具体制造者，拥有直接的食品防护风险信息，同时食品生产加工者经过长期实践积累了关于其所生产的食品防护的较为广泛和全面的风险信息，因此食品生产加工企业的内部人相对于食品防护风险规制机关拥有信息优势，并且规制机关人力物力有限，面对我国众多的食品生产加工企业，其信息搜寻及求证成本极高，而内部人所具有的成本和信息优势则能更好地解决这一问题”。

而针对食品防护问题的解决，众多学者采用博弈分析方法，马琳（2014）讨论食品安全监管部门与食品生产者之间的博弈关系，运用博弈论知识对利益主体在静态博弈模型和动态博弈模型中的行为进行分析，提出加大监管力度、加强全社会的诚信体系建设并降低监管成本的政策建议。吴亚（2013）探讨了企业生产行为和官员监管行为的演化博弈模型，提出要进行有效的食品质量安全治理就要针对企业和官员设计科学合理的激励与约束机制。周脉伏（2012）对于食品生产经营者与监管者进行了基于多种均衡下的博弈分析。马杰（2012）通过对食品安全监管中食品企业与监管部门的博弈分析得出了最优监管概率。周早弘（2009）讨论企业与公众的监督举报博弈模型，但是忽略了公众无法对滥用食品添加剂企业的超标程度作出精确判断。路云（2002）通过对监管部门进行再监管的博弈分析，提出对监管部门再监管的必要性。

然而，国内外文献中对于内部知情人与食品监管部门两者间的关系的探讨很少。本文将内部知情人举报引入到食品企业中，兼顾到食品监管部门，并考虑到知情人所获公司的额外分红，未揭发被公司牵连所蒙受的损失，内部知情人信息搜寻成本，揭发所获奖励，揭发身份被识别遭受打击报复的损失，监管部门的监督成本，对监管部门奖励等因素，构造以食品监管部门和食品企业内部知情人为主体的纯策略博弈模型与混合策略博弈模型，得出内部知情人最优举报概率与监管部门最有效监管概率，并找出影响两者的因素。

二、模型构建

（一）博弈模型构建与博弈过程分析

模型的构建基于在食品监管部门与企业内部知情人之间存在博弈行为，而且博弈存在多种均衡，监管部门选择监管或是不监管。知情人会选择举报或是不举报。①

1. 模型假定

（1）参与人：食品防护监管部门和食品企业内部知情人，且都是理性经济人要考虑自身利益最大化。由于知情人举报者主要可以分为两类：一是消费者、媒体等外部人，二是行业内部工作人员。对于食品业这个特殊的行业来说，违法食品企业多数是专业人士的违法犯罪行为，而普通消费者、媒体掌握的信息有限，分辨能力差，一般不会

① 对于揭发人的企业忠诚度和社会公德之争，本文将不予讨论。

发现食品内的有害添加成分。而食品企业内部人员其掌握的信息翔实准确，能直接向食品防护监管部门提供最直接的证据，对食品防护问题的解决有关键作用。因此，在此我们只讨论企业内部知情人的举报。

（2）行动：知情人在博弈中有两种策略：举报，不举报；监管部门也有两种策略：监督、不监督。知情人举报的动机在于可以获得监管部门一部分奖励，又可以免于一旦公司违法生产行为被查出受到牵连的惩罚。知情人不举报是由于害怕身份被识别后遭受报复，及不愿失去公司的奖金分红。监管部门监管的动力是职责所在，还有可以查获违法企业获得的奖励，而且畏于上级再监管部门的惩罚。监管部门不监督的动机在于不监督能够节约监管成本。

（3）支付：①由于企业采取违法生产方式为企业获得超额利润，这部分利润中会有一定比例以奖金或者分红的形式发放给内部知情人，设这部分为 R（若知情人选择揭发则得不到这部分奖金或分红）。②监管部门监管企业的监督成本为 C（包括对食品企业的违法查处前的信息搜索成本，还包括检查、取证时所消耗的人力、物力、财力等），若知情人不及时举报，且被监管部门监管查出（此时我们假设知情人已经得到公司奖金分红），监管部门会追究相关知情人责任，情节严重者还要追究其刑事责任，此时我们把知情人被公司牵连所蒙受的损失（包括经济上的罚款，道德上的谴责和名誉损失）量化为支付罚款 F 。设 k 为对知情人的罚金中用于对监管部门奖励的比例。[①] ③若监管部门没有实施很好的监督义务，并未有知情人举报，而上级政府部门会对食品监管部门进行着再监督，假设监管部门未行使监督权力时，被上级监管部门行使再监管发现的概率是 n ，一旦被发现，监管部门则要承担一定的负效用（ 比如罚金，解雇）设为 L 。④知情人信息搜寻成本 ξ ，举报得到的奖励为 δ ，而举报人身份被识别的概率为 β ，遭受打击报复的概率为 λ ，由此遭受的损失为 χ 。

① 这一假设同现实中许多执法部门按罚金的一定比例提取奖金的情况相符。

2. 模型分析

由上述假定可以得到：

（1）若监管部门行使监督职责，并有知情人及时举报，此时知情人的收益为 $W1$，监管部门的成本为 $W2$。则 $W1=\delta-\xi-\beta\lambda\chi$，$W2=-C$。

（2）若监管部门没有实施监督工作的情况下，知情人仍自觉举报，此时知情人的收益为 $W3$，监管部门的成本为 $W4$（此时因为有知情人举报，监管部门虽然没有实施监督工作但仍不会被在监管部门发现）。则 $W3=\delta-\xi-\beta\lambda\chi$，$W4=0$。

（3）若知情人不及时举报，且被监管部门监管查出，此时知情人的收益为 $W11$，监管部门的成本为 $W22$[①]。则 $W11=R-F$，$W22=kF-C$。

（4）若知情人不举报，政府也疏于监管，此时知情人的收益为 $W33$，监管部门的成本为 $W44$。则 $W33=R$，$W44=-nL$。

（二）纯策略博弈模型

根据博弈论相关知识，可以构建知情人举报与监管部门监督的纯策略博弈模型，具体结果如表 1 所示。

表 1　知情人举报与监管部门监督博弈的纯策略模型

		监管部门	
知情人		监管	不监管
	举报	$(\delta-\xi-\beta\lambda\chi,-C)$	$(\delta-\xi-\beta\lambda\chi,0)$
	不举报	$(R-F,kF-C)$	$(R,-nL)$

若 $W11>W1$ 且 $W44>W22$，即 $R-F>\delta-\xi-\beta\lambda\chi$ 且 $-nL>kF-C$，因为 $W33>W11$，$W1=W3$，即 $W33>W3$ 且 $W44>W22$。此时知情人不举报的收益大于举报收益，知情人为了追求自身利益最大化，则无论监管部门采取监督与否，都会选择不举报。而 $W44>$

① 此时我们假设内部知情人已经得到公司奖金分红。

$W22$，对于监管部门也存在一个占优策略就是不监督。此时上述模型就存在一个纯策略纳什均衡（不举报，不监督）。此时举报人可以获得最高收益 R，监管部门由于 $nL < C - kF$ 选择不监管，此时可能因为（1）政府监管部门对食品监管部门再监管的力度不大，对其的惩罚力度也不够，（2）食品监管部门的监管成本过高，对企业的惩罚力度不高，（3）对知情人的罚金中用于对监管部门奖励的比例不高。这个结果对社会来说负效应最大。

若 $W3 > W33$，$\delta - \xi - \beta\lambda\chi > R$，即是 $\delta > R + \xi + \beta\lambda\chi$，此时监管部门对举报人的奖励要大于举报人收集信息成本，在公司得到的奖金分红及可能因为身份被识别所遭受报复的损失之和。这样此时知情人举报的收益大于不举报收益，知情人为了追求自身利益最大化，则无论监管部门采取监督与否，都会选择举报。因为 $W2 < W4$，所以监管部门存在一个占优策略就是不监督，可以省去了监管过程中所造成的人力物力的成本，也可以增加社会正效应。此时纯策略均衡为（举报，不监管），这时是最优组合。

（三）混合策略博弈模型

在现实生活中，博弈双方会各自以一定的概率随机选择策略，设知情人举报的概率为 p，监管部门认真行使监管权力的概率为 q。这种情况在博弈论中称为混合博弈（见表2）。

表2　知情人举报与监管部门混合策略博弈模型

			监管部门	
			监管	不监管
			q	$1-q$
知情人	举报	p	$(\delta-\xi-\beta\lambda\chi, -C)$	$(\delta-\xi-\beta\lambda\chi, 0)$
	不举报	$1-p$	$(R-F, kF-C)$	$(R, -nL)$

由博弈矩阵进行分析，得出监管部门的混合策略期望收益为：

$$Ug = pqW2 + p(1-q)W22 + (1-p)(1-q)W44$$

监管部门的期望收益对 q 求偏导，令求偏导等于为零，得出在监管部门最大收益（最小成本）下，知情人的最优举报概率。

即令 $\frac{\partial\ Ug}{\partial\ q}=0$

得 $p^{*}=\frac{nL+kF-C}{nL+kF}=1-\frac{C}{nL+kF}$

此时监管者的反应函数为：$q=\begin{cases}0 & p>1-\frac{C}{nL+kF}\\ [0,1] & p=1-\frac{C}{nL+kF}\\ 1 & p<1-\frac{C}{nL+kF}\end{cases}$

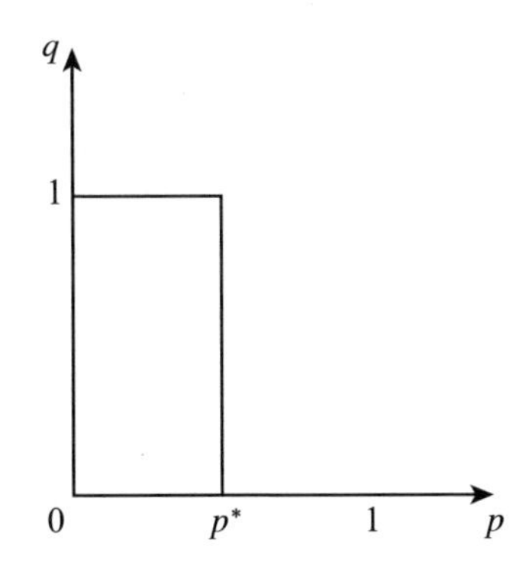

此时的 $p^{*}=1-\frac{C}{nL+kF}$ 是最优举报概率，与 C，n，L，k，F 有关。

进一步对概率 p 分析可知：

（1）p 和 C 成反比，C 越大，p 越低。即监管活动的成本越高，这样监管部门监管的动力不大，监管力度不大，则根据博弈，知情人被公司牵连的概率小，此时知情人更倾向于不举报，所以此时要降低食品监管部门的监管成本。

（2）p 和 kF 成正比，即食品公司被监管部门查到后，对知情人惩罚力度越大，对知情人的罚金中用于对监管部门奖励的比例越大，即是对监管部门的奖励力度越大，此时知情人及时举报公司的概率也就越大。所以加大对知情人知而不报的惩罚力度及提高对公司的罚金中用于对监管部门奖励的比例，知情人为回避风险得到更多利益，及时举报公司的概率也会增大。

（3）p 和 nL 成正比，n 与 L 越大，即上级政府部门会对食品监管部门的再监督的力度越大，对监管部门的惩罚越大，为了自身利益，此时食品监管部门更期望知情人举报，此时食品监管部门也会采取必要措施加强监管力度，而一旦监管力度加强，知情人害怕被公司牵连，会选择回避更大风险及时举报公司。此时监管部门和知情人会有更大概率选择（监管，举报）组合策略。所以解决食品防护问题时从再监管部门着手，加大再监管部门对食品监管部门的再监管的力度及对监管部门的惩罚力度，可以提高知情人的举报概率。

知情人的混合策略期望收益为：

$$Uf = pqW1 + p(1-q)W3 + q(1-p)W11 + (1-p)(1-q)W33$$

知情人的期望收益对 p 求偏导，并令其偏导为零，则求出其知情人最大收益下监管者的监管概率。

即令 $\frac{\partial Uf}{\partial p} = 0$ 计算可得 $q^* = \frac{\xi + R + \beta\lambda\chi - \delta}{F}$

此时内部知情人的反应函数为：$p = \begin{cases} 0 & q < \frac{\xi + R + \beta\lambda\chi - \delta}{F} \\ [0,1] & q = \frac{\xi + R + \beta\lambda\chi - \delta}{F} \\ 1 & q > \frac{\xi + R + \beta\lambda\chi - \delta}{F} \end{cases}$

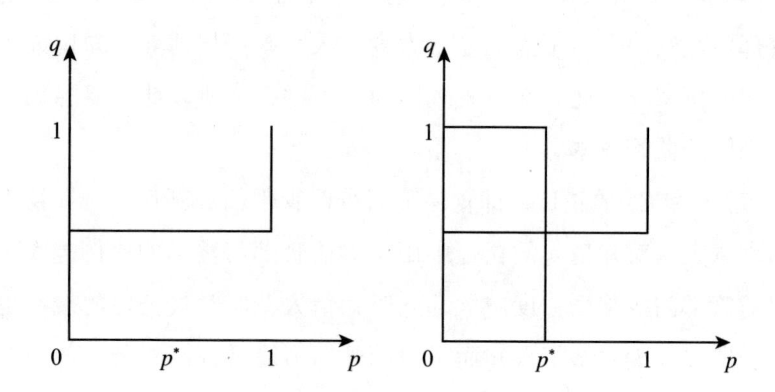

此时的 q 是监管部门最有效的监管概率。此时 q 与 $\xi, R, \beta, \lambda, \chi, \delta, F$ 有关。

进一步对监管部门监管概率 q 分析可知：

（1）q 和 F 成反比，即是对知情人包庇公司的惩罚越大，监管部门的监管概率越低。因为 p 和 F 成正比，也就是说监管部门直接将罚款金额提高，就可以有效约束知情人的行为，促使其在监管部门查出前就自动自发地进行举报的概率增加。而监管部门此时认为知情人都有自觉行为，自然就降低监管概率。

（2）q 与 δ 成反比，即给知情人的奖励越多，此时监管部门认为知情人为了自身利益选择举报的概率会增加，所以监管部门的监管概率会下降。但是由以上知 p 只与 C、n、L 有关，而与 δ 无关，所以提高给知情人的奖励，只能促使监管部门监督的概率 q 减小，而不能使知情人举报的概率增大，这个结果也被称为激励的悖论。

（3）q 与 ξ，R 成正比。即知情人收集证据成本越高，而得到食品公司给予的奖励的诱惑越大（即此时违法企业的收益很高），这时知情人为了自身利益最大化，更倾向于不举报，此时监管部门的监管概率会增加，而且此时一旦发现违法企业，该企业获得的违法收益一定很多，对社会造成的负面效应也会很大，这时对该企业必严惩不贷。

（4）q 与 β，λ，χ 成正比，当知情人身份被识别，且遭受打击的概率越大，所遭受的损失越多，作为理性经济人，知情人回避风险选择举报的概率越小。所以对于举报人的身份的保密机制及对举报人的保护机制要更加完善，此时监管部门也应该加强监管力度。鉴于对于举报人报复的很有可能是企业内部人员，所以一旦发现对举报人实施报复，对其进行严厉处罚，必要时追究其刑事责任。

三、蒙特·卡罗模拟

为了使得以上的结论更具有实际意义，现在对以上的理论部分做蒙特·卡罗模拟[①]。我们不妨假设某个食品企业的收益 A 为 100 万元，知情人所获公司的额外分红 R 为 5 万 ~10 万元，监管部门的监督成本为 C 为 1 万 ~2 万元，知情人被公司牵连所蒙受的损失量化 F 为 10 万 ~ 20 万元，对知情人的罚金中用于对监管部门奖励的比例 k 为 0.1 ~ 0.2，监管部门未行使监督权力时，被上级监管部门行使再监管发现的概率是 n 为 0.5 ~0.8，监管部门则要承担一定的负效用 L 为 1.5 万 ~ 3 万元。知情人信息搜寻成本 ξ 为 0.5 万 ~1 万元，举报得到的奖励为 δ 为 10 万 ~20 万元，而举报人身份被识别的概率为 β 为 0.1 ~0.3，遭受打击报复的概率为 λ 为 0.5 万 ~0.8 万元，由此遭受的损失为 χ 为 50 万 ~80 万元。

经过蒙特·卡罗模拟，我们得到表 3 的结果。

表 3　最有效监管概率与最优举报概率的模拟结果

	均值	标准差	偏度	峰度	置信区间
q	0.1921	0.2295	1.2472	3.9771	(0, 0.7793)
p	0.5798	0.1174	-0.6280	3.2595	(0.5277, 0.5019)

由表 3 可知，混合策略中最有效监管概率的估计值为 0.1921，作图可知数据整体右偏，求得偏度为 1.2472，大于 0，验证数据右偏，拒绝正态分布假设，所以本文按数据均匀分布求解，求得置信水平为 95% 的置信区间为（0，0.7793）。混合策略中最优举报概率的估计值为 0.5798，作图由图可知数据整体左偏，求得偏度为 -0.6280，小于 0，验证数据左偏，依旧拒绝正态分布假设，所以我们也按数据均匀分布求解，求得置信水平为 95% 的置信区间为（0.5277，0.5019）。由于每一个食品企业与监管部门的实际情况不同，所以监管部门与知情人在行动之前要进行相关信息收集，从而在博弈中选择自己的最优策

---

① 也称统计模拟方法，是 20 世纪 40 年代中期由于科学技术的发展和电子计算机的发明，而被提出的以概率统计理论为指导的一类非常重要的数值计算方法，是指使用随机数（或更常见的伪随机数）来解决很多计算问题的方法。

略。这也要求有关部门要积极配合，提高信息的公开度，降低收集信息的成本。

四、结论与建议

根据以上严格的假设条件，通过讨论在两种假设条件下监管部门与举报人之间的纯策略博弈模型，存在知情人与监管部门（不举报，不监督）与（举报，不监管）两种纳什均衡。（不举报，不监督）对社会来说负效应是最大的。应尽量避免这种情况的出现。所以此时应该通过提高监管部门加大对知情人知而未报的惩罚力度。及增加对举报人的奖励，建立完善对举报人的身份的保密机制及对举报人的保护机制，通过法律手段把举报人得到报复的概率降到最小。而知情人与监管部门（举报，不监管）是最优的策略组合，给社会带来正效应。因为此时 $W2 < W4$，所以监管部门存在一个占优策略就是不监督。此时监管部门要加大对举报人的奖励，这样此时知情人举报的收益才能大于不举报收益，知情人为了追求自身利益最大化，会选择及时举报。

在不满足上述纯策略纳什均衡存在条件的背景下，我们通过混合策略博弈模型的分析，得出知情人最优举报的概率 $p^* = 1 - \frac{C}{nL + kF}$，和监管部门最有效监管概率 $q^* = \frac{\xi + R + \beta\lambda\chi - \delta}{F}$，而纯策略模型博弈中，知情人与监管部门（举报，不监管）是最优纳什均衡，所以要想接近最优策略，我们要提高最优举报概率 p，降低监管力度 q。

而 p 只与 C、n、L 有关，与 ξ、δ、β、λ、χ 均无直接关系。所以要想提高知情人最优的举报概率，我们可以通过以下几方面入手。

第一，降低监管部门的监管成本，减少监管工作中烦琐而无意义的工作，节省人力物力。同时前期加强对监管部门工作人员的培训，提高专业技能，从而使得监管部门工作效率得到提高，则监管成本也就越低。

第二，提高对知情人知而不报的惩罚力度。

第三，提高对公司的罚金中用于对监管部门奖励的比例。

第四，同时从再监管部门着手，提高再监管部门对食品监管部门的再监管的概率及加大对发现监管部门未履行职责的惩罚力度。

监管部门最有效监管概率 $q^* = \frac{\xi + R + \beta\lambda\chi - \delta}{F}$ 与 δ，F 成反比，与 ξ，R，β，λ，χ 成正比。因此，要想降低 q 可以从以下几方面入手：

第一，加大对知情人知而不报，包庇公司的惩罚力度。

第二，提高给予知情人的奖励（包括物质奖励与精神奖励）。

第三，降低知情人身份被识别概率，监管部门应建立健全对于举报人的身份保密制度。

第四，降低知情人收集证据的成本，这也要求有关部门要积极配合，提高信息的公开度与透明度。

第五，降低食品公司给予知情人的奖金分红及降低举报人遭受打击的概率，减少举报人遭受的损失。而这些方面，监管部门无法主观去控制，但是可以通过，一旦发现获得高额违规收益的生产企业，或对举报人实施报复的企业，加重对违规企业的罚款，也可以通过食品召回制度使得企业声誉受损，也为召回不合格食品付出代价。必要时，可以追究其法律责任，吊销其生产经营许可证，使得严重违规企业完全退出食品市场。

参考文献

[1] Barnett, Tim, Daniel S. Cochran, and G. Stephen Taylor. The internal disclosure policies of private-sector employers: An initial look at their relationship to employee whistleblowing. Journal of Business Ethics 12.2 (1993): 127－136.

[2] Draper, Alizon. and Judith Green. Food Safety and Consumers: Constructions of Choice and Risk. Social Policy & Administration, 2002.

[3] Eaton, Tim and Michael D. Akers. Whistleblowing and good

governance. Accounting Faculty Research and Publications(2007):9.

[4] Lachman, Vicki D. Whistleblowers: troublemakers or virtuous nurses. Dermatology Nursing 20. 5(2008).

[5] Marc, T. History of Food and Drug Regulation in the United States. Law, Food and Drug. Regulation # sdfootnote2sym # sdfootnote2sym, 2004,(4).

[6] 欧阳海燕："近七成受访者对食品没有安全感 2010~2011 消费者食品安全信心报告"，载《小康》2011 年第 1 期，第 42~45 页。

[7] 马琳："信息不对称情况下食品安全监管的博弈分析"，载《江苏农业科学》2014 年第 9 期，第 262~264 页。

[8] 陈思、罗云波、江树人："激励相容：我国食品安全监管的现实选择"，载《中国农业大学学报（社会科学版）》2010 年第 3 期，第 168~175 页。

[9] 胡玉浪："劳工揭发法律问题探讨"，载《山东科技大学学报（社会科学版）》2013 年第 1 期，第 30~34 页。

[10] 马杰："食品安全监管的博弈分析"，载《商业文化（学术版）》2012 年第 12 期，第 45~46 页。

[11] 路云："对监管部门进行再监管的博弈分析"，载《商业研究》2009 年第 14 期，第 9~10 页。

[12] 浦徐进、吴亚、路璐等："企业生产行为和官员监管行为的演化博弈模型及仿真分析"，见《"两型社会"建设与管理创新——第十五届中国管理科学学术年会论文集（上）》，2013 年。

[13] 戚建刚："向权力说真相：食品安全风险规制中的信息工具之运用"，载《江淮论坛》2011 年第 5 期。

[14] 王耀忠："食品安全监管的横向和纵向配置——食品安全监管的国际比较与启示"，载《中国工业经济》2005 年第 12 期，第 8 页。

[15] 约翰·H. 霍兰：《隐秩序：适应性造就复杂性》，周晓牧、

韩辉译，上海科学技术出版社2000年版。

［16］谢识予：《经济博弈论（第二版）》，复旦大学出版社2002年版。

［17］周脉伏：“食品生产经营者与监管者的博弈分析——基于多种均衡的分析”，载《外国经济学说与当代世界经济学术研讨会暨中华外国经济学说研究会第20次学术年会论文集》，2012年。

［18］周清杰：“公司治理丑闻中的揭发行为”，第四届公司治理国际研讨会，2007年。

［19］周早弘：“我国公众参与食品安全监管的博弈分析”，载《华东经济管理》2009年第9期，第105~108页。

品
安全社会参与

猪肉溯源有助于规范生产经营者质量安全行为吗？*

——基于197位猪肉销售商调查证据的实证分析

刘增金　乔　娟　张莉侠**

摘要：为回答“猪肉溯源是否有助于规范生产经营者质量安全行为？”这一问题，本文通过对北京市5家批发市场和6家农贸市场的197位猪肉销售商的调研，分析了猪肉销售商的质量安全行为及其影响因素，重点考察了责任意识约束下猪肉销售商对猪肉溯源能力的评价对其质量安全行为的影响。研究发现：北京市批发市场和农贸市场上存在注水肉销售问题；猪肉溯源的实现有助于规范猪肉销售商的质量安全行为，溯源通过增强猪肉销售商对猪肉溯源能力的评价来起到规范其注水肉销售行为的作用，但该作用的发挥受到猪肉销售商对猪肉安全问题责任界定认知的制约，只有对于那些认为应该为出售问题

* 基金项目：生猪产业技术体系北京市创新团队产业经济研究岗位项目（2014～2018）；国家自然科学基金面上项目“基于市场导向的畜牧业标准化运行机理与绩效研究（71573257）”；国家自然科学基金青年项目“基于监管与声誉耦合激励的猪肉可追溯体系质量安全效应研究：理论与实证（71603169）”。

** 作者简介：刘增金，上海市农业科学院农业科技信息研究所助理研究员，博士，研究方向为农业经济理论与政策；

乔娟，中国农业大学经济管理学院教授，博士生导师，研究方向为农业经济理论与政策；

张莉侠，上海市农业科学院农业科技信息研究所研究员，博士，研究方向为农业经济理论与政策。

猪肉负责的销售商，溯源能力评价才会起到规范注水肉销售行为的作用；另外，当前北京市猪肉可追溯体系建设并未真正增强猪肉销售商对猪肉溯源能力的评价，年龄变量影响销售商的注水肉销售行为，而政府检测和责任人惩治变量只影响认为应该为出售问题猪肉负责的销售商的注水肉销售行为。最后，根据研究结论提出针对性的政策建议。

关键词： 溯源能力评价　责任意识　猪肉销售商　质量安全行为　注水肉

一、引言

猪肉作为我国居民消费的主要肉类产品之一，保障其质量安全是关系国计民生的大事。然而，猪肉质量安全事件屡见报端，这不仅极大损害了人们的身体健康和消费信心，也对生猪行业造成很大打击。信息不对称被认为是食品安全问题产生的主要原因，并且信息不对称程度会随着食品供应链条的增长而加剧（Caswell and Mojduszka，1996；Antle，1995）。猪肉供应链条长，从生猪饲养到猪肉上市，涉及生猪养殖、生猪流通、生猪屠宰加工、猪肉销售等诸多环节，信息不对称程度较为严重，并且由于猪肉供应链各环节之间组织化程度较低，缺乏有机协调与合作机制，使得猪肉质量安全问题频发（王慧敏，2012）。猪肉供应链任一环节出现问题都将最终影响猪肉质量安全（孙世民，2006），长期以来，研究者们对生猪养殖环节、生猪屠宰加工环节的质量安全问题更加关注，而忽视猪肉销售环节的质量安全问题，但这并不意味着猪肉销售环节的质量安全问题不存在或者不严重，有学者就认为猪肉销售环节的质量安全风险甚至高于生猪养殖和生猪流通环节（林朝朋，2009）。

猪肉销售环节主要包括批发市场、农贸市场、超市、专营店等销售业态，已有关于猪肉销售环节质量安全问题的研究相对较少，且主要关注超市的猪肉质量安全问题（夏兆敏，2014；卢凌霄等，2014；曲芙蓉等，2011；王仁强等，2011）。超市在猪肉来源、检验检测、经营环境、质量安全承诺等方面均有严格规定，猪肉质量安全水平较高；专营店以品牌和生猪品种为竞争优势，通过供应链各环节的紧密合作加强质量安全控制，能够较好实现追溯，猪肉质量安全也有保障；反而是不太被关注的批发市场和农贸市场的猪肉质量安全风险更高。然而，直接关于批发市场和农贸市场质量安全状况的研究很少。目前批发市场仍是猪肉批发环节的主力军之一，猪肉零售环节中农贸市场虽然面临着来自超市和专营店的竞争压力，但不少社区中的小型农贸市场由于便利性等原因仍有较大的生存空间。鉴于此，研究批发市场和农贸市场的猪肉质量安全状况具有非常重要的现实意义。

解决猪肉质量安全问题的主要手段之一是消除信息不对称，而消除信息不对称的重要策略之一是建立食品可追溯体系（Hobbs，2004）。“可追溯性”作为食品可追溯体系的核心概念（谢菊芳，2005），其实质上反映了食品的溯源能力，溯源可看作是食品可追溯体系建设的目标。溯源意识很早就有，但探讨溯源在改进食品安全方面的作用还是随着信息不对称理论在食品安全领域的应用才得以重视，也由此推动食品可追溯体系从理论到实践不断得以发展。溯源对于解决猪肉安全问题的作用具体表现在两个方面：一是让消费者知道所购买的猪肉来自哪个屠宰企业、哪个养殖场，满足消费者的知情权和选择权，维护和提高企业声誉，刺激企业加强品牌化建设和提高猪肉质量安全水平；二是溯源可以明确责任，增强猪肉供应链各环节利益主体对猪肉溯源能力的信任或评价，提高生产和销售问题猪肉的风险，在当前政府严惩生产和销售问题猪肉行为的背景下，从而起到规范猪肉供应链各环节利益主体质量安全行为的作用。

然而，溯源作用的发挥在猪肉销售环节受到一定限制，这主要由于猪肉销售商对猪肉安全问题责任界定的认知不同。[①]《中华人民共和国食品安全法》中明确规定：禁止采购、使用不符合食品安全标准的食品原料、食品添加剂、食品相关产品；食品经营者发现其经营的食品不符合食品安全标准，应当立即停止经营，可知猪肉销售商对于自己所销售的问题猪肉（比如注水肉）也要承担相应的法律责任。但实际上猪肉销售商对猪肉安全问题责任界定的认知是有差异的，对于认为不承担责任的猪肉销售商而言，溯源对其质量安全行为的规范作用将大打折扣，甚至不起作用。遗憾的是，已有研究并未对此展开分析，更无相关实证研究。基于此，本文以北京市为案例地，通过对批发市场和农贸市场猪肉销售商的调研，分析猪肉销售商的质量安全行为及影响因素，重点考察责任意识约束下猪肉销售商对猪肉溯源能力的评价对其质量安全行为的影响，希望回答“猪肉溯源是否有助于规范生产经营者质量安全行为?”这一问题，以期为北京市乃至全国猪肉可追溯体系建设和猪肉质量安全保障提出有针对性的对策建议。之所以选择北京市，因为作为商务部“放心肉工程”和肉类蔬菜流通追溯体系试点建设城市，北京市较早开展猪肉可追溯体系建设，从生猪养殖环节到猪肉销售环节具备实现猪肉溯源的基础和市场，可以支撑本文研究所需数据资料的调查和搜集。

二、理论分析与模型构建

（一）理论分析

已有研究认为影响食品销售商质量安全行为的因素包括个体特征、经营情况、纵向协作关系、质量安全认知、外界监管情况（王慧敏，2012；乔娟，2011；曲芙蓉等，2011）。借鉴已有研究成果，本文将

① 责任是身处社会的个体成员必须遵守的规则和条文，大致可以划分为法律责任、道义责任和社会责任等，本文中责任特指法律责任。根据违法行为所违反的法律的性质，又可以把法律责任分为民事责任、行政责任、经济法责任、刑事责任、违宪责任和国家赔偿责任。猪肉销售商出售问题猪肉主要涉及承担民事责任和刑事责任。

上述因素纳入对猪肉销售商注水肉销售行为的影响分析，同时根据研究目的还将溯源能力评价纳入分析，且认为溯源能力评价受追溯体系参与情况、购物小票提供行为、个体特征、经营情况、纵向协作关系、质量安全认知、外界监管情况等因素的共同影响（见图 1）。下面具体分析上述因素的衡量指标及作用机理。

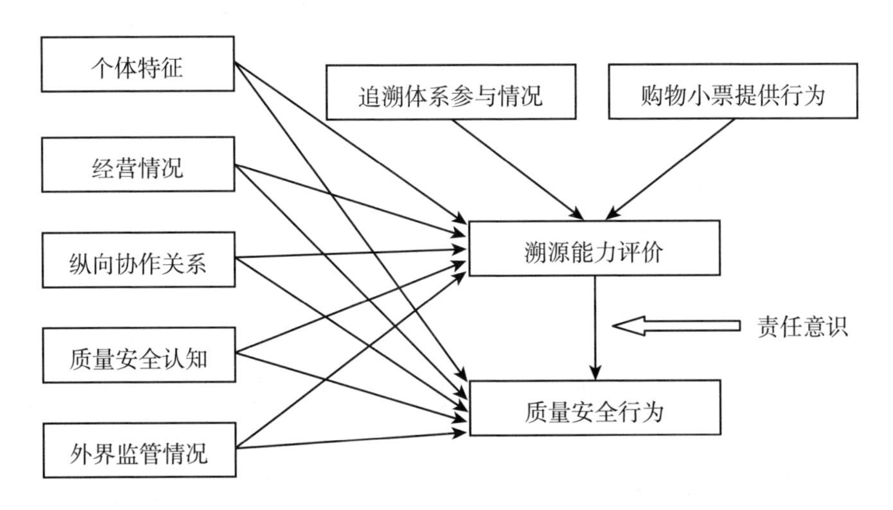

图 1　猪肉销售商质量安全行为影响因素的作用机理

第一，溯源能力评价。该因素包括 1 个变量，通过受访者对“您是否相信一旦您销售的猪肉出现质量安全问题，消费者可以确切追查到您?”问题的回答来反映。本文认为，溯源能力评价对猪肉销售商质量安全行为的影响受到责任意识的约束，即只有对于那些认为应该为出售问题猪肉负责的销售商，溯源能力评价才会起到规范质量安全行为的作用，因为这部分销售商出于对消费者追责的担忧会认为自身违法违规行为的风险更高。基于此，提出如下假说：对于认为承担责任的销售商，溯源能力评价对规范质量安全行为具有积极作用；对于认为不承担责任的销售商，溯源能力评价对规范质量安全行为不具有积极作用。另外，猪肉可追溯体系建设的目标是实现溯源，猪肉可追溯体系参与情况可能对猪肉销售商的溯源能力评价产生影响，而购物小票作为消费者的购买凭证，购物小票提供行为也可能影响猪肉销售商的溯源能力评价。因此将上述两个变量纳入对溯源能力评价的影响分析。

第二，个体特征，包括性别、年龄和学历 3 个变量。不同性别、年龄、学历猪肉销售商的质量安全认知、经营经验以及对行业自律的认知等存在差异（乔娟，2011），这会影响猪肉销售商的质量安全行为。性别、年龄、学历变量对质量安全行为产生影响的原因是综合作用的结果，其背后更深层的原因很难厘清。本文将这三个变量纳入模型分析，虽不对其作用方向做预期，但至少起到控制变量的作用。

第三，经营情况，包括经营年限、销售数量 2 个变量。经营年限和销售数量的不同可以反映出猪肉销售商经营经验、经营效益的不同，这可能影响销售商在进货过程中对猪肉质量安全的辨识经验积累和谨慎态度（乔娟，2011），从而影响销售商质量安全行为。因此，将上述两个变量纳入模型分析，经营年限以受访者实际经营年限来衡量，以摊位日平均销售量来反映销售数量水平。

第四，纵向协作关系，包括采购来源、采购关系、销货对象、销货关系 4 个变量。猪肉销售商的纵向协作主要包括购货和销货两方面的协作，具体表现为与上一级经销商、生猪屠宰企业以及销售对象的协作关系。由于不同品牌猪肉的质量安全存在差异，以及不同销售对象对猪肉质量安全的要求也存在差异（王慧敏，2012），上述差异很可能作用于猪肉经销商的购货行为和销货行为。因此，将上述 4 个变量纳入模型分析。

第五，质量安全认知。该因素包括 1 个变量，通过受访者对猪肉质量安全相关的法律法规或政策的关注程度来衡量。对猪肉质量安全相关的法律法规或政策关注程度高的销售商会具有更强的遵纪守法意识，对违法违规行为及其后果有更清晰的认识，从而起到约束质量安全行为的作用。

第六，外界监管情况，包括市场检测、政府检测和责任人惩治 3 个变量。外界监管一直是研究猪肉生产经营者质量安全行为不可缺少的因素（孙世民等，2012；王慧敏，2012；吴秀敏，2006）。从社会学角度讲，猪肉销售商具有“社会人”属性，处在复杂的社会中，其行为必然受到周围社会环境的影响；从经济学角度来说，信息不对称的存在容易导致市场失灵，而这种市场失灵需要政府的干预，同时猪肉销售商与所在批发市场和农贸市场之间实质上存在着一种委托代理关系。因此，猪肉销售商的质量安全行为会受到来自政府、市场管理方的双重监管，猪肉质量安全检测力度和惩治力度的不同会对猪肉销售商质量安全行为产生不同影响。因此，将上述 3 个变量纳入模型分析。

（二）模型构建

需要说明的是，猪肉销售商对于是否销售注水肉是可以作出自主选择的，即便不经意采购到了注水肉，也可以自主选择是否将其出售。在这个前提下分析影响猪肉销售商的注水肉销售行为更具有现实意义。接下来对计量模型构建加以说明。假定模型残差项服从标准正态分布，根据前文理论分析，本文构建如下两个二元 Probit 模型①：

$$Y = f_1(T, P, J, Z, C, G, \mu_1) \tag{1}$$

$$T = f_2(IV, P, J, Z, C, G, \mu_2) \tag{2}$$

式（1）中，被解释变量 Y 是猪肉销售商注水肉销售行为，1 表示发生过注水肉销售行为，0 表示未发生过注水肉销售行为。T 是猪肉销售商对溯源能力的评价，“非常信任”“比较信任”用 1 表示，其他用 0 表示。其他解释变量中，P 是猪肉销售商个体特征变量，包括性别、年龄、学历；J 是经营情况变量，包括经营年限、销售数量；Z 是纵向协作关系变量，包括采购来源、采购关系、销货对象、销货关系；C 是质量安全认知变量；G 是外界监管变量，包括市场检测、政府检测、责任人惩治；μ_1 是残差项。式（2）中，IV 包括追溯体系参与情况、购物

① 对于认为承担责任和认为不承担责任的猪肉销售商，本文分别构建计量模型，但二者模型是一样的。

小票提供行为；μ_2 是残差项。

模型自变量的定义与描述性统计如表1所示。

表1　自变量定义与描述性统计

变量	定义	均值
购物小票	是否主动提供购物小票：是=1，否=0	0.68
追溯体系认知	是否知道猪肉可追溯体系且认为已参与其中：是=1，否=0	0.38
溯源能力评价	非常信任、比较信任=1，一般信任、不太信任、很不信任=0	0.88
性别	男=1，女=0	0.31
年龄	实际数值	35.73
学历	高中及以上=1，高中以下=0	0.23
经营年限	实际数值	7.63
销售数量	日销售量500千克及以上=1，其他=0	0.53
采购来源	是否同时销售两个及以上品牌猪肉：是=1，否=0	0.56
采购关系	是否有固定的采购关系：是=1，否=0	0.61
销货对象	宾馆、饭店是否主要销售对象：是=1，否=0	0.52
销货关系	是否有固定的销货关系：是=1，否=0	0.80
质量安全认知	平时是否关注与猪肉质量安全相关的法律法规或政策：非常关注、比较关注=1，一般关注、不太关注、很不关注=0	0.45
市场检测	非常强、比较强=1，一般、比较弱、非常弱=0	0.83
政府检测	定期检测=1，不定期检测=0	0.33
责任人惩治	非常强、比较强=1，一般、比较弱、非常弱=0	0.60

三、样本说明与描述性分析

（一）样本说明

北京市现有三大农产品批发市场，分别为大洋路、城北回龙观和新发地批发市场，每家批发市场都有专门的生鲜猪肉销售大厅，生猪屠宰加工企业每天深夜或凌晨将猪肉配送至各批发市场的批发大厅，与此同时零售大厅的猪肉销售商开始从批发大厅进货，然后销售给超市（一般为小型超市）、农贸市场、饭店、机关或事业单位、工地和普通消费者。超市、农贸市场、专营店主要从事猪肉零售业务，直接面向饭店等企业或单位和普通消费者。在此背景下，本文数据源于2014年7月至9月对大洋路、城北回龙观、新发地、锦绣大地、西郊鑫源等5家批发市场以及回龙观鑫地、健翔桥平安、明光寺、天地自立、亚运村华洋、安慧里等6家农贸市场的办公室及猪肉销售摊主进行的调研。其中，批发市场和农贸市场办公室的调研通过访谈方式，猪肉销售摊主的调研主要通过问卷调查方式，并辅之访谈方式。最终获得问卷201份，有效问卷197份（批发市场172份、农贸市场25份），有效率为98.01%。调查人员为中国农业大学经济管理学院的研究生。

表2是样本基本特征，主要包括受访者个体特征和经营情况。首先是个体特征：从性别看，女性受访者居多，占总样本数的68.53%，虽然大多数猪肉销售摊位由夫妻两人共同经营，但男方主要负责深夜或凌晨繁忙时段的猪肉采购和销售业务，女方主要负责白天的猪肉销售业务，因此女性受访者居多；从年龄看，受访者多为18~39岁的年轻人，比例达到59.90%，其次为40~59岁年龄段的人群，没有60岁及以上的从业人员，猪肉销售是一项耗体力、费精力的工作，中老年人并不愿意从事这项工作，因此从业者多为年轻人；从学历看，受访者普遍具有初中学历，比例达到59.90%，其次为高中/中专学历和小学及以下学历，具有大专及以上学历的受访者很少，可以看出北京市猪肉销售从业者的整体学历水平较低。其次是经营情况：从经营年限看，多数受访者从事猪肉销售在10年以下，其中26.40%已从业1~4年，36.55%已从业5~9年，鉴于猪肉销售这项工作的繁重程度，从业者多不愿意将其作为一辈子的工作；从销售数量看，7.11%的受访者表示其摊位的猪肉日平均销量在100千克以下，10.66%的销

量为100～299千克，28.93%的销量为300～499千克，29.44%的销量为500～699千克，23.86%的销量为700千克及以上（大概相当于10个白条），猪肉销量的不同主要与销售业态、市场地理位置、摊位地理位置等有关，比如批发市场摊位的猪肉销量一般比农贸市场摊位大，同一批发市场内靠近出口位置摊位的猪肉销量通常更大。

表2　样本基本特征

项目	选项	样本数	比例
性别	男	62	31.47%
	女	135	68.53%
年龄	18～39岁	118	59.90%
	40～59岁	79	40.10%
	60岁及以上	0	0.00%
学历	小学及以下	34	17.26%
	初中	118	59.90%
	高中/中专	40	20.30%
	大专	4	2.03%
	本科及以上	1	0.51%
经营年限	1～4年	52	26.40%
	5～9年	72	36.55%
	10～14年	51	25.89%
	15～19年	17	8.63%
	20年及以上	5	2.54%
销售数量	100千克以下	14	7.11%
	100～299千克	21	10.66%
	300～499千克	57	28.93%
	500～699千克	58	29.44%
	700千克及以上	47	23.86%

（二）描述性分析

猪肉销售环节是直接面向消费者的环节，该环节会产生哪些新的质量安全隐患？生猪养殖环节、生猪流通环节、生猪屠宰加工环节产生的问题猪肉是否会在猪肉销售环节销售给消费者？这些都是需要重点回答的问题。前期调查得知，猪肉销售环节主要存在注水肉销售、存货处理不合理、未获得检疫合格证的猪肉流入市场等问题，从质量安全的角度，对这三个问题严重性的认识应该是不同的：注水肉销售问题发生的可能性较大，危害也较为严重，应该引起足够重视；存货处理不合理问题主要涉及侵犯消费者公平交易权，而基本不会对消费者的身体健康造成伤害；未获得检疫合格证的猪肉流入市场问题的危害极大，需要引起政府部门的足够重视，但该问题发生的可能性很低，且很难通过猪肉销售商调查反映出来，也很难对其进行定量分析。因此，本文主要将猪肉销售商的质量安全行为定位于是否存在注水肉销售情况，并且将批发市场和农贸市场猪肉销售商的质量安全行为一起进行计量分析。接下来，分别对批发市场和农贸市场的注水肉销售情况进行介绍。

1. 批发市场注水肉销售情况

北京市零售环节的猪肉大多来自批发市场，因此批发市场的猪肉质量安全状况需引起格外关注。批发市场通过“场厂挂钩”制度可以保证猪肉来源于定点屠宰企业，并且是经动监部门检疫合格的产品。[1]另外，批发市场办公室工作人员还会每天对批发大厅和零售大厅的猪肉进行抽检，检验瘦肉精和水分含量，并要求零售大厅的摊主做好购

---

① “场厂挂钩”制度是指批发市场必须与定点屠宰加工企业签订准入协议，批发市场只能销售与之挂钩的定点屠宰加工企业的猪肉。另外，每一个白条在出厂之前检疫合格后都会由定点屠宰企业所在区县的动监部门颁发一张猪肉检疫合格证（不同于生猪检疫合格证），外埠进京猪肉则以批次或车次为单位由定点屠宰企业所在地的动监部门颁发一张猪肉检疫合格证（还需要额外加盖进京路口检疫章），猪肉检疫合格证是市场上猪肉检疫合格的主要证明。

销台账，记录每天的进货日期、品种、厂家、数量、猪肉检疫合格证编号并附上原始凭证，工商等部门一般也会不定期对零售大厅的猪肉进行抽检。上述措施可以比较有效地保障猪肉质量安全，但仍存在注水肉销售隐患。

对于销售的猪肉是否有禁用药残留、药残超标以及病死猪肉，即便销售商自己也很难知道，因此是否存在上述问题猪肉很难直接通过销售商调查获得，但注水肉销售问题可以。调查发现，69位受访者（零售大厅的猪肉销售商）表示自己经营的摊位发生过注水肉销售问题，[①] 占批发市场销售商调查样本总数的40.12%。注水肉得以销售的主要原因在于：第一，注水肉存在市场需求，调查发现注水肉主要销往饭店、工地等；第二，缺少注水肉退货机制，因为批发大厅的猪肉都是经过市场办公室水分检验合格的，因此退货时批发大厅的猪肉经销商显然有足够理由拒绝零售大厅猪肉销售商的退货要求，并且在存在市场需求的情况下，零售大厅的猪肉销售商也不会执着于退货。

2. 农贸市场注水肉销售情况

从猪肉销量看，超市、农贸市场、专营店是三种主要零售业态，但这三种零售业态中猪肉质量安全控制措施及方式差异较大。其中，农贸市场猪肉来源渠道较多、经营环境相对简陋、市场管理松散、政府监管能力有限，质量安全隐患多，是猪肉质量安全控制的薄弱环节，存在较大的猪肉质量安全隐患，因此本文重点关注猪肉零售环节中农贸市场的猪肉质量安全情况。调查也发现，批发市场存在的注水肉销

---

① 这里需要对注水肉问题的真实性做一下说明，前期调查发现，生猪注水问题主要产生于生猪流通环节，根据对养猪场户和生猪屠宰加工企业调研了解到的信息，生猪购销商购买生猪之后，给生猪注射某种药物，注射该种药物之后生猪会大量饮水，而且不排泄，让水分保存在生猪体内。生猪屠宰加工企业依据目前的代宰时间规定和检验监测标准等，收购生猪后待宰12小时，没有发现异常现象，没有发现可疑药物，也没有发现猪肉水分超标（国家规定的猪肉含水量标准是小于等于77%，屠宰加工企业抽检结果多数在74%～76%）。虽然不排除部分没经验的摊主将排酸过度反水的猪肉当成注水肉，但这种情况极少，有经验的摊主是很容易区分排酸过度反水猪肉和注水肉的，而受访者中92.44%经营猪肉销售的时间不低于3年。

售隐患农贸市场同样存在。

调查发现，28.00%的受访者表示自己的摊位发生过注水肉销售问题，这比批发市场零售大厅发生该问题的比例低12.12%，农贸市场的猪肉采购来源主要是批发市场，据对批发市场零售大厅猪肉销售商的调查了解，批发市场的注水肉主要销往饭店、工地等单位或群体，销售给超市、农贸市场、个体消费者等的比例较低。上述调查结果是合理的，从主观意愿上讲，农贸市场猪肉销售商采购注水肉的动力并不是很强，主要基于以下原因：据对农贸市场猪肉销售商的调查了解，当前个体消费者在选购猪肉时最看重的质量安全问题是是否水大、是否新鲜的问题，并且随着消费者对猪肉质量安全要求的提高，其辨别猪肉是否注水、是否新鲜的能力也在提高，在超市不断抢占农贸市场消费人群的背景下，"回头客"成为农贸市场摊主获利的主要手段，因此从这方面讲农贸市场摊主采购注水肉的动力会逐步下降。

3. 猪肉销售商对猪肉溯源能力的评价与责任意识情况

调查发现，90位受访者表示知道"猪肉可追溯体系"或"可追溯猪肉"，占总样本数的45.69%，其中有74位受访者认为自己的摊位已参与到北京市猪肉可追溯体系中，占总样本数的37.56%。在回答"您是否相信一旦您销售的猪肉出现质量安全问题，消费者可以确切追查到您？"这一问题时，60.91%的受访者表示"非常相信"，27.41%表示"比较相信"，而表示"一般相信""不太相信""很不相信"的比例分别只有7.61%、4.06%、0.00%，可见猪肉销售商对猪肉溯源能力的评价较高。在回答"出售的猪肉因养殖、流通、屠宰环节原因出现质量安全问题，您应该承担多大比例的法律责任？"这一问题时，37.56%的受访者表示"不承担责任"，39.09%表示"承担小部分责任"，9.64%表示"承担一半责任"，6.60%表示"承担大部分责任"，7.11%表示"承担全部责任"。

四、模型结果与分析

调查得知，合计有38.58%的受访者表示遇到过注水肉问题。[①] 本文通过构建联立方程组分析猪肉销售商注水肉销售行为的影响因素。前文式（1）和式（2）构成了联立方程组，若上述两个方程的残差项之间存在相关性，则对上述两式分别进行估计并不是最有效率的（陈强，2010）。鉴于此，本文首先对式（1）和式（2）残差项之间相关性进行检验。结果发现，模型一中，Rho =0 的似然比检验的卡方值为6.34，其相应P值为0.0118，模型二中，Rho =0 的似然比检验的卡方值为9.36，其相应P值为0.0022，说明残差项之间存在显著的相关性。在该情况下，本文选择有限信息极大似然法（LIML）进行估计（格林，2011）。运用STATA11.0进行估计的结果如表3所示。

表3　模型估计结果

变量名称	模型一				模型二			
	溯源能力评价		质量安全行为		溯源能力评价		质量安全行为	
	系数	Z值	系数	Z值	系数	Z值	系数	Z值
购物小票	0.350	0.94			0.866**	2.11		
追溯体系认知	-0.221	-0.52			0.124	0.20		
溯源能力评价			-1.572***	-4.31			2.255***	5.54
性别	-0.425	-1.02	0.027	0.09	0.082	0.17	0.262	0.74
年龄	0.024	0.87	-0.046**	-2.49	0.033	0.93	-0.073***	-2.67
学历	0.720	1.57	0.415	1.27	0.044	0.07	-0.339	-0.75
经营年限	-0.090**	-2.12	-0.011	-0.33	-0.028	-0.57	0.021	0.45
销售数量	0.274	0.66	0.327	1.19	0.288	0.53	-0.014	-0.04

---

① 需要说明的是，38.58%的比例并不意味着批发市场和农贸市场上大概38.58%的猪肉都是注水肉，这只是说明38.58%的猪肉销售商发生过注水肉销售的情况，并且大多数销售商主观意愿上是不愿意采购到注水肉的，当然调查过程中确实发现有销售商专门进“水大”的肉，并以和正常猪肉差不多的价格销售给饭店、工地等，代价则是饭店、工地可以拖欠货款。

续表

变量名称	模型一				模型二			
	溯源能力评价		质量安全行为		溯源能力评价		质量安全行为	
	系数	Z值	系数	Z值	系数	Z值	系数	Z值
采购来源	-0.662*	-1.67	0.094	0.34	0.182	0.41	-0.143	-0.37
采购关系	-0.200	-0.50	-0.193	-0.66	0.481	1.20	-0.136	-0.37
销货对象	0.017	0.04	0.426	1.52	0.282	0.67	-0.172	-0.50
销货关系	-0.326	-0.61	0.044	0.12	0.680	1.30	-0.399	-0.84
质量安全认知	-0.376	-0.94	0.245	0.82	0.429	1.09	-0.510	-1.50
市场检测	0.383	0.74	-0.160	-0.42	0.728	1.57	0.509	1.10
政府检测	0.170	0.43	-0.604**	-2.15	-1.487***	-2.63	0.287	0.68
责任人惩治	1.141***	2.75	-0.475*	-1.65	-0.580	-1.18	-0.383	-1.04
常数项	0.929	0.76	2.843***	3.11	-1.685	-1.20	0.875	0.81
Wald chi^2	97.03				51.47			
Prob > chi^2	0.0000				0.0062			
LR chi^2(rho =0)	6.34				9.36			
Prob > chi^2	0.0118				0.0022			

注：*、**、***分别表示10%、5%、1%的显著性水平；模型一是对123个认为承担责任的样本进行估计，模型二是对74个认为不承担责任的样本进行估计。

通过表3模型估计结果可知：模型一中，溯源能力评价反向显著影响销售商的注水肉销售行为，即对于认为承担责任的销售商，溯源能力评价高的销售商出售注水肉的可能性更低；模型二中，溯源能力评价正向显著影响销售商的注水肉销售行为，即对于认为不承担责任的销售商，溯源能力评价高的销售商出售注水肉的可能性更高。溯源能力评价变量的作用与预期基本一致，即溯源能力评价对猪肉销售商质量安全行为的影响受到责任意识的约束，只有对于那些认为应该为出售问题猪肉负责的销售商，溯源能力评价才会起到规范质量安全行为的作用。然而，模型二中溯源能力评价变量的作用方向与模型一中的作用方向恰好相反，这一点超出预想，可能的原因在于：在认为不承担责任的销售商看来，猪肉溯源能力高并不意味着其出售问题猪肉风险的提高，反而意味着自己可以将出售问题猪肉的风险转移给上一级猪肉经销商或生猪屠宰加工企业，此时猪肉销售商出售问题猪肉的心理用通俗的语言讲即是“大不了退货”，既不需要承担法律责任，也不会担负经济风险；而猪肉溯源能力低则意味着虽然消费者追责的可能性低，然而一旦出现该情况，销售商就要自己承担经济损失，这种经济风险的存在会促使其规范自己的质量安全行为。

上述结果已经较好地回答了“猪肉溯源是否有助于规范生产经营者质量安全行为?”这一问题并予以验证：猪肉溯源的实现确实有助于规范猪肉销售商的质量安全行为，具体而言，溯源通过增强猪肉销售商对猪肉溯源能力的评价来起到规范其注水肉销售行为的作用，但该作用的发挥受到猪肉销售商对猪肉安全问题责任界定认知的制约。另外注意到，当前北京市猪肉可追溯体系建设并未真正增强猪肉销售商对猪肉溯源能力的评价，因为不管是模型一还是模型二中，追溯体系认知变量对溯源能力评价的影响都不显著，可能的原因在于：当前北京市猪肉可追溯体系建设并不完善，还存在诸多问题，比如调查中发现猪肉可追溯体系试点批发市场的追溯码查询机不能有效运行甚至根本不存在、销售摊位的电子秤不能打印出带有追溯码的小票，销售商对猪肉可追溯体系建设中存在的问题很清楚，由此导致猪肉可追溯体系建设并没有给猪肉销售商的溯源能力评价产生积极的作用。我们并不能据此否定当前猪肉可追溯体系建设的价值和意义，恰恰相反，应该大力推进和完善猪肉可追溯体系建设，提升猪肉溯源的深度、广度和精确度，以提高猪肉销售商对猪肉溯源能力的评价，这样才更有助于起到规范猪肉销售商质量安全行为的作用。

除了得出上述研究结果，本文还发现以下有意义的结果。

模型一中，除了溯源能力评价变量，年龄、政府检测、责任人惩治变量也显著影响猪肉销售商的注水肉销售行为。首先，年龄偏大的销售商发生注水肉销售行为的可能性更低，是否出售问题猪肉是一个受道德约束较大的行为，显然年龄偏大的销售商受到道德的约束更强烈，发生注水肉销售行为的情况更少。其次，认为政府定期检测的销售商比认为政府不定期检测的销售商发生注水肉销售行为的可能性更低，定期检测和不定期检测的主要区别在于检测频率的差异，工商等部门对批发市场或农贸市场及其内部摊位的检测采取抽检的方式（主要检测瘦肉精和水分），这也造成销售商对政府检测频率的认识不同，一般来说，定期检测通常是至少一周检测一次，不定期检测则往往一个月检测一次，对于认为应该为出售问题猪肉承担责任的销售商来说，检测频率高会增加销售商出售注水肉的风险，从而起到规范销售商质量安全行为的作用。最后，认为责任人惩治力度强的销售商发生注水肉销售行为的可能性更低，对于认为承担责任的销售商来说，政府对猪肉质量安全问题相关责任人惩治力度的增强显然会增加其出售问题注水肉的风险，同样会起到规范销售商质量安全行为的作用。应该认识到，模型一中变量发生作用的前提是销售商认为应该为出售问题猪肉承担责任，上述作用机理很可能对认为不承担责任的销售商不成立。另外，经营年限、采购来源、责任人惩治变量显著影响猪肉销售商的溯源能力评价。具体而言，从事猪肉销售工作年限越长的销售商对猪肉溯源能力评价低的可能性越大，同时销售两个及以上品牌猪肉的销售商比只销售一个品牌猪肉的销售商的溯源能力评价更低，认为责任人惩治力度强的销售商对猪肉溯源能力的评价更高。

模型二中，除了溯源能力评价变量，年龄变量也显著影响猪肉销售商的注水肉销售行为，而政府检测、责任人惩治变量对猪肉销售商注水肉销售行为的影响则不显著。对于认为不应该为出售问题猪肉承担责任的销售商来说，年龄变量的影响仍然存在，从年龄角度来看，是否出售问题猪肉更是一个道德问题，不会因是否承担法律责任而使得年龄的影响有所不同。另外，政府检测、责任人惩治变量对猪肉销售商注水肉销售行为的影响不显著，这两个变量主要通过增加销售商违法违规行为的法律责任风险来发生作用，但对于认为不承担法律责任的销售商而言，上述两个变量对销售商注水肉销售行为便不再起作用。同时注意到，购物小票、政府检测变量显著影响猪肉销售商的溯源能力评价。具体而言，总是主动提供购物小票的销售商对猪肉溯源能力的评价更高，认为政府相关部门定期检测猪肉质量安全的销售商对猪肉溯源能力的评价更低。

五、结论与建议

本文通过对北京市批发市场和农贸市场猪肉销售商的实地调研，实证分析了猪肉销售商的质量安全行为及其影响因素，并重点考察了责任意识约束下猪肉销售商对猪肉溯源能力的评价对其质量安全行为的影响，旨在回答“猪肉溯源是否有助于规范生产经营者质量安全行为?”这一问题，主要得出以下研究结论：北京市猪肉销售环节主要存在注水肉销售、存货处理不合理、未获得检疫合格证的猪肉可能流入市场等问题，其中注水肉销售问题更为严重，38.58%的被调查猪肉销售商发生过注水肉销售行为；猪肉溯源的实现有助于规范猪肉销售商的质量安全行为，溯源通过增强猪肉销售商对猪肉溯源能力的评价来起到规范其注水肉销售行为的作用，但该作用的发挥受到猪肉销售商对猪肉安全问题责任界定认知的制约，只有对于那些认为应该为出售问题猪肉负责的销售商，溯源能力评价才会起到规范注水肉销售行为的作用，而对于认为不承担责任的销售商，溯源能力评价对规范其注水肉销售行为并不具有积极作用；当前北京市猪肉可追溯体系建设并未真正增强猪肉销售商对猪肉溯源能力的评价；另外，年龄变量影响销售商的注水肉销售行为，而政府检测和责任人惩治变量只影响认为应该为出售问题猪肉负责的销售商的注水肉销售行为。

本文研究结论蕴含了以下政策启示：首先，当前北京市市场上猪肉质量安全隐患仍然存在，政府应该建立和完善猪肉质量安全风险评估体系，对可能存在的猪肉质量安全隐患及其原因进行全面而深入的研究，同时加大对猪肉质量安全违规行为的监控和惩治力度，尤其重视对批发市场和农贸市场注水肉销售行为的监管；其次，当前北京市正在大力建设猪肉可追溯体系，目的即是提高猪肉溯源能力以保障猪肉质量安全，但根据本文研究结果，溯源能力的提升能否保障猪肉质量安全还取决于猪肉销售商是否具有责任意识以及现实中猪肉能否实现有效溯源，因此从这个角度，政府应该首先大力推进和完善猪肉可追溯体系建设，提升猪肉溯源的深度、广度和精确度，以提高猪肉销售商对猪肉溯源能力的评价，与此同时还应加大猪肉质量安全相关法律法规宣传，增强猪肉销售商对猪肉质量安全相关法律法规的正确认识。

参考文献

[1] Antle J M. Choice and Efficiency in Food Safety Policy . Washington, D. C.: AEI Press, 1995: 25 – 26.

[2] Caswell J A and Mojduszka E M. Using informational labeling to influence the market for quality in food products . American Journal of Agricultural Economics, 1996, 78(5): 1248 – 1258.

[3] Hobbs J E. Information asymmetry and the role of traceability systems. Agribusiness, 2004, 20(4): 397 – 415.

[4] 陈强：《高级计量经济学及 Stata 应用》，高等教育出版社 2010 年版，第 329 ~ 333 页。

[5] 林朝朋："生鲜猪肉供应链安全风险及控制研究"，中南大学，2009 年。

[6] 卢凌霄、张晓恒、曹晓晴："内外资超市食品安全控制行为差异研究——基于采购与销售环节"，载《中国食物与营养》2014 年第 20 卷第 8 期，第 46 ~ 51 页。

[7] 乔娟："基于食品质量安全的批发商认知和行为分析——以北京市大型农产品批发市场为例"，载《中国流通经济》2011 年第 1 期，第 76 ~ 80 页。

[8] 曲芙蓉、孙世民、彭玉珊："供应链环境下超市良好质量行为实施意愿的影响因素分析——基于山东省 456 家超市的调查数据"，载《农业技术经济》2011 年第 11 期，第 64 ~ 70 页。

[9] 孙世民、张媛媛、张健如："基于 Logit – ISM 模型的养猪场（户）良好质量安全行为实施意愿影响因素的实证分析"，载《中国农村经济》2012 年第 10 期，第 24 ~ 36 页。

[10] 孙世民："基于质量安全的优质猪肉供应链建设与管理探讨"，载《农业经济问题》2006 年第 4 期，第 70 ~ 74 页、第 80 页。

[11] 王慧敏："基于质量安全的猪肉流通主体行为与监管体系研究"，中国农业大学，2012 年。

[12] 王仁强、孙世民、曲芙蓉："超市猪肉从业人员的质量安全认知与行为分析——基于山东等 18 省（市）的 526 份问卷调查资料"，载《物流工程与管理》2011 年第 33 卷第 8 期，第 64 ~ 66 页。

[13] 威廉·H. 格林：《计量经济分析》，张成思译，中国人民大学出版社 2011 年版，第 800 ~ 806 页。

[14] 吴秀敏："我国猪肉质量安全管理体系研究——基于四川消费者、生产者行为的实证分析"，浙江大学，2006 年。

[15] 夏兆敏："优质猪肉供应链中屠宰加工与销售环节的质量安全行为协调机制研究"，山东农业大学，2014 年。

[16] 谢菊芳："猪肉安全生产全程可追溯系统的研究"，中国农业大学，2005 年。

我国食品消费者知情权的保护困境及完善路径

崔金珍*

摘要：食品安全关系到全民的健康，而消费者对食品是否安全却无从可知。我国在食品的生产、流通、消费等三个阶段不能对食品消费者公开食品安全信息，对于食品消费者知情权的保护已经成为实现食品安全的重要课题。通过完善食品标准为消费者维权提供便利、重视风险监控降低消费者的维权成本、完善信息公布制度保障消费者的知情权和保障消费者的广泛参与四个方面可以对消费者知情权的保护有所裨益。

关键词：食品安全　消费者　知情权

民以食为天，食以安为先，消费者作为食品领域的主体之一，对健全完善食品市场有着至关重要的作用，对消费者知情权的保护程度能够直接评估食品市场是否能实现长期繁荣稳定持续发展。食品消费者的知情权在众多权利中处于首要地位，是其他权利得以实现的基础。涉及食品消费者知情权的保护最早可以追溯到周代，根据《礼记》的记载，“五谷不时，果实未熟，不粥于市”①，在对食品安全记录的同

---

* 作者简介：崔金珍，天津财经大学法学院副教授。研究方向为商法、金融法、消费者权益保护。

① 参见《礼记·王制第五》。

时侧面反映出对消费者知情权的保护。经过了几千年的发展，时至今日，食品的种类越来越多，人们对食品味觉的需求也越来越高，随之而来的食品安全问题也是花样百出，食品消费者知情权的保护已经不单单是形式保护的基本命题，它同样有了更高的要求。我国于2015年10月1日起正式施行新《食品安全法》，此次修订作出了许多切实保障消费者知情权的规定，这为保护食品消费者权益指明了方向。即使如此，食品消费者知情权保护仍旧存在很多问题。本文全面分析食品消费者知情权保护存在的问题，并对消费者知情权的完善提出合理建议，以期在更广泛的层面保护食品消费者权益。

一、在食品消费者的知情权保护方面存在的问题

我国涉及食品安全的法律法规规章多达五十余部，保护消费者的知情权贯穿于《食品安全法》始终。同时，食品消费者知情权的保护不仅仅体现在《食品安全法》中，更反映在其他法律条文规定中。《刑法》第三章[①]特别规定了不符合安全标准的食品罪和有毒有害食品罪，该罪名的设立不仅是惩罚犯罪的需要，更从侧面反映出对涉嫌严重侵犯食品消费者知情权的惩治。对侵犯消费者知情权的不法行为具有一定的威慑作用。《消费者权益保护法》第二章第8条中明确规定的消费者的知情权，食品消费者作为《消费者权益保护法》保护的部分群体，理所应当可使用此法中规定的保护措施维护自己的合法权益。除此之外，还有《产品质量法》[②] 等各类行政法规都涉及食品安全中消费者知情权的保护。尽管我国涉及食品消费者知情权保护的相关立法的立法水平日益提高，但是，随着市场经济的不断发展，我们仍然面临着诸多挑战，在建设完备的食品消费者知情权保护制度方面仍有许多不足需改进。

---

① 第143条、第144条。

② 除此之外，还包括《农产品质量安全法》《食品安全法实施条例》《关于加强食品等产品安全监督管理条例》等。

食品消费者的知情权主要分布在食品安全的生产阶段、流通阶段和消费阶段三个阶段。[1] 在这三个阶段中消费者知情权保护存在着不同程度的问题。

（一）生产阶段面临的问题

1. 食品安全标准不统一

生产经营食品必须要依据食品安全标准，同时，消费者以此来检验商品，获得权威信息，维护自己对食品安全的知情权。作为食品安全立法最本质的目的在于保证食品安全，保障公众身体健康和生命安全，食品安全标准不能实现合理统一，极易造成消费者维权中的混乱。《食品安全法》中对食品标准的规定主要有国家标准、地方标准和企业标准，在食品安全法公布施行之前，我国现存食品、食品添加剂和食品相关产品的国家标准2000余项，地方标准1200余项、行业企业标准2900余项，食品安全标准数量繁多且难以统一。随着《食品安全法》的不断修订完善，关于食品标准的立法也逐步改善，但是我国的食品安全标准始终缺少一种社会公信力，使得消费者难以依其判断商品质量。例如在我国现行的乳制品行业2010年新国标中，蛋白质的含量从原来标准的每100克含有2.95克下降到2.8克，但是每毫升牛奶中所含的菌落总数标准由原来的50万上升为200万。[2] 蛋白质含量低于欧美等发达国家3.0克以上的标准，而菌落总数却超过这些国家的20倍。一直以来我国的食品安全标准其实“不标准”，发生的绝大多数食品安全事故多与食品安全标准密切相关，因此，我们亟须依照我国国情，参照国际标准和国际食品安全风险制度，制定具备科学性、实用性的中国式食品安全标准为保护消费者知情权提供保障。[3]

---

① 王二朋、王冀宁：“中国食品安全监管资源错配问题分析”，载《中国食物与营养》2014年第20卷，第5~8页。

② 参见《GB 19301—2010 食品安全国家标准生乳》，三微生物限量。

③ 宋华琳：“中国食品安全标准法律制度研究”，载《公共行政评论》2011年第2期，第39~40页。

2. 食品生产经营者的道德缺失

经营者作为食品安全生产中食品信息第一手资料的掌握者，是最能够从根本上保护消费者知情权的主体。但与之相矛盾的是，经营者成立之初就是将利益作为自己追求的基本目的和终极追求，为了降低成本攫取经济利益，经营者势必会侵犯消费者的知情权。同时，生产经营者的诚信道德缺失也是食品生产经营者侵犯消费者知情权的潜在原因。[①] 一些黑心商家，在其认为不会危及人体健康的原料、添加剂等上做手脚，降低了他们的生产成本。随后的商家们纷纷“跟风”，渐渐形成了食品行业的“潜规则”，大面积大范围地隐瞒消费者，侵害消费者的知情权，使得整个食品行业侵害消费者权益的事件屡禁不止。在此基础上，敦促生产经营者合理合法公开掌握的信息提升经营者的道德意识对促进消费者知情权的保护、整个食品行业健康发展具有至关重要的作用。

（二）流通阶段面临的问题

1. 风险预防的重视程度低

食品安全预防措施是食品安全知情权保护措施的集中体现，其重要性近几年也逐步被各国保障食品安全提上议事日程。食品进入消费领域之前，有效的风险预防制度不仅能够保障消费者的知情权，更能在发生纠纷时降低消费者的维权成本。但是，我国对食品安全预防的理解还停滞于预防的表面现象，其重要性还未在立法和实践中明确体现。主要表现在我国对于食品安全事件的处理多为“救火式”的事后监管，很少有人将预防作为食品安全监管的重要内容。同时，对于食品安全预防的监管规定有些片面。在实践中，食品安全的预防不仅仅包括监管机构、国家政府的预防和企业的自我预防，同时还应当包括广大消费者的预防，如果只是将风险评估预防寄希望于政府和企业，

① “制假售假花样百出，食品安全问题为何‘屡禁不止’”，载食品商务网，http：//www.21food.cn/hotnews/detail_ 763.htm，2015年12月10日访问。

监管不仅不全面而且施行难度较大。《食品安全法》第二章中只是规定了食品安全风险监测的方式和情形，没有规定关于未履行风险监测义务所要负担的责任，虽然食品安全的风险监测是在没有实际发生损害的情况下进行的，但这种危险在未来可能会发生，如果只是等到发生的时候再加以监管，包括政府、经营者等各方当事人均会增加监管成本。尤其对于消费者而言，风险预防制度的不完善是对消费者基本知情权的侵害，一旦食品进入消费领域，风险预防信息的缺失会使消费者在维权的过程中增加维权成本，造成不必要的资源浪费，达不到保护消费者合法权益的立法目的。

2. 政府监管不力

政府作为保护消费者知情权最具权威性的主体，其在食品市场中的“发言”一直是一支有力的“指挥棒”，引导着食品资源的流动方向。一旦政府难以发挥其本身的监管作用保护消费者知情权，那么就会使得消费者保护行动失去最有力的保障。尤其在食品的流通环节中，政府的监管起到不可替代的作用。由于我国人口基数大，统计显示我国的食品生产、食品加工经营企业为50万余家，种植养殖点为1200万余个，而且加工生产多以分散经营为特点。[①] 食品企业众多，在食品市场中流通的信息庞杂而繁多，真假混杂。我国监管部门有限，监管人员由于人数和业务素质水平良莠不齐，使得我国在对流通中的食品问题进行监管时，困难较大，从而表现为监管不力，监管不严，法律法规难以真正发挥作用，[②] 从而使消费者的知情权没有得到保障。同时，在监管过程中某些监管部门的不作为和少作为使真正引导消费者的信息没有充分释放，误导消费者，直接造成消费者知情权的缺失，使消费者反而失去了对政府的监管信心。

---

① “食品安全法相关制度解析”，载豆丁网，http：//www. docin. com/p－706773547. html，2015年12月10日访问。

② 刘俊海：“论食品安全监管制度创新”，载《法学论坛》2009年第3期，第9页。

（三）消费阶段面临的问题

1. 信息公开不完善

我国食品安全立法中关于信息公开的规定仍不完善。第一，负有公开职责的主体多元，并没有形成一致的公开主体。同时，多个主体间食品安全信息发布共享制度不完善，缺乏一个具统一性、权威性为一体的信息披露平台和机制。信息发布职权被人为切割，不仅使得信息资源总量打折，同时会使得信息的指导性作用降低。第二，公布食品安全信息缺少公众的广泛参与，信息的公布不单是政府的单方行政行为，公众参与同样是信息公开的必要条件。[①] 我国相关食品监管部门网站上几乎很少出现“公众参与”版块，由此公众意见难反馈，本身市场中消费者和经营者的信息就处于一种不对称的局面，[②] 如果不能保障信息公开，就极易产生经济学中的“柠檬理论”。[③] 在食品安全市场，消费者所掌握的食品安全信息不如经营者全面，而不同的经营者在投放食品时既有高品质的食品又有低劣的食品。因为消费者信息的闭塞，消费者们当然愿意以更低的价钱取得看似相同的食品。久而久之，生产高质量食品的经营者们不再有市场，所以，他们渐渐退出，而市场中仅剩下生产低质量食品的经营者，而且为了抢夺市场经营者会继续在成本和质量上做文章，最终的食品市场将会混乱不堪。因此，对于消费市场来说，信息公开立法完善，最大限度地发挥广大消费者知情权的能动作用显得尤为重要，这不仅是健全我国食品安全

① 孔繁华：“我国食品安全信息公布制度研究”，载《华南师范大学学报》2010年第3期，第6~7页。

② 孙效敏：“论《食品安全法》立法理念之不足及其对策”，载《法学论坛》2010年第1期，第110页。

③ 柠檬理论：主要是信息的不对称理论的重要组成部分。在次品市场交易的过程中，买方与卖方的信息是不对称的，一般来说，卖方比买方掌握有更多的信息，而精明的卖方正是由于此种优势欺骗不知情的买方，买方在次品市场中根据自己的意向选择次品，从而使得高质量的次品退出市场，而低质量的次品得以幸存。载 http://wiki.mbalib.com/wiki/%E6%9F%A0%E6%AA%AC%E5%B8%82%E5%9C%BA，2015年12月7日访问。

相关立法的需要，也是保护食品消费者合法权益，保障经济稳定运行的需要。

2. 食品消费者自我维权意识差

首先，每当出现食品安全问题时消费者均愤慨不已，强烈谴责批判食品安全的监管制度。但是，当此风波过去之后，消费者依然如旧。以近期常常被曝光的肯德基、麦当劳为例，尽管国家将他们的食品生产加工过程予以曝光，就目前情况来看，肯德基、麦当劳的客源仍然没有明显下降。同时，存在食品安全问题的食品往往售价较低，有的甚至过分低于正常的生产成本，[①] 消费者们有时在知情的情况下，仍然乐此不疲的购买。有买方就有卖方，这就使得不安全的食品在市场上难以根除。消费者们一方面谴责生产经营者的道德缺失，另一方面又为黑心商家创造市场，消费者的态度不明使得政府监管难以有效进行。其次，经调查显示，62.1%的消费者表示在遇到食品问题时不知道去哪里维权。[②] 而且，鉴于所消费食品的价格不高，很多消费者不愿耗费大量的时间和精力去投诉卖家，所以只选择忍耐。食品生产者正是摸清了消费者的厌诉心理，日益妄为。这充分体现了我国国民对知情权的保护意识不够，维权意识和积极程度还不高。

二、为何要保护食品消费者的知情权

《消费者权益保护法》第8条明确规定了消费者具有知情权。食品作为一种特殊产品，与其他商品相比具有自己的特殊性质。在知情权方面，食品消费者要比一般消费者更迫切需要加以保护的原因如下：

（一）被侵害的范围更广

第一，在日常生活中，食品与人类的生存发展直接相关，与每个

---

① “有毒食品为何屡禁不止”，载人民网，http://www.peoplegx.com.cn/spezhibo/spaq/news_show.asp?id=228，2015年12月11日访问。

② “全国两会十大热点受关注，网友最关心食品安全”，载新浪资讯，http://cq.sina.com.cn/news/social/2012-02-27/24539.html，2015年12月8日访问。

人的人身和生命健康权是密不可分的。保障食品消费者的知情权能够从本质上保护消费者的生命权和其他权利。食品作为人类每日所必须摄入的物质，在现实生活中扮演着非常重要的角色。食品不仅能让人补充足够的能量，更是人类赖以生存的保证，对于食品的重要性，每个人都不可否认。第二，食品的消费是一种不可逆的过程，一旦不符合质量要求的食品进入到人体，对人体产生的损害将是直接不可避免的，如果摄入的是有毒有害的食品，那么造成的结果将会更加严重，无法挽回。第三，由于食品生产经营面向的是广大的社会不特定群体，一旦食品事故发生，极有可能发生大规模的社会不安和慌乱，影响社会秩序。同时，随着国际贸易的不断发展，食品交易也在不断发展，食品安全问题将不再是单纯的国内问题，也可能会波及国外其他地区。由此而言，依据食品特点和其产生的广泛影响，食品消费者的知情权必须比一般消费者的知情权乃至权利都要规范和细致。

（二）立法层面更为严格

首先，我国《消费者权益保护法》第55条第1款中规定，经营者如果在提供商品或者服务时有欺诈的行为，消费者可以向经营者主张商品价款和接受服务费用三倍的赔偿，如果增加的数额不足500元的，最低为500元。第2款规定，在经营者明知提供的商品和服务有缺陷的情况下仍然提供，造成消费者及他人的生命健康受到严重损害的，有权要求两倍以下的惩罚性赔偿。而最新的《食品安全法》也明确规定，在食品不符合标准的前提下进行生产或经营，消费者不仅可以向生产者请求赔偿损失，而且还可以向经营者要求索赔。此外，消费者可以向生产者或经营者请求食品价款的十倍或所受损失三倍的惩罚性赔偿。[①] 从上述两法条可以看到，《食品安全法》中对侵犯消费者知情权和健康权的规定更加严厉，惩罚性赔偿从《消费者权益保护法》中的两倍提高到了三倍，最低赔偿额从500元增加到了1000元。从立法

① 《食品安全法》第148条第2款。

的角度，食品消费者知情权保护的特殊性和重要性也被逐渐重视。正是食品消费者知情权与一般消费者知情权存在的这些不同，使得保护食品消费者知情权势在必行，不容忽视。

三、食品消费者知情权保护的完善路径

（一）确定食品标准

截至2015年，我国已重新完善国家和行业标准约1000项，加强国际标准和监测在我国的参与程度，这使得我国关于食品安全的标准迈上一个新的高度，突出食品安全的国际标准在我国适用。在《食品安全国家标准“十二五”规划》中也积极认识到食品安全国际合作的重要意义。中国在食品安全标准设立方面相对落后，中国相关食品立法可以考虑借鉴国际标准结合我国国情完善已有标准，在尚未制定国标的食品领域优先或转化适用国际标准。这样可以弥补我国相关立法的不足，填补法律漏洞，节约立法成本。[①] 此外，结合食品预防理念制定食品标准。食品安全风险预防评估已经被世界贸易组织（World Trade Organization ，WTO）、国际食品法典委员会（Codex Alimentarius Commission，CAC）和各国政府作为食品安全立法和制定食品安全标准的科学手段和依据。我国虽有制度，但是在制定标准时，并没有以风险评估预防为依据。未来，我们在加强风险预防能力和评估的基础上以科学为导向，制定符合我国的食品安全标准，[②] 一定程度上为消费者举证等维护知情权过程提供便利。

（二）重视风险监控

风险预防监管从长远来看能够缩小我们的执法成本，同时在一定程度上能够约束食品经营者规范经营，更好地发挥政府作为监管部门

---

① 涂永前：“食品安全国际规制与法律保障”，载《中国法学》2013年第4期，第145~146页。

② 宋华琳：“中国食品安全标准法律制度研究”，载《公共行政评论》2011年第2期，第41页。

的主体作用，保护消费者的知情权。生产者和经营者的预防是食品安全生产中最关键的一步，生产经营者掌握着食品的准确资料和特性，对生产销售的食品最有发言权，所以预防应当首先从生产经营者开始进行。《食品安全法》未规定生产经营者的风险预防监管义务，这就使得我们的食品安全保障先天不足。[①] 生产经营者预防从生产前预防、生产环节预防和销售环节预防三个方面来说，生产前的预防指生产经营者对其生产加工的食品严格鉴定验收；生产环节预防是指在生产过程中严格依照法律的规定和标准进行操作，保证做到“达标再生产，生产必达标”；销售环节的预防指经营者在销售食品时尽到严格验货和管货义务，对于未依法履行事前监管的生产经营者应当予以处罚。同时，监管部门应转变监管方式，变事后监管为事前监管，弥补客观上监管部门存在的不足，节约监管成本，更好地发挥职权的能动作用。最终使消费者知情权的保护节约成本。

（三）完善信息公布制度

信息公布制度的完善包括充实食品安全的公开内容以及完善信息的公开渠道。丰富食品安全公开内容一般国家采取美国的做法“以公开信息为原则以不公开信息为例外”，对不公开的信息做详尽列举，除此之外都是政府应当及时准确公布的信息。同时，在信息公布时公众应当广泛参与，广泛听取公民意见，保护公民的合法权益。我国新《食品安全法》第118条规定国家建立统一的食品安全信息平台，实行食品安全信息统一公布制度。以上信息发布要依赖于完善信息公开渠道，食品信息涉及行政部门多，内容繁杂，相应的要开通多种方式供公民查阅，例如在报纸、网站等媒介上及时公布，对于基本信息要细化通知到社区，保证每一个食品消费者都能够及时掌握，平衡市场中的信息，充分挖掘消费者对食品安全问题自我保护动力，发挥其能动作用。

---

① 隋洪明：“论食品安全风险预防法律制度的构建”，载《法学论坛》2013年第3期，第58页。

（四）保障消费者的广泛参与

消费者的监管是最普遍的监管，消费者的普遍参与是保护知情权的最有效方法。“徒法不足以自行”，消费者必须学会自救，面对食品安全问题不能只是一味被动等待国家救济。在国家加大信息公开力度的同时，消费者要主动了解食品安全的基本常识，处于弱势地位不是永久的免责金牌，共同抵制食品安全中的假冒欺诈行为，对问题食品“零容忍”，在知情权保护的攻坚战中突出自己的作用。食品不同于一般产品，其自身地位和产生影响的特殊性要求食品安全立法理念必须强调消费者的广泛参与。消费者过分依赖单纯以监管部门和经营者行业自律为主导的制裁不能达到食品安全立法的根本目的，净化食品市场。同时，从根本上加强对消费者的食品安全教育，提高食品消费者的自我维权意识，更有利的促进食品市场的法治化建设。

四、结语

消费者知情权的保护是促进食品市场繁荣发展的必由之路，对其知情权的保护无论何时都要被提升到食品安全的战略高度，在不断完善食品安全相关立法和措施的基础上，更多关注消费者权益也是关键所在。食品安全无小事，世界上也不存在绝对的食品安全零风险，所以消费者始终要对我们的食品安全抱有信心，使食品市场与消费者的良性互动以更好地造福经济发展。

食品安全私人执法研究[*]

——以惩罚性赔偿型消费公益诉讼为中心

黄忠顺[**]

摘要：新《食品安全法》全面强化公共执法，但私人执法尚未引起立法者的足够重视。鉴于食品安全私人执法对公共执法具有不可或缺的监督和补充功能，应当从解释论层面强化消费公益诉讼制度建设。惩罚性赔偿型消费公益诉讼具有内部化生产经营者外部成本、内在化消费者私人执法正外部性、利用消费者及其保护组织的隐性收益降低私人执法激励成本等多重价值。为实现惩罚性赔偿型消费公益诉讼的规模效应，消费者须将其损害赔偿请求权概括性移转给具备提起公益诉讼主体资格的消费者协会。

关键词：食品安全　私人执法　消费公益诉讼　惩罚性赔偿

一、问题的提出

鉴于食品安全事故对国民生命健康造成严重威胁并给社会稳定埋下隐患，强化食品安全监管成为举国上下共同的呼声。新《食品安全法》遵循"重典治乱"修法理念（刘俊海，2012：51～52），从固定

---

* 基金项目：中央高校基本科研业务费专项资金资助（10XNI033）。本文已正式发表于《武汉大学学报（哲学社会科学版）》2015年第4期，已征得同意结集出版。

** 作者简介：黄忠顺，清华大学法学院助理研究员，博士后，研究方向：民事诉讼法。

分段监管向统一监管转变的监管体制改革成果、完善监管制度、建立最严厉惩处制度三方面强化食品安全领域的公共执法（陈丽平，2015：A3）。然而，本次《食品安全法》修改并没有将“重典治乱”理念延伸到私人执法领域。报告、投诉、举报等在客观上体现私人执法精神的制度主要被作为公共执法的信息来源和辅助手段，而作为私人执法重要手段的食品安全公益诉讼则完全不在本次修法的范围内。因而，新《食品安全法》将行政监管作为食品安全治理的主要手段，而私人执法则尚未引起立法者的足够重视。为强化食品安全私人执法理念并从解释论上促进食品安全公益诉讼制度的发展，本文在阐释私人执法对公共执法的监督和补充功能的基础上，从经济分析的角度论证食品安全私人执法的必要性和可行性，并从体系解释的角度探索食品安全私人执法的可能途径。

二、功能分析：食品安全私人执法对公共执法的补充

考虑到我国近年来频发重大食品安全事件引起社会公众对食品安全的心理恐慌并对社会稳定和经济发展都造成巨大的冲击（奚晓明，2014：43），食品安全事故的防范和处理对执法效率的要求特别高，将更加契合效率原则的行政监管作为食品安全领域首选执法方式具备正当性基础。然而，尽管在理论上私人执法的效率并没有最优公共执法高（威廉·兰德斯、理查德·A. 波斯纳，2004：257），但现实的公共执法通常难以达到最优状态，亟须私人执法对其进行补充。首先，公共执法机构的设置及其职责的履行需要公共财政投入，而私人执法则无须过多的财政投入，其执法成本主要由社会分担或者转由责任主体承担。其次，即使不计成本地将公共执法机构的触角延伸至社会各个角落，其在及时发现食品安全隐患或者事件方面的能力远远不如生活于各行各业的私人，而且公共执法全面深入监控社会容易对私人的行为自由造成不必要妨碍甚或限制。再次，尽管在理论上可以通过强化惩戒力度弥补“执法遗漏”减损的行为规范功效，但只要利润足够

大且存在不被追责的可能，公共执法就注定难以消除食品安全领域违法犯罪行为的经济动机，且这无异于将没有被发现或者追责的不法生产经营者的责任算到被追责的生产经营者头上。复次，公共执法的具体实施依赖于其切身利益无涉食品安全的党政机关工作人员，其执法积极性主要通过相关法律规定的职责加以维持，而私人执法者通常能够依法保有全部或者部分执法收益，其执法积极性在经济学上明显高于公共执法者。从经济学上来分析，公共执法部门的自身利益与执行法律的社会成本和收益不相关而导致公共执法在一定场景下的无效率，因为“如果公共机构既不能从降低执法成本中受益，也不会从减少执法收益中受损，那么公共机构就会对提高执法效率漠不关心”（桑本谦，2005：167）。与此不同，私人执法因立法者向执法者提供激励机制而使得执法的成本、收益与自身存在直接利害关系，执法者具备根据自身利益去执行法律的动力。因而，执法者根据自身利益去执行法律能够对公共执法的固有惰性发挥补充和监督功能。诚然，私人执法中的激励机制在理论上也可以适用于公共执法者，但由公共财政供给工资福利的公共执法者从其具体执法中获益与公共执法的公共性相违，而且容易造成公共执法者采取钓鱼执法等滥用职权手段为自己谋利。最后，在地方保护主义、行业保护主义盛行的当代中国，财政税收、就业岗位、投资兴业等事项使得现代社会企业与政府总有共同的利益，企业与政府的“双赢”成为经济活动中最佳效果的标志（肖建华、柯阳友，2011：146），行政不作为或者滥用行政权力导致众多消费者利益受到损害是公益诉讼产生的重要原因（肖建华，2012：47），在难以合理期待行政机关通过公共执法的方式全面有效地保护消费者合法权益的情形下，通过私人执法弥补公共执法供给的不足、改善实践中对损害公益行为打击不力的状况、缓解转型时期的社会矛盾就具有积极意义（肖建国，2012）。综上所述，食品安全执法通常具有紧迫性而应当首选公共执法手段，但公共执法具有自身的弊端，应当发挥私人执法的补充功能。

根据其与公共执法的关系，食品安全私人执法可以区分为辅助型私人执法和独立型私人执法。在辅助型私人执法中，私人仅在信息来源与协助执法方面发挥功能，既不能独立追究生产经营者公法意义上的违法责任，也不能通过行政公益诉讼的方式督促行政机关采取相应行政措施。在独立型私人执法中，私人不仅得要求公共执法部门启动相关追责程序，而且得提起行政公益诉讼要求行政机关依法履行职责。鉴于辅助型私人执法并不能对生产经营者或公共执法部门产生强制执法效果，而且在很大程度上已经被纳入食品安全公共执法的研究范畴，食品安全私人执法主要研究的是独立型私人执法。鉴于私人执法主体并不能直接行使国家强制力，在辅助型私人执法无法奏效的情形下，消费者或者消费者协会只能通过诉讼途径谋求强制执法效果。因而，独立型私人执法的研究主要集中体现为以公共执法部门为被告的行政公益诉讼与以生产经营者为被告的民事公益诉讼两种类型，前者对公共执法发挥监督功能，而后者对公共执法发挥补充功能。尽管《食品安全法》并没有规定公益诉讼制度，但因食品安全公益诉讼属于特殊领域的消费公益诉讼，故可以援引《行政诉讼法》《民事诉讼法》《消费者权益保护法》等可能存在的公益诉讼规范进行分析。其中，《民事诉讼法》第 55 条以及《消费者权益保护法》第 47 条规定的消费公益诉讼属于形式意义上的消费公益诉讼，而实质意义上的消费公益诉讼则还包括《消费者权益保护法》第 55 条以及《食品安全法》第 148 条第 2 款规定的惩罚性赔偿型消费公益诉讼。其中，形式意义上的消费公益诉讼通常被认为仅指省级以上消费者协会提起旨在保护不特定消费者权益且不涉及损害赔偿请求的防御型消费公益诉讼。惩罚性赔偿型消费公益诉讼则是立法者授予补偿性赔偿请求权人以惩罚性赔偿请求权，使消费者能够通过一个诉讼程序同时实现填补损失和维护公益的双重诉讼目的。鉴于笔者已在其他文章中较为深入地检讨形式意义上的消费公益诉讼（肖建国、黄忠顺，2013：6～11），本文以惩罚性赔偿型消费公益诉讼为中心对食品安全中的私人执法问题展开研究。

三、经济分析：食品安全私人执法的必要性及可行性

在食品安全私人执法的制度设置中，既要激发消费者或者消费者协会的执法积极性，也要剥夺生产经营者继续产售不安全食品的经济根基。这是因为缺乏激励机制的私人执法形同虚设，而不能完全穷尽不法收益的私人执法不具备阻吓生产经营者继续产售不安全食品。对于惩罚性赔偿型消费公益诉讼而言，鉴于补偿性赔偿请求金额通常难以向消费者供给足够充分的诉讼动力，为防止经营者利用消费者维权惰性牟取不法收益，立法者赋予补偿性赔偿请求权人以惩罚性赔偿请求权，实现激励消费维权和剥夺不法收益的双重功能。

（一）食品安全私人执法的必要性分析

生产经营者在决定产售不安全食品时通常并没有将不安全食品给消费者造成的伤害以及治疗或者补偿这些伤害所需要付出的成本纳入产品成本计算范围。这是因为消费者限于食品安全信息有限而难以认识到其消费该食品的对价还包括生命健康权益的减损，事后遭受生命健康权益减损也未必能够意识到是某特定食品引起，即使能够意识到该因果关系的存在，也未必能够成功证明消费事实与损害后果的存在及其因果关系的成立，而且在完全能够证明食品存在安全隐患并对自身权益造成损害的情形下，如果伤害不足够大，消费者普遍存在放弃维权的心理倾向。因而，不安全食品的生产经营行为具有负外部性，消费者承受了不安全食品生产经营者的外部成本，并难以通过普通的损害赔偿之诉实现外部成本的内部化。尽管公共执法也具有促使生产经营者的负外部性内部化的功能，但对公共执法与私人执法进行的经济分析表明，私人执法在穷尽不法收益力一面效率更佳。概言之，不安全食品的生产经营活动所具有负外部性构成倡导构建惩罚性赔偿型消费公益诉讼的主要理由，而惩罚性赔偿型消费公益诉讼具有促使外部成本内部化的经济制度价值。

作为经济理性人的生产经营者天然地倾向于将其自身承担的成本

降到可能范围内的最低限度而将其自身的收益提升到可能范围内的最高限度，对于包括消费者在内的其他人是否承担外溢成本则在所不问，而对外溢收益则尽可能地内部化为价格以实现其利益最大化。从经济学上来分析，生产经营者从事的不安全食品生产经营行为的私人成本与社会成本并不相等，因为不安全食品对消费者生命健康权益造成的损害未必被纳入生产经营成本。即使被纳入生产经营成本，也因部分甚至全部受害消费者放弃行使损害赔偿请求权或者行使损害赔偿请求权不成功等原因而使得生产经营者实际承担的私人成本显著低于社会成本，这也正是食品生产经营者铤而走险的原因。诚然，不安全食品生产经营者将其成本转由消费者承担并不是没有条件的。如果对食品安全隐患知情且存在可替代安全食品，消费者完全可以选择其他替代食品或者通过迫使该不安全食品降价的方式将其遭受的外部成本内部化，而不安全食品生产经营者在完美市场机制的作用下只能选择生产安全食品或者退出市场竞争。然而，生产经营者产售不安全食品通常具有隐蔽性和专业性，无法指望消费者普遍发现或知悉食品安全隐患。在消费者对食品信息了解不充分的情形下，生产经营者得以顺利将其成本外部化，因生产经营者将其部分私人成本转化为社会成本而导致市场失灵，资源配置难以达到帕累托最优状态。鉴于食品安全对消费者生命健康权的严重损害，生产经营者产售不安全食品所获得的私人收益往往难以承担救治众多受害者的医疗费用，不安全食品生产经营的社会成本远远高于社会收益。然而，追求利润最大化的经济当事人进行私人最优决策是基于私人成本与私人收益的比较，被生产经营者外部化的社会成本并没有反映在其私人成本之中并最终通过市场价格反映出来。因而，只要存在负的外部性，资源配置就是扭曲的，市场机制就不能完全发挥资源配置的基础性作用，为实现社会福利的最大化，应当通过各种不同方式将外部成本转由外部性制造者自己承担，即外部成本内部化（刘友芝，2001：7～8）。尽管早有研究表明地方政府追求经济增长是企业内部成本外部化的催化剂,[①] 但食品生产经营企业的负外部性内部化主要依赖公共执法。刑事罚金、行政罚款、没收违法所得等刑事或者行政手段增加了不安全食品生产经营者的违法成本，但由于不安全食品生产经营者被追究刑事责任、行政责任的概率并不高。即使被追究刑事责任、行政责任，不安全食品生产经营者的不法收益也未必可以通过刑事罚金、行政罚款、没收违法所得等措施予以穷尽。因而，公共执法所能实现的外部成本内部化通常具有不彻底性，不安全食品的生产经营者仍然可能有利可图。相对于具有天然惰性的公共执法而言，消费者与消费者协会因其能够享有或者分享执法收益而具有充足的执法动力，且可以利用其植根于社会各行各业的优势降低发现食品安全隐患的成本。因而，即使是对美国集团诉讼持根本抵触态度的德国，也正在积极强化消费者保护法和反不正当竞争法领域内的私人执法，其所创设的撇去不法收益之诉能够在公共执法不力情形下强化执行威慑力。尽管我国立法者不认为《民事诉讼法》与《消费者权益保护法》所规定的民事公益诉讼包括撇去不法收益之诉，但《食品安全法》规定的惩罚性赔偿制度在某种意义上也发挥着强化私人执法威慑力和供给私人执法动力的双重功能。如果能够将众多消费者享有的惩罚性赔偿请求权通过程序法上的技术手段进行凝集，将对不安全食品生产经营者构成类似于撇去不法收益之诉甚或集团诉讼的致命打击。

（二）食品安全私人执法的可行性分析

消费者或者消费者协会私人执法结果的受益者并不局限于私人执法者，不特定消费者均从私人执法中获益，但又无法要求不特定消费

---

① 我国的财税制度和官员晋升机制使地方经济的增长成为地方政府最为关注的目标，而这种增长又依赖于企业的投资，企业的投资决策则需要考量自身的利益，地方政府为了满足企业利益便利用其在要素市场上的干预能力，以低成本为企业提供要素，造成了内部成本外部化现象。参见王立国、周雨：“体制性产能过剩：内部成本外部化视角下的解析”，载《财经问题研究》2013年第3期，第34页。

者分担私人执法成本，属于“一些人的生产或消费使另一些人受益而又无法向后者收费”的正外部性（外部经济）现象（沈满洪、何灵巧，2002：153）。正外部性活动由于发出方生产收益中有一部分“发散”为社会收益，使其私人生产均衡点低于社会需要的均衡点，导致部分社会福利损失（王万山、谢六英，2007：2）。鉴于市场机制的基本功能是使交易双方的福利最大化（孙钰，1999：31），消费者或者消费者组织私人执法积极性不足问题无法通过正常的市场机制解决，而需要将其作为公共物品进行激励。然而，在缺乏私人执法的传统大陆法系国家和地区，受公法与私法功能划分的影响，私人执法尚且处于起步阶段，与案件不存在直接利害关系人的消费者提起公益诉讼动力尚未为我国立法者所接受，但受害消费者在提起私益诉讼的同时提出公益性诉讼请求的情形在司法实践中则时有发生。受害消费者提起公私交融型消费诉讼在客观上具有利用私人利益充当公益诉讼的效果，但充当消费者提起公益诉讼动力的私人利益并非总是显在的私益，还可以表现为律师通过公益诉讼吸引案源等隐性利益。鉴于此，在赋予任何消费者以公益性诉讼实施权的社会条件尚不具备的情形下，认可对公益诉讼具有显性或者隐性收益的特定消费者有权提起消费公益诉讼不失为节约私人执法激励成本并规避立法障碍的应对策略。惩罚性赔偿具有惩戒不安全食品生产经营者的私人执法性质，但立法者仅将其赋予补偿性赔偿请求权人。因而，惩罚性赔偿可以实现特定受害消费者私人执法行为正外部性内部化，并且提起公益诉讼通常能够为原告或者其代理人带来隐性收益，故惩罚性赔偿型公益诉讼具备可行性。

1. 私人执法者的正外部性的内部化

私人执法旨在保护社会公共利益，而社会公共利益的维护将使得包括私人执法主体在内的不特定第三人获益，这意味着私人执法具有经济学上的正外部性特征。所谓的正外部性，是指一个经济主体的经济活动对其他经济主体所带来的有利影响，正外部性的接受者并不需要为此付出任何成本。正外部性由于发出方所获得的私人收益小于社会收益，发出方在生产或消费时一般以私人边际收益作为供给或支出的预算约束线，因而其生产量或消费量低于社会福利最优量（王万山、谢六英，2007：1）。为消除正外部性对于资源配置的影响，经济学家指出需要将正外部性内在化，就是要使由正外部性制造者造成的外部收益通过不同方式转化成为正外部性制造者的私人收益，以解决因激励缺乏导致的社会最优供给不足，从而克服正外部性带来的效率损失，重新达到帕累托最优状态（王冰、杨虎涛，2002：159）。具体到食品安全私人执法而言，消费者或者消费者协会为保护公共利益而实施的私人执法活动所产生的成本需要自行承担，而私人执法的受益者则不限于私人执法者本人，其他消费者因私人执法而获得无须支付报酬的利益。因而，食品安全私人执法具有鲜明的正外部性，属于第三方公共物品，政府需要对其采取补偿性激励，这主要表现为减免案件受理费、从诉讼收益中提取必要费用、独享或者与国库分享诉讼收益、从公共财政或者公益基金垫付或者补偿诉讼成本、对热心食品安全私人执法者设置奖励机制等。

2. 私人执法者的隐性收益分析

诚如学者所指出的，“除非私人执法者所获得的预期收益能够超过其支付的成本从而使得回报可以补偿其承担的风险，否则私人执法机制将不复存在”（约翰·C. 科菲，2009：32）。鉴于作为非直接利害关系人的消费者或者消费者协会在私人执法中需要消耗相当成本，食品安全中的私人执法制度设置中需要慎重考虑消费者或者消费者协会私人执法的动力问题。如果说旨在剥夺生产经营者从事违法行为经济动机的惩罚性赔偿之诉、撇去不法收益之诉尚且可以将全部或者部分诉讼收益作为激励消费者或者消费者协会积极执法的奖金，那么，旨在要求生产经营者停止违法行为、采取必要补救措施、履行告知义务等不涉及收益的私人执法则面临着执法激励的难题。然而，消费者或者消费者协会不能从私人执法活动本身获益并不排除其获得其他方面的利益实现，如律师通过公益诉讼提升知名度而获得案源、学者通过公益诉讼引领社会关注特定问题、学生通过公益诉讼训练其诉讼技巧、商业主体通过公益诉讼击败竞争者、具有半官方性质的消费者协会通过公益诉讼取得政绩和提高社会认可度、消费者通过公益诉讼为其私益诉讼奠定基础等。因而，食品安全私人执法缺乏动力的假设未必符合实际情况，消费者或者消费者协会私人执法可以产生经济学上的隐性收益，提起公益诉讼可以为消费者或者消费者协会带来其他方面的利益满足。诚然，前述隐性收益并不存在于所有消费者或者消费者协会的私人执法活动中，而私人执法不应当为特定类型群体的消费者所垄断，从制度上为提起消费公益诉讼的消费者或者消费者团体提供最低限度激励机制的观念已是学界基本共识。鉴于不同消费者或者消费者团体从事相同私人执法事务的实际收益并不相同，惩罚性赔偿请求权的创设可以理解为立法者授权具有隐性收益的特定主体以提起限额损害赔偿公益诉讼的主体资格。在损害赔偿公益诉讼尚未获得普遍开放的语境下，优先将公益性诉讼实施权赋予具有潜在诉讼收益的主体（补偿性损害赔偿请求权主体）能够有效节约公益诉讼激励成本，惩罚性赔偿型消费公益诉讼具有可行性。

四、体系解释：食品安全私人执法的制度展开

食品安全事故的防范与处置相对于其他消费领域更具显著的紧迫性，而注重保障程序正义的司法救济相对于行政程序更为滞后，这种反差决定了食品安全主要通过行政监管手段实现，而食品安全公益诉讼长期没有获得立法者与司法者的青睐。然而，诚如前述的经济分析所揭示的，公共执法具有天然缺陷而亟须私人执法予以有益补充。更为重要的是，为追求财政收入与经济增长方面的政绩，地方政府放任甚至主动协助生产经营者将其成本外部化的情形时有发生。因而，通过食品安全公益诉讼督促甚或迫使公共执法部门依法履行职责以及越过公共执法部门直接向生产经营者施加利益影响的重要性已是诸多决策者和研究者的共识。如前所述，在我国现行法律框架下，食品安全

领域存在着《民事诉讼法》第55条和《消费者权益保护法》第47条规定的形式意义上消费公益诉讼以及《消费者权益保护法》第55条和《食品安全法》第148条第2款规定的惩罚性赔偿型消费公益诉讼。形式意义上的消费公益诉讼指向未来，旨在防御不特定众多消费者合法权益（继续）遭受侵害，而惩罚性赔偿型公益诉讼指向过去，旨在剥夺不安全食品的生产经营者已经取得的不法收益。

惩罚性赔偿型公益诉讼直接以不安全食品生产经营者为被告，故只能属于民事公益诉讼。但是，形式意义上的消费公益诉讼是否仅限于民事公益诉讼则尚且存在商榷空间。尽管包括立法机关在内的绝大多数权威观点认为《消费者权益保护法》第47条是对《民事诉讼法》第55条的具体化，但基于以下几方面的原因，笔者认为，消费者协会提起的食品安全公益诉讼包括行政公益诉讼与民事公益诉讼两种类型：第一，《消费者权益保护法》第47条关于“对侵害众多消费者合法权益的行为，中国消费者协会以及在省、自治区、直辖市设立的消费者协会，可以向人民法院提起诉讼”的规定从字面解释上并没有将行政公益诉讼排除在外。第二，《消费者权益保护法》至少在我国并未被纳入民法体系，消费公益诉讼条款是否需要在民事公益诉讼条款的既有框架内进行解释并非不无疑问，而以立法机关释义书为根基的历史解释固然贴近立法原意，但也不应当忽视法律文本的客观性为法律制度发展意外留下的契机。第三，行政不作为以及行政乱作为也同样构成《消费者权益保护法》第47条规定的侵害众多消费者合法权益的行为，如政府滥用行政权力排除、限制竞争的行为在客观上损害不特定众多消费者合法权益，消费者协会提起行政公益诉讼具备正当性和必要性。第四，在行政诉讼法或者专门性法律中增设行政公益诉讼制度已是社会各界达成的基本共识（黄庆畅、杨子强，2014：18）。2015年修改《行政诉讼法》的过程中，无论是相关实务部门的修正案草稿或者修正案建议稿，抑或是自诩为“专家建议稿”的各类版本的修改建议材料，均将“行政公益诉讼”列入修改内容并作为其“亮点”之一（杨建顺，2012：60）。诚然，在消费者协会既可以提起民事公益诉讼也可以提起行政公益诉讼达到类似救济功能的情形下，鉴于行政公益诉讼的救济更为迂回，消费者协会提起民事公益诉讼通常更加符合效率原则，而且考虑到消费者协会的半官方色彩注定其不愿过多地与行政机关打官司的现实，只有在无法通过民事公益诉讼获得救济或者通过行政公益诉讼更能实现纠纷解决的规模效应的情形下，消费者协会穷尽辅助型私人执法手段仍无法奏效时才存在提起行政公益诉讼之必要。尽管我国现行法律和司法解释并没有对消费者协会提起食品安全行政公益诉讼的条件和程序作出特别规定，但中国消费者协会可以通过公益诉讼导则等内部文件对自身以及各省级消费者协会提起行政公益诉讼进行适当自律性限制，以确保食品安全私人执法实现效率最优。

综上所述，食品安全私人执法主要表现为受害消费者提起的惩罚性赔偿之诉以及消费者协会提起的团体公益诉讼。其中，消费者协会提起的团体公益诉讼以民事公益诉讼为原则、以行政公益诉讼为例外，而且在提起行政公益诉讼之前宜先行穷尽辅助型私人执法手段。鉴于补偿性损害赔偿请求权与惩罚性赔偿请求权的主体均为特定受害消费者，消费者协会得提起的民事公益诉讼通常仅限于不涉及金钱损害赔偿的不作为之诉、撤销之诉以及信息之诉，至于消费者协会直接提起损害赔偿之诉尚未被立法机关和最高司法机关所接受，从而使得我国食品安全领域内的私人执法力度严重欠缺。考虑到生产经营者在不安全食品产售过程中将大量成本外部化，《食品安全法》试图通过强化行政处罚力度的方式撇去生产经营者的不法收益。然而，诚如前文经济分析结果已经表明的，某些地方政府执法积极性可能不足，即使全部上缴国库的罚没财产又被以行政拨款方式返还执法单位，仍然难以与经济增长给官员带来的政绩实惠相媲美。因而，如何强化私人执法在促使生产经营者外部成本内部化的任务仍然相当严峻。鉴于此，笔者拟探索惩罚性损害赔偿请求权的集合行使路径为己任，试图运用民事诉讼程序法原理实现类似美国集团诉讼与德国撇去不法收益之诉的私人执法效果，并对私人执法性质的惩罚性赔偿团体诉讼与公共执法性质的没收违法所得之间的关系进行厘定，在解释论层面构建公共执法与私人执法和谐相处且相互配合的食品安全执法体系。

（一）私益抑或公益：惩罚性赔偿请求权的性质界定

受公法、私法的二元区分原理的影响，传统大陆法系国家和地区的损害赔偿责任法遵循“补偿原则”和“得利禁止原则”，其功能仅在于填补受害人所遭受的损害，但受害人所获补偿不得多于所遭受的损失，至于损害行为的预防和报复功能则必须通过公法性质的行政法与刑法手段予以实现（格哈德·瓦格纳，2012：3）。尽管损害赔偿责任法强调完全补偿原则，但是遭受不安全食品损害的消费者并非总是积极谋求损害填补，即使所有遭受损害的消费者都行使损害赔偿请求权，并非所有消费者都会保存并提供相关证据，即使所有消费者都能够提供相关证据，生产经营者及其律师尚有大量诉讼技巧可供使用。因而，在实体法规则设置的理想层面，生产经营者的违法所得都可以被受害消费者追回，但在事实上生产经营者具有大量的机会和手段规避承担损害赔偿责任，补偿性损害赔偿请求权在促使外部成本内部化的功能注定是不完全的。鉴于此，新《食品安全法》第148条第2款继承了我国《侵权责任法》第47条、《消费者权益保护法》第55条的精神，为优化惩罚性赔偿制度对生产经营者的威慑功能，考虑到不符合安全标准食品价格及其对消费者身心健康造成伤害之间的巨大差距，新法赋权消费者在价款十倍或者损失三倍之间选择请求对其最有利的惩罚性赔偿金。消费者要求赔偿损失的权利属于补偿性损害赔偿请求权，而要求生产经营者支付价款十倍或者损失三倍赔偿金则属于惩罚性损害赔偿请求权，惩罚性损害赔偿请求权从经济上刺激消费者维权积极性，呈现出私益诉讼与公益诉讼相融合并以公益诉讼带动私益诉讼的私人执法格局。换言之，惩罚性赔偿请求权带有明显的公益色彩，通过增加生产经营者单次赔偿金额弥补部分消费者不知、不愿或者不能行使补偿性损害赔偿请求权的弊端。在特殊情形下，生产经营者实际承担的损害赔偿金额在理论上可能超越其违法生产经营行为所获得的利润。理性的生产经营者为了避免承担超越利润空间的损害赔偿责任而具备提高食品生产经营注意义务的积极性。因而，惩罚性赔偿请求权在促使生产经营者外部成本内部化方面具有显著的功效，具有鲜明的行为规范公法色彩。显而易见，消费者提起损害赔偿之诉，要求生产经营者支付法定倍数的“赔偿金”与公共执法中罚款、罚金、没收违法所得等具有异曲同工之妙，均试图剥夺生产经营者从事不安全食品生产经营活动的经济根基，加大违法生产经营行为的代价以提高生产经营者的安全注意义务。诚然，严厉的惩罚性赔偿制度可能会导致注意成本过高，而注意成本的增加将导致食品价格上涨。尽管食品安全事关生命健康而可以“不计成本”，但食品价格的上涨会现实地影响中低收入水平人群的生活质量，如果没有配套社会救济措施的完善而片面提高食品安全标准和食品生产经营注意义务，其结果是否符合全体人民根本利益恐怕还存在商榷的余地。因而，惩罚性赔偿请求权通常仅适用于生产经营者应知或者明知故犯的情形，新《食品安全法》将其仅适用于“生产不符合食品安全标准的食品或者经营明知是不符合食品安全标准的食品”，而经营非明知是不符合安全标准食品的经营者并不承担惩罚性赔偿责任。除承担惩罚性赔偿责任以外，生产经营不符合安全标准食品的生产经营者还面临着没收违法所得的行政处罚或刑事处罚，在采取没收违法所得与惩罚性赔偿并行的立法模式下，生产经营者在应然层面具有充分的注意积极性，但鉴于消费者的理性冷漠以及公共执法的乏力，铤而走险的生产经营者仍然存在逃避承担法律责任的“合理”侥幸心理，使得食品安全事件频频发生。

（二）个别抑或集合：惩罚性赔偿请求权的集合行使

尽管惩罚性赔偿请求权依附于补偿性赔偿请求权，但消费者在民事诉讼中请求生产经营者支付惩罚性赔偿金在性质上应当界定为公民提起的公益诉讼，旨在规范生产经营者的行为并以惩罚性赔偿金激励消费者积极维权，属于立法者为受害消费者创设的据以提起食品安全公益诉讼的请求权基础。然而，尽管惩罚性赔偿请求权激励消费者积极维权，但受信息不对等、诉讼能力悬殊、证据分布不均衡等因素限制，惩罚性赔偿请求权的个别性行使并不能彻底解决消费者维权动力或者能力不足问题。然而，倘若允许受害消费者将其损害赔偿请求权或者其所对应的诉讼实施权转让给具备提起消费公益诉讼资格的消费者协会，那么惩罚性赔偿请求权的集合行使将给生产经营不符合安全标准食品者以类似集团诉讼的严厉打击。鉴于惩罚性赔偿请求权个别性行使仍然使得不符合安全标准的食品生产经营者心存侥幸，在解释论上探索惩罚性赔偿请求权的集合行使模式，对在实践中真正贯彻“重典治乱”修法精神具有重要价值。立法机关赋予受害消费者以惩罚性赔偿请求权，而受害消费者的特定性决定惩罚性赔偿之诉不能适用《民事诉讼法》第55条以及《消费者权益保护法》第47条规定的公益诉讼制度。为实现惩罚性赔偿请求权的集合行使，需要将受害消费者享有的惩罚性赔偿请求权或者其所对应的诉讼实施权向消费者协会转移。为实现诉讼实施权移转而转移实体请求权构成理论上所谓的“诉讼信托”，而转移诉讼实施权但保留实体请求权归属关系不变则属于所谓的“诉讼担当”。鉴于我国现行立法既没有规定受害消费者依法享有的惩罚性赔偿请求权由消费者协会行使，也没有规定受害消费者将惩罚性赔偿请求权所对应的诉讼实施权授予消费者协会行使，惩罚性赔偿请求权的集合行使路径只能采取无须法律预设的意定赋权模式。意定赋权模式存在诉讼信托、任意诉讼担当以及诉讼代理三种方式，但任意诉讼担当的适用通常以立法者明确允许受害消费者移转诉讼实施权为必要，而诉讼代理人仅能由自然人担任，实现惩罚性赔偿请求权由消费者协会集合行使的路径只能是诉讼信托。尽管《信托法》第11条禁止专以诉讼或者讨债为目的设立信托，但因消费者协会集合化行使惩罚性损害赔偿请求权带有显著的公益色彩，而且符合法律规定条件的公益团体充当诉讼受托人并不存在包揽诉讼的风险，笔者倾向于结合第 61 条有关“国家鼓励发展公益信托”的立法精神对第 11 条作目的性限缩解释，将具备公益诉讼主体资格的消费者协会作为诉讼信托禁止原则的例外情形对待。鉴于新《食品安全法》仍然将惩罚性损害赔偿请求权依附于补偿性损害赔偿请求权，受害消费者在转让惩罚性赔偿请求权时必须将其补偿性赔偿请求权一并转让给消费者协会，并且消费者协会得在同一诉讼程序中同时提起不作为之诉，实现公益诉讼与私益诉讼的多重融合。在惩罚性赔偿金大幅度提升的食品安全法领域，消费者将其补偿性赔偿请求权与惩罚性赔偿请求权转让给消费者协会就意味着，得在无须承受诉累和败诉风险的情况下期待获得十倍价款或者三倍损失的额外收益，消费者赋权的积极性更为明显。换言之，尽管加入制损害赔偿团体诉讼仍然存在部分未选择加入诉讼的“漏网之鱼”，但惩罚性赔偿金能够起到很好的弥补功能：在消费者未发生损害或者损害未超过价款的情形下，一个消费者授权消费者协会即可以实现 11 个消费者维权的类似效果，而在消费者发生损害且损害超过其所支付款的情形下，一个消费者授权消费者协会也可以 4 个消费者维权的类似效果。与此同时，尚未选择加入的受害消费者在多倍赔偿的利益刺激下，另行授权消费者协会提起损害赔偿诉讼，法院援引甚至直接适用确定判决的做法将给生产经营者予以致命的打击。诚然，前述分析和判断均建立在消费者有证据证明消费事实（与损害事实）的基础上，而不能提供证据表明其消费事实（与损害事实）的消费者所遭受的损失则仍然无法通过消费者协会团体诉讼的方式获得救济，生产经营者对这部分外部化成本仍然无须予以内部化。尽管缺乏证据或者逾越诉讼时效的受害消费者无法获得赔偿可以通过其他消费者的惩罚性赔偿请求权的行使获得以弥补，但这并不能确保生产经营者将其外部成本完全内部化，这也就为公法层面的没收违法所得留下作用空间。

（三）并存抑或择一：惩罚性赔偿与违法所得的关系

公共执法不能替代私人实现其损害赔偿请求权，公法责任形态的没收违法所得不能影响私法责任形态的损害赔偿请求权的实现。惩罚性赔偿与没收违法所得之间的关系协调反映着立法者对私人执法与公共执法的基本态度。根据新《食品安全法》第147条关于生产经营者财产优先承担民事赔偿责任的规定，属于私法责任形式的惩罚性赔偿应当优先于属于公法责任形态的违法所得。既然惩罚性赔偿应当优先于没收违法所得获得清偿，那么生产经营者的违法所得的确切金额在理论上需要等待全体受害消费者损害赔偿请求权的诉讼时效期限届满才能确定，但这将显著违反公共执法的效率原则。诚然，为了兼顾贯彻公共执法效率原则，理论上也可以对惩罚性赔偿与没收违法所得之间的关系作出以下安排：生产经营者在承担没收违法所得公法责任的同时豁免其私法意义上的损害赔偿义务，受害消费者只能要求公权力机关从没收违法所得的金额中予以赔偿。然而，这将导致没收违法所得款项未能及时上缴国库、消费者可能需要面对更为强大的被告、民事损害赔偿之诉转化为行政诉讼、生产经营者免受其原本需要承受的诉累而在事实上减轻其违法成本等后果。鉴于此，在立法论上，笔者倾向于取消食品安全法域内的没收违法所得，而将其试图实现的威慑功能通过行政罚款、刑事罚金等方式替代实现，强化（惩罚性）损害赔偿请求权的集合行使制度建设，并创设补充性撇去不法收益之诉，从而实现私人执法与公共执法之间的协作。在解释论上，鉴于新《食品安全法》仍然保留甚至强化没收违法所得制度，笔者建议食品安全执法部门在没收违法所得的适用方面遵循谦抑原则，将没收违法所得限制解释为生产经营者赔偿消费者损失以外因生产经营不符合安全标准食品所获得的利润，包括（部分）消费者放弃或者未能维权而免于赔偿的款项在内，但应允许执法部门对生产经营者的财产采取控制性措施，使没收违法所可以实现类似补充性撇去不法收益之诉的功能。

五、结语

新《食品安全法》在公共执法制度完善方面很好地贯彻了“重典

治乱”的修法理念，但忽视构建对公共执法构成有益补充的私人执法制度。本文在回顾私人执法与公共执法之间的关系的基础上，以惩罚性赔偿型消费公益诉讼为中心，对食品安全私人执法的必要性、可行性及其制度构建展开研究。在笔者看来，惩罚性赔偿制度属于立法机关有意无意地在经济分析的基础上赋予具有正外部性的受害消费者的新型实体请求权，试图通过额外的诉讼收益激励消费者积极维权、尽最大可能穷尽经营者不法收益。然而，惩罚性赔偿请求权仅为受害消费者提起公益诉讼奠定请求权基础，消费者通过个别诉讼行使补偿性与惩罚性赔偿请求权仍可能存在诉讼不经济情形。为实现诉讼规模效应，应当允许受害消费者将其所固有的损害赔偿请求权概括性移转给具备提起公益诉讼主体资格条件的消费者协会，借助消费者协会的团体诉讼节约消费者维权成本、避免败诉所需要承担的风险，而惩罚性赔偿金归属受害消费者所有意味着消费者将“不劳而获”，消费者通过消费者协会维权的积极性将大为提升。对于部分消费者放弃或者未能（成功）行使补偿性与惩罚性赔偿请求权的情形而言，在立法论上可以通过补充性撇去不法收益之诉解决，而在解释论上则可以通过补充性没收违法所得的公法手段实现类似功能。

参考文献

[1] 陈丽平：“法工委行政法室副主任黄薇：修改食安法是重典治乱需要”，载《法制日报》2015 年 4 月 25 日。

[2] [德] 格哈德·瓦格纳：《损害赔偿法的未来——商业化、惩罚性赔偿、集体性损害》，王程芳译，中国法制出版社 2012 年版。

[3] 黄庆畅、杨子强：“聚焦行政诉讼法修改 破除行政公益诉讼的‘门禁’”，载《人民日报》2014 年 3 月 26 日。

[4] 刘俊海：“以重典治乱理念打造《食品安全法》升级版”，载《法学家》2013 年第 6 期。

[5] 刘友芝：“论负的外部性内在化的一般途径”，载《经济评

论》2001 年第 3 期。

［6］刘学在："日本消费者团体诉讼制度介评"，载《法学评论》2013 年第 6 期。

［7］桑本谦：《私人之间的监控与惩罚——一个经济学的进路》，山东人民出版社 2005 年版。

［8］沈满洪、何灵巧："外部性的分类及外部性理论的演化"，载《浙江大学学报（人文社会科学版）》2002 年第 5 期。

［9］孙钰："外部性的经济分析及对策"，载《南开经济研究》1999 年第 3 期。

［10］王冰、杨虎涛："论正外部性内在化的途径与绩效——庇古和科斯的正外部性内在化理论比较"，载《东南学术》2002 年第 6 期。

［11］［美］威廉·M. 兰德斯、理查德·A. 波斯纳："私人执法"，顾红华、徐昕译，见《制度经济学研究（第三辑）》，经济科学出版社 2004 年版。

［12］肖建华、柯阳友："论公益诉讼之诉的利益"，载《河北学刊》2011 年第 2 期。

［13］肖建华："现代型诉讼之程序保障——以 2012 年《民诉法》修改为背景"，载《比较法研究》2012 年第 5 期。

［14］肖建国、黄忠顺："消费公益诉讼中的当事人适格问题研究——兼评《消费者权益保护法修正案（草案）》第十九条"，载《山东警察学院学报》2013 年第 6 期。

［15］奚晓明：《最高人民法院关于食品药品纠纷司法解释理解与适用》，人民法院出版社 2014 年版。

［16］杨建顺："《行政诉讼法》的修改与行政公益诉讼"，载《法律适用》2012 年第 10 期。

［17］［美］约翰·C. 科菲："改革证券集团诉讼制度——试论证券集团诉讼的威慑作用及其功能的发挥"，何一男译，见《公共利益与私人诉讼》，北京大学出版社 2009 年版。

食品安全治理与消费者损害救济机制选择[*]

岳业鹏[**]

摘要：食品安全治理中，受害消费者的民事救济是重要的课题。鉴于食品安全事件的大规模侵权性质，在法律依据、救济程序及构成要件确定性等方面均存在障碍，需认真考量适当的救济机制。在我国，司法诉讼对于食品安全事件损害救济难以发挥核心作用。行政主导的救济方式虽效率较高，但在确保救济的全面、公平方面尚有欠缺。强制保险亦非适当的救济机制，保险制度发展现状无法满足救济需求。赔偿基金制度是应对食品安全事件赔偿工作的适当选择。鉴于三鹿奶粉赔偿基金的经验与教训，应当实现赔偿基金制度的制度化，规范资金筹集与运作，并与现行诉讼程序制度妥善衔接。

关键词：食品安全治理　消费者损害救济　大规模侵权　赔偿基金

食品安全事件的处理之所以如此重要，不仅因为其扰乱了市场经济秩序，更在于其对消费者乃至整个社会公民健康造成某种程度的损害。但我国对于食品安全事件应对策略的研究主要集中于食品安全的

---

* 基金项目：教育部人文社会科学重点研究基地中国人民大学民商事法律科学研究中心自主项目“食品安全治理与大规模侵权责任”（项目编号：14MSFJD820005）。

** 作者简介：岳业鹏，法学博士。北京化工大学文法学院副教授、硕士生导师。主要研究方向为民法、消费者保护法等。

监管、食品行业企业的自律以及相应食品安全事件的应急处理上，对于受害人损害的救济并未给予应有的重视，甚至为了片面追求社会的稳定与和谐，极力地压制受害人对损害救济的司法渠道。实际上，对食品安全的监管，最好的办法是用法律的形式授权受害者充分的救济手段，让每个食品消费者都成为一个监管者，使得食品的生产者不敢犯，即用市场经济的手段处理市场经济中产生的问题。① 如果仅仅是通过追究相关当事人刑事责任，对企业进行行政处罚，而受害人却未得到及时、充分的赔偿，那么食品安全事件应对的真正目的便没有实现，其社会危害性仍将蔓延。

一、食品安全事件中的民事损害救济的特殊性

（一）食品安全事件本质上属于大规模侵权

食品安全事故，指因食物不符合卫生安全标准，或者含有不合理的对人身有毒、有害物质，引起食物中毒、食源性疾病、食品污染等，对人体健康造成危害或者可造成损害可能的事件。现代化社会的一个重要特征表现为，在生产、销售与消费领域，大规模重复性是满足生产和社会需求的根本所需，作为结果，现代社会体现出“社会交往的广泛性和高频率性，由此带来经济纠纷的复杂性和频繁性，群体性纠纷由此而伴生”。② 相应地，食品安全事件所造成的损害也具有大规模性、不确定性等特征，表现为大规模侵权的形态。

大规模侵权并非严格的法律概念，也无明确的内涵或外延，而仅能对其进行大致的描述，即涉及大量受害人的权利和法益的损害事实的发生。大规模侵权提出了包括如何补偿受害人损害在内的一系列责任法上的问题。在程序法上，数量众多的受害人的诉求如何有序地提

① 梅春来：“食品安全中国为何不让消费者维权”，载中国民商法律网，2012年5月2日。

② 李响、陆文婷：《集团诉讼制度与文化》，武汉出版社2005年版，第1页。

出、展开和完成，以避免冗长烦琐的诉讼程序和高额的诉讼费用，也亟待解决。[①] 食品安全事件也存在“大规模侵权”所具有的一般性特点，主要包括：（1）须符合侵权责任构成要件，可以被纳入侵权责任法的调整范围；（2）受害者众多；（3）发生原因同一或同质；（4）救济困难，如因果关系难以认定、被告无责任能力等。[②] 食品安全事件是我国大规模侵权问题的重要类型。

（二）食品安全事件侵权责任承担的特殊性

1. 法律依据的间接性

尽管《侵权责任法》《消费者权益保护法》以及《食品安全法》等规定了诸多因食品造成他人损害的救济的法律规范，但相关救济和赔偿制度主要是针对一对一的传统模式设立的，多数人侵权的案件属于法律规定的特别情况，而被侵权人人数众多的大规模侵权事件并没有受到特别的关注。刚通过不久的《侵权责任法》通过扩大权益保护范围、建立多元化的归责体系等方式，初步回答了侵权法在现代风险社会如何更好地为受害人提供救济的问题，[③] 整个损害补偿制度必须随着社会经济发展重新评估，创设更合理的救济程序，有效配置社会资源，使被害人获得更合理公平的保障。[④]《侵权责任法》虽然为大规模侵权责任的认定及损害赔偿提供了基本依据，但落到实处的路径却亟待探索。在已经发生的一系列大规模侵权事件中，受害人寻求救济的举步维艰与获得赔偿数额的微乎其微引起学术界的深刻反思。

2. 诉讼程序上的难题

一般而言，民事诉讼是损害赔偿请求权得以实现的重要途径，但

① ［德］克里斯蒂安·冯·巴尔：《大规模侵权损害责任法的改革》，中国法制出版社2010年版，第1～2页。

② 张红：“大规模侵权救济问题研究”，载《河南省政法管理干部学院学报》2011年第4期。

③ 张俊岩：“风险社会与侵权损害救济途径多元化”，载《法学家》2011年第2期。

④ 王泽鉴：《侵权行为》，北京大学出版社2009年版，第36页。

因食品安全事件中受害者人数众多，地域分布广泛，且时间冗长，作为大规模侵权的食品安全损害诉讼所面临的第一个难题便是诉讼程序的困境。由于我国集团诉讼以及代表人诉讼体制的不完善，食品安全事件中同一时间或者因同类事件造成损害，并不能通过规模诉讼的方式有效率地解决，而仅能通过个别解决的途径进行诉讼。然而，单个受害者由于畏惧高额的诉讼费用、复杂的证明程序，很多都不得不放弃诉讼。另外，由于对同一或者类似事件审理的法院不同，各法院的判决结果可能也会不同，影响法律的安定性。因此，从程序法上看，大量的受害人如何有序地提出、进行和完成他们的索赔诉求，并得以避免冗长的诉讼程序和高昂的诉讼费用，是法律上迫切需要解决的问题。由于群体性事件被认为是影响社会稳定的重要因素，许多法院基于盲目追求维稳的考量，许多案件甚至无法进入诉讼程序。

3. 构成要件的不确定性

一般而言，民事责任的成立要求受害人就侵权责任构成要件负举证责任。侵权构成要件上的不确定性可能是大规模侵权案件区别于传统侵权案件的本质特征，这种不确定性可能存在于侵权人及受害人的确认、侵权行为与损害结果间因果关系以及损害赔偿具体范围的查明等多个领域。通常情况下，案件在进入司法程序之前其各方面情况都可能是不确定的，而法律程序和实体规则的作用就是使侵权案件的事实和法律规则的适用确定化。在大规模侵权案件中，由于人类认识、科学技术、具有通用性的工业品的生产以及全球化造成的损害扩散等原因，传统的侵权法难以通过正常的法院审理和司法程序查清案件事实进而使损害事故的构成要件得到满足。[①] 冯·巴尔教授指出，因果关系的不确定性仍是大规模侵权中的一个难题。比如在我国发生的三鹿奶粉事件中，虽然已经明确三聚氰胺可造成患儿肾结石等疾病，但

---

① 孙大伟："挑战与超越：大规模侵权案件应对模式研究"，见张新宝主编《大规模侵权法律对策研究》，法律出版社2011年版，第173页。

由于时间久远或生活习惯，受害者无法证明曾饮用哪个生产厂家的奶粉。由于人体机理的复杂性与现代自然科学的局限性，许多物质（特别是化学物质、转基因食品等）的危害性不尽明确，与所造成的损害之间是否以及在何种程度上具有因果关系难以确定。

二、受害人损害救济的实现途径：基于我国现状的考量

目前，大规模侵权已远非简单的民事案件，更涉及社会公共突发事件的管理。众多受害者强烈的救济需要也给经济秩序和社会稳定造成了巨大压力，在建设和谐社会的大背景下，传统社会管理模式也面临着新的挑战。就已发生的大规模侵权，解决途径主要包括四种：行政主导的赔偿、设立赔偿基金、通过诉讼程序索赔、以和解的方式解决。究竟何种方式能够在实践中真正发挥作用，不仅需要经过理论上的认真论证，还有待于通过考量我国现有制度现状、执法理念、可利用资源等条件进而评估其实际操作的可行性和合理性。

（一）诉讼机制的实践与困境

民事侵权诉讼一直是法学界所认为的解决食品安全事件赔偿的主要途径，并就此对于《侵权责任法》有较高的期望。但法律规范得以落到实处，尚需要相关司法程序的配套完善及司法体制的良好运转。据《北京青年报》报道，2008 年 9 月 22 日，某患儿委托律师，向法院起诉三鹿集团索赔医疗费等共计 15 万元。7 天审查期已过，法院方面仍无是否立案的消息。“不受理、不立案”已经成了各地受害者家庭普遍遭到的维权“结石”。[①] 这可以说是三鹿奶粉事件，乃至所有食品安全事件中受害者寻求司法诉讼救济的一个缩影。2009 年 11 月 27 日，由“三鹿奶粉民事赔偿案件法律援助团”代理的首例结石患儿诉讼终于在立案 8 个多月之后开庭，河北石家庄中院一纸普通破产程序

---

① 陆军、杨占青：“不要让结石宝宝的父母再遭遇‘司法结石’”，载 http：//bbs. hlgnet. com/info/u1_ 15360634/。

裁定书显示，三鹿在优先偿还员工工资、社保、抵押债权等之后，对普通债权的清偿率为零，而“结石宝宝”赔偿即被纳入普通债权之列。这意味着，即便患儿胜诉也无法从三鹿获得赔偿。尽管《食品安全法》第97条确立了侵权责任的相对优先权，但因现实中食品生产经营企业发生安全事件后普遍的赔偿能力缺失，受害者也是无能为力。

无可否认，法院是解决社会矛盾、救济损害的重要途径，但在我国目前的司法体制之下，诉讼方式却难以在应对大规模侵权中发挥主要作用。这倒不能简单归咎于人民法院的“渎职”或“冷漠”，实是司法机关掌握的社会管理资源的有限性所致。损害及因果关系举证上的困难足以让多数受害者“望洋兴叹”，而诉讼程序的旷日持久更使得“远水解不了近渴”，受害人损害难以及时得到救济。不同受害者对法院判决的各异期待，也有进一步激化矛盾的可能。主要通过司法途径来解决食品安全等大规模侵权事件，在中国确是水土不服。但我们相信，中国司法体制的改革仍在不断进行，法院处理纠纷的独立性和权威性正在加强，对于大量的受害者诉讼与社会稳定和谐之间辩证关系的认识也将日趋理性，加之代表人诉讼、公益诉讼等相应程序法机制的不断完善，人民法院在处理食品安全事件、救济受害者权益的过程中应当有所作为。

（二）行政主导赔偿的优点与缺陷

行政主导的赔偿主要是食品安全事件发生后，行政机关在采取相关行政应急措施的同时，就受害者的赔偿事宜一并处理的模式。该模式是目前我国政府处理各种大规模侵权案件的主要方法，在应急事件发生时，相应政府部门总是“首当其冲”，在“稳定压倒一切”的执法理念下，充分利用其掌握的公共资源“慷慨解囊”、积极应对。2008年在甘肃发现首例因食用奶粉导致肾结石的病例后，当地卫生主管部门立即开展调查，省委、省政府领导也对该事件表示高度重视。问题奶粉民事赔偿工作由兰州市工商局和消费者协会共同组织实施。此次赔偿的患儿是由卫生部门根据前期接诊的婴幼儿名单上报省卫生厅核准后确认的，赔偿金由甘肃省各市州消协按照省卫生厅核准的名单组织发放。[①] 随后，该案更是受到卫生部、国务院、党中央的高度关注，成为全国关注的焦点。

行政机关在处理食品安全事件、积极开展受害者赔偿的工作中，发挥了重要作用，各级政府及相关部门甚至启用财政紧急拨款资金应急。但这种行政主导的赔偿可以高效救济受害者，但却难以实现实质公平正义。对于运用公共财政资源应对诸如汶川地震等自然灾害当然无可厚非，但对于有明确责任人的食品安全事件等大规模侵权案件，整个社会的纳税人要为肇事的个人和企业“埋单”，则显然违背实质上的公平与正义。[②] 另外，行政主导的赔偿更多地考虑处理上的方便，而机械地采取统一标准的赔偿，欠缺灵活性，实际标准也远低于根据《侵权责任法》应得的赔偿数额。例如，甘肃省奶粉事件的患儿赔偿金共分三类发放：未住院治疗或住院一般治疗的患儿，按每人 2000 元标准赔偿；重症、接受透析或置管、外科手术等检查或治疗的患儿，每人 3 万元；回顾性死亡病例赔偿标准为每人 20 万元。该标准的确立并未征求患儿一方的意见，家长不接受赔偿的话将面临诉讼无门的局面，而接受赔偿则需以放弃诉讼权利为前提。中国政府对权力的依赖，对行政控制的迷信，对企业的过度保护是食品安全监管屡生漏洞的主要原因。[③] 此种情况可能加剧受害者的不满情绪，越来越多的受害者在律师团的援助下，艰难地通过诉讼力求获得公正、合理、充足的赔偿，行政主导赔偿的效率性亦面临挑战。

许多食品安全事件实际上符合突发事件的条件，现实中也不乏将其作为突发事件应对的先例。但事件的紧急处置与事后的民事赔偿并

---

① 张新宝主编：《大规模侵权法律对策研究》，法律出版社 2011 年版，第394 页。

② 张新宝：“设立大规模侵权损害救济（赔偿）基金的制度构想”，载《法商研究》2010 年第 6 期。

③ 梅春来：“食品安全中国为何不让消费者维权”，载中国民商法律网，2011 年 3 月29 日。

没有结合起来，稳定局势、查清责任之后，受害者的救济常常被抛至脑后。因此，如何充分发挥行政机关执行的高效以及掌握社会资源的广泛等现有优势，并在最大程度上实现受害者救济的及时、公平、公正，是研究大规模食品安全事件中受害人赔偿机制的重要课题。

（三）责任保险制度的“远水”与“近火”

责任保险是保险业在现代社会中应付风险普遍化的重要创新，其以被保险人依法应负的损害赔偿责任作为承保标的，通过使潜在加害人交纳保费的形式将可能发生的事故损害转移给保险公司并通过共保或者再保险将事故导致的损失在地区、国家乃至世界范围内进行分散，从而有效地提高人类应对现代社会种类繁多、规模庞大的风险和灾难。由于责任保险的存在，能够保障受害人能够从保险人那里尽快获得赔偿，以及时填补损害。不少学者建议在食品安全领域推行责任强制保险制度，以最大限度保护消费者合法权益，并适当分散企业责任分担，使其尽快从事故阴影中爬起来、走下去，实现消费者与经营者的双赢。不过，应当注意的是，保险向来以意思自治作为其存在基础，强制要求当事人投保相关责任险，可能影响当事人的经营自由，不当地增加当事人的经济负担，因此需要有足够充分且正当的理由存在。正是基于这种考虑，《保险法》规定，除法律、行政法规规定必须保险的外，保险合同自愿订立。

但食品安全事件却不适宜采用强制保险的方式规制。其一，食品安全事件的发生并没有确定的概率，如在因产品中有毒物质而造成的大范围的人身损害赔偿案件中，保险公司根本无法凭借现有科技发现或探测到产品中存在的问题，对风险概率进行预估就更无从谈起；其次，由于食品经济的社会化及分散化，食品安全隐患可能造成的损害是巨大的，甚至是跨国界的，无法进行事前的预估，而保险公司是以盈利为目的的，可能产生的民事责任超出保险公司的承受能力时，许多保险公司为降低经营风险通常采取拒保的立场。其二，责任保险承保责任基本以过失责任为原则，故意侵权通常是保险人得以免责的事由。而食品安全事件中，许多食品生产经营对于违反法律、法规及相关操作标准，或不法添加有毒、有害物质，通常是明知的，甚至可能是故意的。在这种情形下，即使食品经营者投放了责任保险，保险公司亦可主张责任人系为故意而要求免责。

除此之外，考虑到我国保险业发展的相对滞后、诸多险种的缺失以及实践中理赔的困难等因素，通过责任保险制度应对食品安全事件显然不切实际。而现实中，也鲜有食品企业就食品安全责任投保相应责任险。尽管在三鹿奶粉事件发生后，有学者一度主张设立食品安全强制责任保险，① 但相关部门至今仍未有全面建立食品安全强制责任保险的明确计划及日程表，实践对此呼吁的回应也较为惨淡。尽管在现代社会中责任保险扮演着分散风险、方便救济中的重要角色，但诉求于责任保险制度解决我国目前所面临的食品安全救济问题，只能是“远水救不了近火”。

（四）赔偿基金：救济食品安全事件受害人的技术性方案

赔偿基金是指专项用于救济和赔偿某一大规模侵权事件的被侵权人人身、财产损失的基金，具有传统民法上“财团法人”的一般属性。赔偿基金是目前国际上盛行的并被实践证明行之有效的应对诸如三鹿奶粉事件之类的大规模侵权事件的技术性方案。在“9·11恐怖袭击事件”发生后，美国通过了《航空运输安全与系统稳定法》（ATSSSA），在第四部分设立了“9·11受害者补偿基金”，为该事件中的受害者提供赔偿，并取得了广泛的接纳。97%的受害者放弃了诉讼救济途径，而选择向基金提出申请，② “BP石油公司漏油事故”中，英国石油公司BP同意设立200亿美元基金，赔偿因墨西哥湾漏油事件

① 卢燕：“构建食品安全强制责任保险的必要性与可行性”，载《商业时代》2008年第32期。

② Robert M. Ackerman, *The September 11th Victim Compensation Fund: An Effective Administrative Reponse to National Tradgedy*, 10 Harvard Negotiation Law Review 135, 137 (2005).

而生计受损的民众，并交由独立的第三方托管，以确保受害民众得到赔偿。赔偿工作取得了较好的效果，为妥善救济受害者、减少诉讼纠纷提供了新的思路。针对发生在日本的福岛核辐射事件，日本国会众议院通过了关于福岛第一核电站核泄漏事故的赔偿法案——“原子能损害赔偿支援机构法案”，要求各电力公司按一定比例向该机构缴纳赔偿负担金，以接受受害者的赔偿申请。

在我国现行法律制度下，赔偿基金则属于公益目的的“社会团体法人”，具有中立性，兼有救济与赔偿的双重功能。赔偿基金是在西方国家盛行并被实践证明效果良好的应对大规模侵权事件的方案，其设立与运作可以在平衡效率与公平两大价值方面收到如下较好效果：其一，可以及时救济为数众多的被侵权人，使其迅速获得生活保障、医疗救治；其二，可以避免过分依赖国家财政救济侵权人造成的社会不公平；其三，可以为未来可能发现的被侵权人损害尤其是潜伏性的人身损害提供救济途径和财力资源。建立基金专门处理受害方的赔偿事宜，可以使行政机关从繁杂、棘手的应对工作中解放出来，而由中立的专业人士通过精密的基金管理与运作，更加高效、公正地完成受害者的赔付工作。赔偿基金的建立，既避免了占用过多的公共资源而导致新的不公，也使得人民法院免于承担过重的审判负担和舆论压力，节约司法资源。结合我国具体国情，赔偿基金的技术性解决方式是应对大规模侵权最有效、最可行的选择。在三鹿奶粉事件中，我国也尝试了赔偿基金的方式。

因此，通过建立赔偿基金的方式来解决相关纠纷，是实现《侵权责任法》“促进社会和谐稳定”这一立法目的的最佳途径之一。建立此类基金制度不是一个价值取向方面的事项，也不涉及不同行业、地方利益的调整或再分配，因此现实阻力不会太大。赔偿基金模式的提出，不仅是应对食品安全事件赔偿工作的适当选择，也体现了相关部门处理类似于食品安全事件的大规模侵权问题的思路的革新。

三、赔偿基金模式的尝试与完善：从三鹿奶粉医疗赔偿基金说起

（一）三鹿奶粉医疗赔偿基金的突破与问题

2008 年，我国发生了震惊中外的“三鹿奶粉事件”，国内诸多乳业巨头悉数牵涉其中，至今仍让人记忆犹新。虽然三鹿乳业集团最终以破产而告终，相关责任人也得到了法律的严惩，但其对我国经济和社会秩序所造成的损害却是无法估量的。对于近 30 万患儿所造成的不同程度的人身伤害，作为侵权人的三鹿公司与另外 21 家责任公司给予了大约共计 9 亿元的一次性现金赔偿。为了解决该事件的善后问题及避免大量个案诉讼，由中国乳制品工业协会组织牵头，由中国人寿保险公司进行管理和运作，22 家责任企业共同出资 2 亿元建立医疗赔偿基金，首开中国通过赔偿基金的方式处理大规模侵权之先河，具有开创性意义，对挽回已失国际形象及重塑消费者信心均有所裨益。在“三鹿奶粉事件”中，我国首次尝试了医疗赔偿基金的先进做法，是应对此类食品安全事件赔偿的一种有益的探索与实践。同时，人力资源和社会保障部、卫生部与中国保险监督管理委员会联合发布《关于做好婴幼儿奶粉事件患儿相关疾病医疗费用支付工作的通知》，要求各地劳动保障厅、卫生厅及各保监局切实做好婴幼儿奶粉事件患儿赔偿工作。该通知还对可予赔偿疾病、赔付程序等具体事项作出指导。政府及相关部门的深入、细致的工作也一度赢得了不少掌声。但所有这些均只针对三鹿事件本身，值得进一步深思的是，已发生的类似事件以及以后发生相应事件是否都能得到如此重视？

另根据媒体追踪报道，该 2 亿元医疗赔偿基金却运作成“谜”，相关机构更是称其为“国家机密”而拒绝透露，巨额基金利息归属及十年后去向不得而知，三聚氰胺事件再次成为公众关注并质疑的话题。多家企业本着为受害患儿负责之态度所为“善举”，如今落到如此境地，令人唏嘘不已。相关规范的缺失及其公开程度的不足，使得三鹿

奶粉医疗赔偿基金被质疑为“谜基金”。[①] 另外，在三鹿集团被宣告破产后，一起“结石宝宝”状告三鹿集团的索赔案在北京市顺义区人民法院开庭审理。三鹿集团出资9亿元赔偿款能否免除其民事赔偿责任，三鹿破产后如何保障受害患儿的后续救济，以及受害者向赔偿基金申请赔偿与民事诉讼赔偿之间是何关系等一系列问题，均未明确。尽管赔偿基金的尝试给食品安全事件的有效、公正解决带来些许希望，但相关规范及法律依据的缺失以及实践操作中的争议，使得赔偿基金的模式在实践中的效果大打折扣。因此，赔偿基金的法律地位、管理规范及其与诉讼的关系等问题，亟待在理论上给予指导和进行反思。

（二）赔偿基金的应对模式：从应急性处理到制度化规范

一直以来，我们应对食品安全事件等一系列大规模侵权事件都采取个别对待的解决方式。只有某事件达到如此严重程度以致危害社会稳定，或者得到相关部门领导重视之时，才可能着手实施相应应对措施。而这些措施的选择又很大程度上取决于某部门领导人的注意力或者主观意愿。“三鹿奶粉事件”能称得上是成功的典型，但还有相当数量的类似大规模侵权并未进入相关部门注意的视野，而渐渐淹没在成千上万花边新闻之中。无数受害者则欲诉无门，在漫漫长夜独自面对无法获得救济的伤害，还有可能被认为是社会稳定的破坏者而受尽折磨。这是文明社会所无法容忍的，也与法治社会的要求格格不入。应对大规模侵权的救济机制应当是常规化、制度化的，而不应是应急性的，不应因相关领导人的注意力和公众关注度的不同而有实质差异。

赔偿基金是实践证明了的应对大规模侵权的有效、可行措施，应当通过规范性文件的方式确定下来。考虑到行政机关所担负的社会管

---

① “医疗赔偿基金不能成为‘谜基金’”，载 http：//www.chinadaily.com.cn/hqss/jiankang/2011－05－19/content_2660748.html，2014年7月15日访问。

理职能及采取相应措施的高效性，建议由国务院统一出台具有普遍拘束力的指导意见，明确出现何种情形时应当启动赔偿基金的筹集与设立，规范赔偿基金的运作程序和管理方式等，使赔偿基金制度化、规范化，充分发挥其及时、充分、公正救济受害者的功能，缓解大规模侵权所引发的社会矛盾情绪。我国著名侵权法学者张新宝带领课题组专门提出行政法规立法《大规模侵权损害救济（赔偿）基金条例》建议稿及理由书，就赔偿基金的设立机制、运行规范、赔偿标准及与民事诉讼等救济途径的关系等重大问题进行了规范，[①] 实现赔偿基金的制度化、规范化，可资借鉴。赔偿基金的制度化也是构建法治国家的需要。依法治国、建设法治政府首先要求依法行政，行政的法治化是保护宪法和法律赋予人民的各种权益、实现社会公平正义的基本保证。行政机关行使社会管理职权应当遵守相应的程序。相应地，行政机关处理大规模侵权事件也应当是制度化的，只有实现赔偿基金的规范化，才能降低行政措施执行的难度，增加赔偿的可接受程度。大规模侵权中的受害者在法律允许的范围内得到了妥善的救济，还可减少上访的比率。

（三）赔偿基金的资金筹集与运作规范

由于食品安全事件中被侵权人人数较多、损失较大，通常情况下赔偿所需要的资金量较大，因此充足的资金筹集渠道是赔偿基金制度运行的重要保障。一般而言，资金来源主要包括：（1）侵权人的出资；（2）各种可得的保险赔付；（3）社会捐助；（4）中央或省级人民政府的拨款。

由于食品的生产者、经营者等是食品安全事件的主要侵权责任人，依法对受害人负有赔偿责任，因此侵权人的出资应当是赔偿基金的主要资金来源，这也体现了自负其责的原则。政府作为社会的“管理

---

① 张新宝主编：《大规模侵权法律对策研究》，法律出版社2011年版，第3～45页。

者”，对食品安全事件的发生难免有其监管不当责任，同时其也对人民的人身、财产权利及生活安宁负有“执政者”的基本保障责任，由其承担相应的责任一定程度上也具有合理性。在赔偿基金未设立之时，为解广大受害者紧迫的救助需求，政府应当拨款垫资先行偿付有关急救费用，并充分调动医疗、生活物资等救助资源，为被侵权人提供基本生存及生活保障。例如，在三鹿奶粉事件发生后，卫生部发出正式通知，要求全国医疗机构对因问题奶粉产生的病症提供免费医疗服务。在侵权人出资、保险给付及社会捐助均无法保障救助资金时，中央或省级人民政府应对不足部分予以保底拨款。

但毕竟食品安全事件本质上是民事侵权行为，政府从维稳、利益平衡等公益目的出发担当相应责任，并不因此抹杀其侵权行为的法律实质。[①] 赔偿最终责任理应由侵权人承担，如果动用过多的公共资源为肇事企业“埋单”，则违背公共财政的使用目的，可能导致实质的不公平，也不利于肇事企业吸取教训，积极采取措施防止事故的再次发生。因此，在侵权人有能力拿出全部赔偿资金，或者保险赔付能够满足赔偿时，即不再考虑社会捐助与财政拨款。另外，由于在赔偿基金筹措过程中，可能涉及财政拨款、保险支付、社会保障、慈善捐助等多渠道资金来源的相互协调与配合，资金的及时、足额到位，需要财政部门、民政部门、社会保障机构等的支持与协助，赔偿基金主管机关应当提供必要的协助。

赔偿基金为食品安全事件中受害方权利的救济提供了一条现实的路径，但能否实现设立目的则依赖于基金的管理和运行。赔偿基金涉及金额通常十分巨大，管理人存在着较大的道德风险，因此需要通过制度的规范来约束和避免管理人的肆意妄为。赔偿基金管理和运行的规范化是该制度达到预期目标的重要保证。由于赔偿基金管理和赔付

① 胡卫萍、丁丁：“大规模侵权责任化解机制探讨”，载《华东交通大学学报》2011年第2期。

工作的烦琐性特征和专业化要求，通常应设运作人专门进行管理、运行。在有关管理部门决定设立赔偿基金后，应当委托具备相关专业知识及经验的个人或者机构运作该基金。赔偿基金指导委员会主要对基金的运作进行宏观上的指导与监督，而基金的具体运作事宜则可委托于个人或专业机构实施，这主要是基于对赔偿效率与质量的追求，既满足了赔付操作专业性的需要，也保证了赔付工作的中立性与公正性，同时也节约了行政机关过多的人员成本与财力付出。

基金运作人的选任应当从有利于基金运作规范、公平管理的原则出发，个人或机构均无不可。[①] 因赔偿基金系为方便救济被侵权人损害的特定目的而设，具有非营利性质，与以追求利润为天职的企业的目的相悖，所以，赔偿基金应当由无利益冲突的独立第三方组织运营。我国“三鹿奶粉医疗赔偿基金”由利益相关方中国乳业协会进行组织，并由具有营利性质的中国人寿保险公司负责管理的做法也是其饱受争议的重要原因。基金运作人处理救济、赔偿工作，应当尽到勤勉、忠诚义务，认真履行管理职责，根据“透明规则”进行操作，避免利益冲突事项，及时向主管机关报告基金运作工作进展情况和相关方案、预算和决算事宜。运作人应当充分利用其信息优势，建立专门数据系统，积极搜集被侵权人信息，并为其索赔提供方便。对于可能存在后遗症及后续损害的受害者，应当建立回访制度，关注损害事态的发展。如食品安全事件损害后果影响重大时，基金运作人应当根据具体情况，向社会公开赔付范围、标准以及基金运作状况，接受指导委员会及社会监督，及时回应相关当事人、新闻媒体及其社会公众的质疑，不得以各种理由推诿、隐瞒。

---

① 参考国际上成熟的经验，美国著名的“9·11赔偿基金”由美国政府任命知名律师、财政部“薪酬沙皇”肯尼斯·范伯格（Kenneth Feinberg）担任管理人。由于其处理“9·11”善后基金以及衰退期间被救助公司高管薪资的公平名誉，再次被认定为BP漏油基金的管理人。

（四）妥善解决赔偿基金与诉讼救济程序的协调

食品安全事件中受害人权利的救济，既可以通过赔偿基金的方式来解决，也可以通过民事诉讼等一般途径来解决。到底采取哪种方式，原则上由被侵权人根据自己实际情况及救济诉求自由选择。赔偿基金是诉讼替代性解决方案，被侵权人诉讼救济权利的放弃是赔偿基金制度启动、顺利运作及达到其设立目的的关键环节，因此基金赔偿与民事诉讼等救济程序不得并用。不过，是否接受赔偿基金赔偿，被侵权人享有选择权。被侵权人可以综合考虑救济方便程度、赔偿充分程度以及举证难易程度等因素，自主决定是否接受基金救助或赔偿的方式。在食品安全事件中受到损害后，被侵权人有权依法向责任人主张侵权责任，不能强制要求受害者接受基金赔偿，人民法院也不能因设立了赔偿基金就驳回受害人的起诉请求。

因救济被侵权人及其损害范围决定着基金设立方案、资金筹集数额及其赔偿标准等重大事项的安排，为尽快确定基金救济范围，提高食品安全事件赔偿效率，以使更多被侵权人及早得到赔偿，拒绝选择基金救助方式的被侵权人，应当在赔偿基金确定被侵权人范围时以书面方式明确表示该意思。被侵权人选择赔偿基金的救济方式，应当签订和解协议，放弃再行提起民事诉讼的权利。这也是“9·11赔偿基金”等国际赔偿基金实践的通行做法。[①] 这样一方面是为了保证侵权人出资后可以尽快确定其可能承担的责任范围，也使其免受长期及大量诉讼之累，从而鼓励其积极出资；另一方面也是为了防止受害者得到双份赔偿而产生新的不公。厘清诉讼程序与基金赔偿之间的关系，是妥善解决大规模侵权纠纷的重要环节。

尽管赔偿基金的方式是有关部门解决大规模的食品安全事件受害

① 例如ATSSSA第405条第（c）（3）（B）（i）项规定，依照本章规定提交索赔申请的，申请人应当放弃就“9·11”恐怖袭击事件中遭受的损害向任何州法院或者联邦法院提起民事诉讼的权利。

人救济的最为有效、可行的救济方式，但对于受害者而言，通过诉讼主张侵权责任获得损害赔偿仍是最为根本的权利，实践中应当坚决地予以保障。现实中，人民法院应当摒弃那种将受害人诉讼寻求救济与社会和谐稳定对立起来的狭隘思维，认真纠正将受害人的请求拒之门外的错误做法，严格按照《民事诉讼法》规定的起诉受理要件，在救济食品安全事件受害人方面发挥法院应有的解决纠纷、提供救济的职能。